唐师说
The Modern Design Book Series

设计学
职业技能与规划

唐智　王建平　编著

化学工业出版社
·北京·

内容简介

本书围绕工业设计职业技能与职业发展路径，立足于行业实际需求与高校毕业生就业大数据，系统梳理了设计行业的细分领域与岗位特点，深入分析了工业设计行业的发展趋势与未来就业前景。书中结合真实案例，针对毕业生在求职面试中的常见问题，对如何制定应对策略、在竞争中脱颖而出进行了详尽解析。同时，面对当前AIGC（人工智能生成内容）技术迅速发展的背景，本书探讨了人工智能给传统工业设计行业带来的冲击与新机遇，剖析了AI工具在设计实践中的应用现状与使用痛点，并提出了设计师在新时代背景下应具备的新能力。

作为一本兼具实用性与前瞻性的职业指导书，本书不仅适用于高等学校设计类专业在校师生，也为刚入行或希望转型升级的从业者提供了清晰的职业发展蓝图和可行的成长路径。

图书在版编目（CIP）数据

设计学职业技能与规划 / 唐智，王建平编著．北京 ：化学工业出版社，2025. 10. -- ISBN 978-7-122-49044-5

Ⅰ. TB47

中国国家版本馆CIP数据核字第20253S541N号

责任编辑：邢　涛　　文字编辑：袁　宁
责任校对：李雨函　　装帧设计：韩　飞

出版发行：化学工业出版社
（北京市东城区青年湖南街13号　邮政编码100011）
印　　装：北京天宇星印刷厂
710mm×1000mm　1/16　印张17　字数280千字
2026年1月北京第1版第1次印刷

购书咨询：010-64518888　　售后服务：010-64518899
网　　址：http://www.cip.com.cn
凡购买本书，如有缺损质量问题，本社销售中心负责调换。

定　　价：98.00元

前言

本书是设计学专业职业规划方面的指导用书，既作为“唐师说”设计系列图书的一本，也是《设计学考研唐师说》的姐妹篇。本书在规划上尽可能用图表数据的方式向读者呈现处理和总结后的关键信息，尽量在有限的篇幅之内把问题讲清楚，既可以作为本科生了解行业的基础用书，也可以作为研究生求职的信息参考书。我们从行业、地域等维度将设计专业可能面临的职业规划问题进行了细分，内容也具有极强的时效性，为读者在进行自我规划和判断时提供重要依据。

在过去很长的一段时间，就业一直是设计学相关专业学生面临的一个主要问题，设计学专业的毕业生数量逐年增加，导致就业市场竞争加剧。特别是视觉传达设计、环境设计等传统热门专业，由于就业门槛相对较低，市场需求趋于饱和，竞争更为激烈。此外，服装设计专业也面临对口行业范围狭窄、行业内卷严重的问题。同时，设计学专业的学生往往在学习过程中更注重艺术和美学方面的培养，而忽视了市场需求和实际应用能力的提升。例如，部分学生可能在毕业后发现自己虽然具备良好的绘画和设计基础，但在实际工作中缺乏对设计软件的熟练操作能力，或者不了解行业最新的技术趋势，这些都会成为未来就业的拦路虎。

目前，设计学无论是在国家战略层面还是在学生的个人规划上都相比以往发生了巨大的变化，设计学现在已经明确为一门交叉学科，既能够更好地服务于国家战略需求，也可以推动社会变革与发展。例如，设计学在促进人机环境和谐统一、推动制造大国向设计大国转变等方面具有重要作用。此外，设计学的交叉学科属性使其能够更好地应对复杂的社会问题，如可持续发展、用户体验优化等，这在很大程度上对学生的相关知识技能和设计工具的运用提出了更高的要求，但也极大地扩大了学生们的就业领域。

随着设计专业就业市场环境的多元化，传统设计教育中对单一艺术审美与设计技术的培养已难以满足市场需求。设计学成为交叉学科后，学生可以掌握更广泛的知识和技能，动态、灵活地运用专业知识，洞察多学科交叉创新的可能性，从而在人才市场中找到更多潜在发展空间。从我们目前的观察来看，航空航天、新能源汽车、医疗器械这些行业都成为了设计学学生就业的蓄水池，发展空间广阔。

总之，我真诚地希望本书可以为广大读者提供一手的信息，也可以成为大家职业规划的工具书。“唐师说”设计系列图书将来还会为大家带来更多更专业的业内信息，在大家的陪伴和鼓励下，相信我们会越做越好。

由于作者水平有限，书中不足之处，请读者批评指正。

另外，书中提及薪资数据为近年的数据（取自企业官网），仅供参考。

唐 智

东华大学教授，博士生导师

工业设计国家一流本科专业建设点负责人

目录

| 第一章 |

设计行业概览与就业岗位数据

一、行业细分领域介绍

1. 工业设计

工业设计领域介绍见表1.1。

表1.1 工业设计领域介绍

行业简介	工业设计（industrial design），简称ID，指以工学、美学、经济学为基础对工业产品进行设计。工业发展和劳动分工所带来的工业设计，与其他艺术、生产活动、工艺制作等都有明显不同，它是多学科、技术和审美观念的交叉产物。 工业设计的对象是批量生产的产品，区别于手工业时期单件制作的手工艺品。它要求必须将设计与制造、销售与制造加以分离，实行严格的劳动分工，以适应于高效批量生产。产品的实用性、美和环境是工业设计研究的主要内容。工业设计的目的是满足人们生理与心理双方面的需求。在研究产品性能的基础上，工业设计还通过合理的造型手段，使产品具有富有时代精神、符合产品性能、与环境相协调的形态，使人们得到美的享受
常用方法及手段	设计需求：通过合理的造型手段，使产品能够具备富有时代精神、符合产品性能、与环境相协调的形态，使人们得到美的享受 设计方法：确保其功能不变的情况下，设计产品结构、外观 设计原则：以人为中心，以客户需求为中心，结合消费者的感觉和产品结构进行设计 设计准则：产品功能、造型需要、视觉效果 十大准则：好的设计是革新的、好的设计是实用的、好的设计是美观的、好的设计使产品易于理解、好的设计是谨慎克制的、好的设计是诚实的、好的设计是永恒的、好的设计在细枝末节处也维持一致、好的设计是环保的、好的设计是尽可能少的设计 设计手段：取代设计（材料替代、方法替代）、标准化设计、集约设计等

续表

就业去向	活跃领域：制造业、互联网、文化创意产业 活跃行业：工业设计、产品设计、体验设计等 活跃去向：大型制造企业、设计公司、创业公司、研究院所 未来趋势：随着人工智能、大数据等高新技术的快速发展，智能硬件、智能家居等新兴行业将为工业设计师提供更多的就业机会。就市场趋势来看，人性化设计将成为未来工业设计行业当中的主流，智能化设计将成为趋势，绿色环保设计将受到重视
就业前景	供需状态：工业设计行业的就业市场呈现出供需两旺的态势 市场类型：随着制造业的转型升级和消费升级，各类企业对工业设计人才的需求在增大的同时也趋于多元化 市场需求：高校工业设计专业的招生规模不断扩大，为市场输送了大量的专业人才 福利待遇：大型制造企业如华为、小米等都需要大量的工业设计师来参与产品研发和设计工作，并且薪资水平较高，同时还有完善的福利待遇和晋升机制

2.交互设计

交互设计领域介绍见表1.2。

表1.2　交互设计领域介绍

行业简介	交互设计是定义、设计人造系统的行为的设计领域，它定义了两个或多个互动的个体之间交流的内容和结构，使之互相配合，共同达成某种目的。交互设计以“在充满社会复杂性的物质世界中嵌入信息技术”为中心，努力去创造和建立人与产品及服务之间有意义的关系。 从用户角度来说，交互设计是一种让产品易用、有效而让人愉悦的技术。通过对产品的界面和行为进行交互设计，让产品和它的使用者之间建立一种有机关系，从而可以有效达到使用者的目标，这就是交互设计的目的。交互设计以用户为中心，关注目标用户的需求与期望，研究用户与产品的互动行为，以及人的心理和行为特点
常用方法及手段	设计需求：去创造和建立的是人与产品及服务之间有意义的关系 设计方法：以用户为中心的方法，使用流程图与状态转换图等作为设计表现手段 设计原则：以用户为中心、以目标为导向、一致性的原则 设计准则：让产品和它的使用者之间建立有机关系，从而可以有效达到使用者的目标 设计手段：使用卡片分类法、奥卡姆剃刀原理、分层组织等方法来提升用户的体验感
就业去向	活跃领域：UI设计、用户界面设计、网页设计 活跃行业：服务设计、信息架构设计、虚拟现实等 活跃去向：大型制造企业、设计公司、互联网公司、研究院所 未来趋势：随着智能化应用的发展，智能家居等行业也在使用交互的方式增强产品服务。同时，中国近些年新能源产业发展迅速，智能驾驶发展潜力巨大，需要大量的专业人才

续表

就业前景	供需状态：交互设计需求增长，供给紧张，前景广阔 市场类型：交互设计市场呈现多元化趋势，需求旺盛且竞争激烈，同时市场也在持续扩展 市场需求：数字化转型加速导致个性化与定制化需求增加，现如今新兴技术的融合应用高速发展，并存在一些跨领域合作与融合以促进国际市场的拓展合作 福利待遇：大企业比如腾讯的交互设计岗位，为交互设计师所提供的福利待遇在行业内处于较高水平，阿里巴巴同样重视交互设计岗位；大企业不仅提供具有竞争力的薪资待遇，并且还关注员工的职业发展、身体健康以及各方面的需求

3.视觉传达设计

视觉传达设计领域介绍见表1.3。

表1.3　视觉传达设计领域介绍

行业简介	视觉传达设计，是以“视觉”作为沟通和表现的方式，通过整合符号、图片和文字，创造出用来传达想法或信息的视觉表现形式。根据市场需求、品牌定位和项目要求，进行平面视觉创意设计，包括但不限于品牌宣传、广告设计、产品包装等。设计师运用Photoshop、Illustrator等平面设计软件，将设计创意转化为具体的视觉作品，确保设计作品的技术实现和视觉效果
常用方法及手段	设计需求：通过创意和实用性相结合的方式，实现信息的有效传达 设计方法：将文字、图片、线条、色块、肌理以及空间构造等元素转化为具体作品 设计原则：作品能够吸引观众注意力；具有实用性，确保设计具有实际应用价值 设计准则：遵循夸张、以小见大、比喻、对比衬托等设计准则 设计手段：利用多种视觉元素和表现手法，如色彩搭配、字体选择、排版布局
就业去向	活跃领域：互联网、广告传媒、电子商务、印刷出版 活跃行业：广告公司、设计公司、杂志及出版社、报社、互联网公司、传媒公司 活跃去向：平面设计师、视觉传达设计师、平面美工、美术编辑等岗位 未来趋势：平面设计在新兴领域如文化创意产业、数字营销等方面的需求将持续增长，展现出良好的发展前景
就业前景	供需状态：平面设计专业就业前景广泛而乐观，市场需求持续增长，设计师供不应求 市场类型：传统媒体领域如广告公司、出版社、印刷厂等，也包括新兴的互联网、电子商务等领域 市场需求：视觉传达在商业活动中的重要性日益凸显，对平面设计师的需求量增加 福利待遇：不断提升自己的技能和经验，获得更高的薪酬和更广阔的职业发展空间

4.动画设计

动画设计领域介绍见表1.4。

表1.4 动画设计领域介绍

行业简介	动画是一种综合艺术，它是集绘画、漫画、电影、数字媒体、摄影、音乐、文学等众多艺术门类于一身的艺术表现形式。动画专业培养掌握动画、漫画、游戏的创作、制作及相关工具应用的基础知识、基本理论和方法，能在传媒及文化产业相关领域从事动画、漫画的策划、创作、制作、传播、运营或管理的创新型专门人才。随着技术的进步，动画领域不断涌现新技术和新趋势，如虚拟现实（VR）、增强现实（AR）、混合现实（MR）以及人工智能（AI）在动画制作中的应用。这些技术的发展为动画专业的学生和从业者带来了新的机遇和挑战，要求他们不断学习新技能和适应行业变化
常用方法及手段	设计需求：满足特定的审美和功能需求，包括角色设定、场景构建、动作流畅性等 设计方法：结合动画原理、运动规律等专业知识，利用二维或者三维软件实现 设计原则：注重故事性、角色塑造和动作连贯性，确保观众能够沉浸在动画世界中 设计准则：遵循动画创作的艺术规律和技术标准，确保动画质量 设计手段：利用软件工具进行角色建模、场景渲染、动作捕捉等
就业去向	活跃领域：涉及影视、游戏、广告等多个领域 活跃行业：数码影视机构、电视台、动画公司、游戏公司等 活跃去向：毕业生可选择成为动画师、原画设计师、动画导演等 未来趋势：随着VR、AR、AI等技术的发展，动画行业将迎来更多创新机遇
就业前景	供需状态：人才缺口较大，随着行业发展，需求持续增长 市场类型：以创意产业为主，注重原创性和技术创新 市场需求：随着数字媒体和娱乐产业的蓬勃发展，动画市场需求不断扩大 福利待遇：行业薪资待遇较为优厚，尤其对于具备丰富经验和技能的人才

5.室内设计

室内设计领域介绍见表1.5。

表1.5 室内设计领域介绍

行业简介	室内设计（interior design），是根据建筑物的使用性质、所处环境和相应标准，运用物质技术手段和建筑设计原理，创造功能合理、满足人们物质和精神生活需要的室内环境。这一空间环境既具有使用价值，满足相应的功能要求，同时也反映了历史文脉、建筑风格、环境气氛等精神因素。明确地把“创造满足人们物质和精神生活需要的室内环境”作为室内设计的目的。 当代室内设计已超越单纯的装饰范畴，转而强调可持续性、智能化与人性化。设计师需要平衡美学与实用、创新与传承，甚至要在全球化与在地文化之间找到独特的表达。无论是住宅的温馨、商业空间的活力，还是公共环境的包容性，每一处设计都是对人类行为与心理的细腻洞察

续表

常用方法及手段	设计需求：室内设计需求侧重于空间布局、材料选择、色彩搭配等，以满足居住或工作的舒适度与美观性 设计方法：运用室内种植、灯光设计、曲线运用等多种设计手法，结合悬挑、透景等现代设计技巧，提升空间视觉效果 设计原则：强调功能性、美观性和可持续性，确保室内环境既实用又环保 设计准则：符合人体工程学原理，考虑空间尺寸、家具布局等因素，确保居住或工作的舒适度 设计手段：运用CAD、SketchUp等软件进行图纸绘制，结合实体材料进行样板制作和现场安装
就业去向	活跃领域：涵盖住宅、商业、公共等多个空间类型，为人们创造舒适的室内环境 活跃行业：室内设计工作室、建筑公司、装饰公司、房地产公司等 活跃去向：毕业生可从事室内设计助理、主案设计师、施工图设计师等工作 未来趋势：绿色设计、智能家居等趋势将推动室内设计行业的变革
就业前景	供需状态：市场需求旺盛，尤其是高端设计人才供不应求 市场类型：属于服务业范畴，强调客户体验和个性化定制 市场需求：随着人们生活水平的提高和审美需求的提升，室内设计市场需求持续增长 福利待遇：设计师的薪资待遇与个人能力和经验密切相关，高端设计师通常享有较高的薪资和福利待遇

6.新媒体艺术

新媒体艺术领域介绍见表1.6。

表1.6　新媒体艺术领域介绍

行业简介	新媒体艺术（new media art）出现于20世纪，指使用新式媒体技术制作、修改或传播的当代艺术。其中包括录像艺术、数字艺术、互动艺术、互联网艺术、虚拟艺术、声音艺术，以及使用机器人、生物技术、3D打印技术和动画制作技术等新技术进行创作的艺术作品，而这些都与传统的艺术形式（绘画、雕塑、建筑等）相区别。 新媒体艺术通常利用数字化媒介和技术进行创作和表现，包括计算机图形、数字影像、虚拟现实、增强现实等技术。与传统艺术形式相比，新媒体艺术更具有交互性和参与性，观众可以通过互动装置或网络参与到艺术作品中，与作品进行互动和沟通。新媒体艺术通过互联网和数字化媒介，可以跨越时间和空间的限制，实现全球范围内的传播和分享。新媒体艺术的形式和内容非常多样化，涵盖了影像、声音、文字、互动等多种媒介和表现形式，常常涉及跨学科的融合和创新

续表

常用方法及手段	设计需求：新媒体艺术的设计需求侧重于创新、交互性和观众体验。设计师需要利用新技术手段，创造出能够引发观众情感共鸣和认知反应的艺术作品 设计方法：通过多媒体设计、交互设计和情感设计，建立艺术作品与观众之间的情感联系，增强观众的内在体验 设计原则：遵循创新性、互动性、参与性和体验性原则 设计准则：技术可行性、艺术性和观众接受度，确保作品在技术上可行、艺术上独特，且能够被观众所理解和接受 设计手段：利用数字化媒介和技术，如计算机图形、数字影像、虚拟现实和增强现实等，进行创作和表现。同时，结合机器人、生物技术、3D打印和动画制作等新技术手段
就业去向	活跃领域：互联网、影视、游戏、广告等多个行业 活跃行业：如腾讯、阿里巴巴、百度等，这些公司在网页设计、app开发、网络营销等领域对新媒体艺术人才有着较高的需求 活跃去向：大型互联网公司、影视制作公司、广告设计公司、文化传播公司、教育机构以及创业公司等 未来趋势：新媒体艺术将更多地与人工智能、大数据、物联网等前沿技术结合
就业前景	供需状态：数字媒体技术专业作为新兴专业，需求将持续增长 市场类型：属于创意文化产业市场，具有高度的创新性和文化附加值 市场需求：互联网与移动互联网、影视与动画、游戏设计与开发，以及广告与传媒领域 福利待遇：随着行业的不断发展和壮大，新媒体艺术人才的福利待遇也将进一步提升

二、设计类专业相关就业岗位分类及特点

1.概览

工业设计专业就业核心企业概览见表1.7。

表1.7 工业设计专业就业核心企业概览

工业设计类型	核心企业总览（从就业角度出发，不完全统计）
高端装备	中国商飞公司、中国中车股份有限公司
军工类	中国船舶集团有限公司、中国核工业集团有限公司
互联网类	百度、腾讯、字节跳动、支付宝（蚂蚁科技）、网易
新媒体	快手、哔哩哔哩、爱奇艺
综合类	华为
汽车	比亚迪、小米汽车、中国一汽

续表

工业设计类型	核心企业总览（从就业角度出发，不完全统计）
电商类	京东、拼多多、得物
家电类	海尔、奔腾、美的、格力、海信
家具类	联邦家私、曲美家居、源氏木语
儿童用品类	好孩子
信息整合类	携程、美团、小红书、知乎
网游类	米哈游、游戏科学
通信类	中兴

2.高端装备

（1）中国商飞

中国商用飞机有限责任公司（简称中国商飞，英文名称Commercial Aircraft Corporation of China Ltd，缩写COMAC），于2008年5月11日在中国上海成立，是中国实施国家大型飞机重大专项中大型客机项目的主体，也是统筹干线飞机和支线飞机发展、实现中国民用飞机产业化的主要载体。其岗位概览见表1.8。

表1.8　中国商飞岗位概览

代表性岗位及其简介、专业及学历要求概览			
主营业务	民用飞机及相关产品的设计、研制、生产、改装、试飞、销售、维修、服务、技术开发和技术咨询业务，与民用飞机生产、销售相关的租赁和金融服务		
代表性岗位	职位描述	职位要求	学历及经验要求
展示设备设计与维护岗	开发基于AR、VR技术的展示系统 工业设计与展示设备、展示形式的匹配性研究	掌握飞机结构或系统等专业技术知识 具备平面、三维设计能力，熟悉相关设计软件	硕士研究生及以上学历 CET4及以上英语水平
空间设计岗	在技术条线开展飞机内部的总体空间设计 商飞产品系列化设计	熟悉飞机内部总体空间设计及管理流程 较强的三大构成运用能力 较强的手绘表达能力及三维设计能力	硕士研究生及以上学历 CET4及以上英语水平

续表

代表性岗位	职位描述	职位要求	学历及经验要求
厨厕设备及布局设计岗	厨厕设备外形、结构和功能的设计工作 厨厕设备工业设计标准规范制定工作	掌握产品设计流程与用户研究工作流程 掌握3D建模及平面设计软件的应用	硕士研究生及以上学历 CET4及以上英语水平
产品设计（UI设计方向）	产品UI/UX详细设计 产品高保真原型制作	熟练使用PS、AI、Cinema 4D、Sketch、Figma或Axure等设计软件	硕士研究生及以上学历 工业设计等相关专业背景
产品设计（产品经理方向）	需求分析，撰写产品需求文档 产品概念设计和详细设计，制作产品原型	掌握SQL语言 熟悉Sketch、Figma或Axure等工具	硕士研究生及以上学历

薪资待遇		
职位/职级	薪资/（元/月）	工作地点
工程师	10400	上海
5dx技术员	8000	上海
一线人员	10000	上海
Alias工程师	15000	上海
C++开发工程师	8000	上海

高校招聘	
2024—2025招聘状态	秋季校园招聘公开招聘371岗1869人
需求专业	飞行器设计、机械、航空航天工程、电子信息、控制科学与技术、导航、飞行器制造工程、材料工程、安全工程、计算机科学与技术、交通运输工程、电子科学与技术、力学
招聘工作	工业软件开发、智能制造、工艺岗、研发岗、电控工程师、数字仿真岗
工作城市	上海、北京、成都、乌鲁木齐

（2）中国中车

中国中车股份有限公司（中文简称“中国中车”，英文缩写“CRRC”）是经国务院同意，国务院国资委批准，由中国北车股份有限公司、中国南车股份有限公司按照对等原则合并组建的A+H股上市公司。经中国证监会核准，2015年6月8日，中国中车在上海证券交易所和香港联交所成功上市。现有46家全资及控股子公司，员工17万余人。总部设在北京。其岗位概览见表1.9。

表1.9　中国中车岗位概览

代表性岗位及其简介、专业及学历要求概览			
主营业务	铁路机车车辆（含动车组）、城市轨道交通车辆、工程机械、各类机电设备、电子设备及零部件、电子电器及环保设备产品的研发、设计、制造、修理、销售、租赁与技术服务；信息咨询；实业投资与管理；资产管理；进出口业务		
代表性岗位	职位描述	职位要求	学历及经验要求
工业技术设计师	产品工业设计方案设计 编制改进型产品的工业设计技术文件 完成工业设计图纸及技术文件输出	较强的组织协调能力、沟通能力、团队合作精神	硕士研究生学历 专业为工业设计 通过英语6级
工业设计专员	整车及零部件CMF方案设计 整车图案总体布置方案设计	工作态度积极	全日制本科及以上学历 CMF设计、平面设计等相关专业
工艺师	产品研发或工艺技术设计 工艺技术管理	一定的学习理解、沟通协调、数据分析能力，文字表达能力，熟练操作各类常用办公软件	本科及以上学历 具有相关职业资格证书者优先
产品经理	产品立项 产品设计 产品管理 产品培训及上线应用	较强的用户需求判断 逻辑清晰，善于沟通	硕士及以上 具备软件工程、智能制造、数字化转型等相关专业知识

薪资待遇		
职位/职级	薪资/（元/月）	工作地点
本科	25000	—
硕士	32300	—

续表

高校招聘	
2024—2025 招聘状态	中国中车2024年校园招聘拟招募人数为3210人
需求专业	机械、汽车工程、电气工程、自动化、电子信息、计算机、管理、材料等
招聘工作	机械设计师、发动机工程师、开发设计师、软件工程师、算法研发工程师、电气设计师
工作城市	北京、上海、广州、香港、重庆、哈尔滨、长春、沈阳、西安、南京、武汉、成都、石家庄、太原、兰州、贵阳、齐齐哈尔、青岛、大连、株洲、大同、常州、眉山、洛阳、资阳、铜陵等

3.军工类

（1）中国船舶集团有限公司

中国船舶集团有限公司是按照党中央决策、经国务院批准，于2019年10月14日由原中国船舶工业集团有限公司与原中国船舶重工集团有限公司联合重组成立的特大型国有重要骨干企业，有科研院所、企业单位84家，资产总额10066.16亿元，员工20.5万人，拥有我国最大的造修船基地和最完整的船舶及配套产品研发能力，能够设计建造符合全球船级社规范、满足国际通用技术标准和安全公约要求的船舶海工装备，是我国海军装备建设的主体力量、全球造船业发展的引领力量、建设海洋强国的支撑力量，是全球最大的造船集团。中国船舶集团有限公司坚持把军工科研生产任务作为政治责任和首要任务，承担以航母、核潜艇为代表的我国海军全部主战装备科研生产任务，为海军转型发展提供了有力支撑。其岗位概览见表1.10。

表1.10 中国船舶集团岗位概览

代表性岗位及其简介、专业及学历要求概览			
主营业务	中国船舶集团总部设立部门14个，集团公司旗下拥有84家二级成员单位以及69家驻外机构		
代表性岗位	职位描述	职位要求	学历及经验要求
船舶设计工程师（总体、结构、舾装）	从事船舶船体设计研发工作	熟练使用设计、计算分析软件并具备一定的二次开发能力，通过CET6	船舶与海洋工程、机械类 硕士/博士（硕士优先）

续表

代表性岗位	职位描述	职位要求	学历及经验要求
船舶设计工程师（轮机）	从事船舶轮机设计研发工作	熟练使用计算分析软件并具备一定二次开发能力，具备CFD数值模拟或管路噪声分析能力，通过CET6	热能与动力工程、制冷及低温工程、轮机工程 硕士及以上
船舶设计工程师（电气）	从事船舶电气设计研发工作	熟悉CAD、PLC编程，熟练掌握SolidWorks、MATLAB等软件，具有电力系统分析、电磁兼容分析等仿真软件使用经验，通过CET6	电气工程、自动控制 本科及以上学历（硕士优先）
智能船舶工程师	软件程序编写、软件测试、船舶电气设计工作	熟悉船舶运动控制算法开发或者其他领域自主系统的软硬件开发，通过CET6	电气工程及自动化、控制工程、电子信息或计算机相关专业硕士
薪资待遇			
中国船舶集团的薪资待遇非常不错。博士年收入可达25万～40万元，安家费20万～40万元，地方人才补贴30万元；硕士年收入不低于18万元，条件比较好的硕士还能获得一次性2万～5万元的奖励。七险二金是最基本的，部分企业还可以给到九险二金，双边公积金最高有34%。而且公司还提供免费住宿、免费早午加班餐、免费通勤班车、带薪休假、结婚生育补贴、交通补贴和差旅补贴等			
高校招聘			
需求专业	海洋工程类、交通运输类、机械类、电气类、材料类、能源动力类、电子信息类、核工程类、自动化类、计算机类、其他理工科类、管理/经济/法学类等		
招聘工作	船舶设计工程师（总体、结构、舾装）、船舶设计工程师（轮机）、船舶设计工程师（电气）、智能船舶工程师		
工作城市	北京、上海、杭州、武汉、青岛、大连、哈尔滨等		

（2）中国核工业集团有限公司（中核集团）

中国核工业集团有限公司（简称中核集团，英文缩写CNNC）是中央直接管理的特大型国有重要骨干企业，是国家核科技工业主体，是推进核能开发利用、核工程建设、核技术应用的国家队和主力军，先后实现了“中国第一颗原子弹爆炸成功”“中国第一颗氢弹爆炸成功”等多项“新中国第一”，拥有完整的核科技工业体系，肩负着推动国防建设和经济社会发展的双重使命。主营业务包括核能利用、天然铀、核燃料、核技术应用、工程建设、核环保、装备制造、金融投资等核心产业以及核产业服务、新能源、贸易、健康医疗等市场化新兴产业。其岗位概览见表1.11。

表1.11 中国核工业集团岗位概览

代表性岗位及其简介、专业及学历要求概览			
主营业务	中国规模最大的放射性药品研发、生产及供应商，是中国领先的呼气检测药物生产及供应商，是世界三大钴源供应商之一（国内第一），拥有全球安检行业最完整的产品序列		
代表性岗位	职位描述	职位要求	学历及经验要求
产品设计员	负责核工业设计的全链管理	机械类相关专业 英语四级及以上，无挂科	本科及以上学历
产品设计岗	从事产品设计等相关工作	材料类、光学类、机械类、仪控类、物化类等相关专业，本科生英语四级425分及以上、研究生英语六级425分及以上	本科及以上学历
薪资待遇			
职位/职级	薪资/（万元/年）	工作地点	
博士（星原计划）	60	—	
硕士（星原计划）	40	—	
本科（星原计划）	30	—	
硕士（校招）	15	—	
双一流及以上本科（校招）	14	—	
其他重点本科（校招）	12	—	

4. 互联网类

（1）腾讯科技（深圳）有限公司[Tencent Technology (Shenzhen)Co.，Ltd]

腾讯成立于1998年，2004年腾讯公司在香港联交所主板公开上市，总部位于中国深圳。腾讯一直秉承“用户为本，科技向善”的愿景和使命，致力于通过互联网服务提升人类生活品质。公司战略包括“扎根消费互联网、拥抱产业互联网、推动可持续社会价值创新”，通过云、安全、AI等技术创新，打造智慧产业升级方案。其岗位概览见表1.12。

表1.12　腾讯岗位概览

代表性岗位及其简介、专业及学历要求概览			
主营业务	腾讯的核心业务包括社交媒体、游戏、数字内容、支付和云服务等领域。其旗舰产品包括腾讯QQ、微信/WeChat、腾讯视频、腾讯新闻等，这些产品与服务在全球范围内拥有庞大的用户基础和活跃度		
代表性岗位	职位描述	职位要求	学历及经验要求
交互设计	互联网类产品跨端多场景的交互设计	工业设计、交互设计、计算机、人机交互等相关专业，熟悉体验设计的基本流程	本科及以上学历
UI/UX设计师	优化界面设计和用户体验	视觉传达、交互设计、工业设计、心理学等相关专业	本科及以上学历，有优秀作品集者优先
视觉设计	参与公司产品的UI、多媒体、品牌等设计	美术、设计相关专业，富于创新、思维灵活	本科及以上学历
产品经理	产品策划、实施、管理、推广	优先考虑计算机科学、信息管理、市场营销等	本科及以上，硕士优先
多媒体设计	产品宣发CG、PV、TVC等影视类项目导演工作	美术、动画相关专业，对CG制作流程有一定认知	—
用户研究	跟踪并研究行业动态及用户行为趋势	人机交互、认知心理学、社会学、统计学、市场营销或计算机相关专业优先，英语四级及以上水平	本科及以上学历
技术美术	实现及优化渲染效果	至少熟练掌握一种编程语言，熟悉主流游戏引擎，英语水平良好	本科及以上学历

续表

薪资待遇		
职位/职级	薪资/（元/年）	工作地点
助理设计师（D1.1～D1.3）	12000×16+2000×12	深圳
设计师（D2.1～D2.3）	（15000～20000）×16	深圳
高级设计师（D3.1～D3.3）	D3.1：25000×16，年薪约38万～40万 D3.2：35000×16，15万～50万股票 D3.3：约45000×16，30万～70万股票	深圳
产品经理	19000×16+4000×12	深圳
技术产品	12500×16	西安
运营	16000×16	深圳
前端开发	25000×16	深圳
网络工程师	20万	深圳
算法	20000×16+3000×12	深圳
后端开发	30万	上海
高校招聘		
招聘工作	交互设计、UI/UX设计师、视觉设计、产品经理、多媒体设计、用户研究、技术美术	
工作城市	上海、北京、深圳、西安等	

（2）字节跳动（现更名为北京抖音信息服务有限公司）（ByteDance）

字节跳动（ByteDance）是一家总部位于中国北京的综合性互联网信息科技公司，成立于2012年。字节跳动以其短视频平台抖音（TikTok）和新闻资讯平台今日头条为最著名的产品，但也涉足其他多个领域。

字节跳动招聘大量的设计类专业，包括交互设计、视觉设计、用户体验设计等。这些专业的学生在产品设计和用户体验方面发挥重要作用，保证产品的用户友好性和视觉吸引力。

字节跳动也为设计岗位提供了广阔的职业发展空间，员工可以通过不断提升自己的专业技能和领导能力，逐步晋升为高级设计师、设计经理、设计总监等。同时，字节跳动还鼓励员工参与跨部门项目合作和海外交流机会，以拓宽视野和提升个人能力。其岗位概览见表1.13。

表1.13　字节跳动岗位概览

<table>
<tr><th colspan="4">代表性岗位及其简介、专业及学历要求概览</th></tr>
<tr><td>主营业务</td><td colspan="3">科技推广和应用服务业是公司目前主要的产品和服务，已覆盖150个国家和地区、75个语种，曾在40多个国家和地区位居应用商店总榜前列。字节跳动旗下拥有综合资讯类的今日头条、TopBuzz、News Republic，视频类的抖音、TikTok、西瓜视频、BuzzVideo、火山小视频、Vigo Video，以及AI教育产品、AI技术服务和企业SAAS等</td></tr>
<tr><th>代表性岗位</th><th>职位描述</th><th>职位要求</th><th>学历及经验要求</th></tr>
<tr><td>品牌设计师</td><td>抖音品牌相关的体系化建设</td><td>3年以上品牌设计相关工作经验，熟练掌握设计软件和工具，有3D、动效设计能力加分</td><td>本科及以上</td></tr>
<tr><td>产品设计师-抖音</td><td>抖音端内游戏化玩法的场景落地与商业变现设计工作</td><td>3年以上产品设计经验，有完整项目经历，熟悉数据分析方法，掌握交互、动效、视觉设计等技能者优先</td><td>本科及以上</td></tr>
<tr><td>创意视觉设计师-抖音直播</td><td>抖音直播的运营活动视觉设计，为项目提供高品质的设计方案</td><td>2年以上视觉设计经验，有完整项目经历，具备3D设计能力</td><td>本科及以上</td></tr>
<tr><td>AIGC多媒体创意设计师-抖音</td><td>负责产品视频、宣传动画的创意设计工作，运用AIGC工具绘制详细的分镜及故事板</td><td>2年以上影视、动画、广告公司相关创意设计工作经验，精通视觉设计软件，具备脚本设计能力</td><td>本科及以上</td></tr>
<tr><td>产品设计师-抖音图文</td><td>负责抖音图文的用户体验设计</td><td>3年及以上互联网设计经验，统计学、数学、计算机科学、信息管理等相关专业</td><td>本科及以上</td></tr>
<tr><td>产品设计专家</td><td>抖音PC web及客户端的产品设计</td><td>5年以上产品设计经验，有完整项目经历</td><td>本科及以上</td></tr>
<tr><td>创意设计师</td><td>负责字节跳动旗下飞书业务的产品内容营销与运营设计</td><td>熟悉产品内容营销或运营设计，擅长排版与信息呈现，有商业化项目落地经验，平面设计/视觉传达/广告等设计类相关专业</td><td>本科及以上</td></tr>
</table>

续表

<table>
<tr><th>代表性岗位</th><th>职位描述</th><th colspan="2">职位要求</th><th>学历及经验要求</th></tr>
<tr><td>国际电商UX设计师-B端营销方向</td><td>负责国际电商B端营销域相关的体验设计工作</td><td colspan="2">至少5年产品设计工作经验，英文可以作为工作语言，具备全链路的体验设计能力，UE方向</td><td>本科及以上</td></tr>
<tr><th colspan="5">薪资待遇</th></tr>
<tr><th>职位/职级</th><th colspan="2">薪资/（元/年）</th><th colspan="2">工作地点</th></tr>
<tr><td>UI设计师</td><td colspan="2">20000～30000</td><td colspan="2">杭州</td></tr>
<tr><td>三维视觉设计师</td><td colspan="2">20000～30000</td><td colspan="2">北京</td></tr>
<tr><td>游戏设计</td><td colspan="2">30000～40000</td><td colspan="2">北京</td></tr>
<tr><td>产品运营</td><td colspan="2">12000×15</td><td colspan="2">北京</td></tr>
<tr><td>产品经理</td><td colspan="2">17000×18+1500×12（房补）</td><td colspan="2">北京</td></tr>
<tr><td>后端开发</td><td colspan="2">28000×15</td><td colspan="2">北京</td></tr>
<tr><td>前端开发</td><td colspan="2">18000×15</td><td colspan="2">北京</td></tr>
<tr><td>商业化运营</td><td colspan="2">14000×16</td><td colspan="2">上海</td></tr>
<tr><td>数据分析</td><td colspan="2">25000×15</td><td colspan="2">北京</td></tr>
<tr><td>算法</td><td colspan="2">45000×15</td><td colspan="2">上海</td></tr>
<tr><th colspan="5">高校招聘</th></tr>
<tr><td>需求专业</td><td colspan="4">计算机科学与技术、软件工程、数据科学与大数据技术、人工智能（AI）与机器学习、设计类专业、市场营销与商业</td></tr>
<tr><td>招聘工作</td><td colspan="4">品牌设计师、产品设计师、多媒体创意设计师、UX设计师等</td></tr>
<tr><td>工作城市</td><td colspan="4">上海、北京、杭州</td></tr>
</table>

（3）百度（Baidu）

百度（Baidu）是拥有强大互联网基础的领先AI公司。百度愿景是：成为最懂用户，并能帮助人们成长的全球顶级高科技公司。

百度拥有数万名研发工程师，这是中国乃至全球顶尖的技术团队。这支队伍掌握着世界上领先的搜索引擎技术，使百度成为掌握世界尖端科学核心技术的中国高科技企业，也使中国成为除美国、俄罗斯和韩国之外，全球仅有的4个拥有搜索引擎核心技术的国家之一。其岗位概览见表1.14。

表1.14　百度岗位概览

<table>
<tr><th colspan="4">代表性岗位及其简介、专业及学历要求概览</th></tr>
<tr><td>主营业务</td><td colspan="3">移动生态和云计算</td></tr>
<tr><th>代表性岗位</th><th>职位描述</th><th>职位要求</th><th>学历及经验要求</th></tr>
<tr><td>交互设计师</td><td>交互框架设计
大型协同项目、创新项目的全链路设计</td><td>熟悉用户体验、交互设计
精通Figma等工具</td><td>设计、心理学、计算机相关专业应届毕业生</td></tr>
<tr><td>视觉设计师</td><td>UI设计
UI界面设计
品牌运营</td><td>精通Photoshop、Illustrator、Sketch、Figma等工具</td><td>美术/设计相关专业应届毕业生</td></tr>
<tr><td>用户研究工程师</td><td>问卷设计
数据分析
用户访谈
竞品研究分析</td><td>熟练使用SPSS、Excel等统计分析工具
对AI、大模型有一定理解</td><td>本科及以上学历
心理学/用户体验等相关专业应届毕业生</td></tr>
<tr><td>产品经理</td><td>分析互联网用户行为
对产品进行数据分析
沟通其他团队</td><td>对互联网市场的敏感度高
良好的沟通协作能力</td><td>专业不限，有计算机相关专业背景者优先</td></tr>
<tr><th colspan="4">薪资待遇</th></tr>
<tr><th>职位/职级</th><th>薪资/（元/月）</th><th colspan="2">工作地点</th></tr>
<tr><td>交互设计师</td><td>11600～38900</td><td colspan="2">北京</td></tr>
<tr><td>UI设计师</td><td>10600～31600</td><td colspan="2">北京</td></tr>
<tr><td>视觉设计师</td><td>22100</td><td colspan="2">北京</td></tr>
<tr><td>产品经理</td><td>20000～47300</td><td colspan="2">北京</td></tr>
<tr><td>产品运营</td><td>10600～31600</td><td colspan="2">北京</td></tr>
<tr><td>交互设计师</td><td>11600～38900</td><td colspan="2">北京</td></tr>
<tr><td>UI设计师</td><td>20000～30000</td><td colspan="2">杭州</td></tr>
<tr><th colspan="4">高校招聘</th></tr>
<tr><td>需求专业</td><td colspan="3">计算机科学与技术、软件工程、网络工程、信息安全、物联网工程、电子信息工程、电子科学与技术、通信工程、微电子科学与工程、信息工程等专业</td></tr>
<tr><td>招聘工作</td><td colspan="3">交互设计师、视觉设计师、用户研究工程师、产品经理等</td></tr>
<tr><td>工作城市</td><td colspan="3">上海、北京、杭州</td></tr>
</table>

（4）网易

网易(NASDAQ:NTES)，1997年在广州成立，2000年在美国纳斯达克股票交易所挂牌上市，是中国领先的互联网技术公司，在开发互联网应用、服务等方面始终保持中国业界领先地位。本着对中国互联网发展强烈的使命感，缔造美好生活的愿景，网易利用最先进的互联网技术，加强人与人之间信息的交流和共享，为海量用户提供优质的产品和服务，始终秉持着“以匠心，致创新”的理念，通过科技创新改变生活。

目前，网易拥有超过21000名员工，国内主要集中在北京、广州、杭州、上海四地办公，在日本、韩国、澳大利亚、美国、德国、意大利等地均设有分支机构。自2000年上市以来，网易公司一直保持了财务指标的稳健增长。

网易是中国领先的互联网公司之一，是全球领先的在线游戏开发与发行公司，也是中国最大的电子邮件服务商，并拥有中国领先的自营品质电商品牌、中国领先的在线音乐平台、在线教育平台、资讯传媒平台，覆盖全中国超过10亿用户。其岗位概览见表1.15。

表1.15　网易岗位概览

代表性岗位及其简介、专业及学历要求概览			
主营业务	门户网站、在线游戏、电子邮箱、在线教育、电子商务、在线音乐、网易CC直播等多种服务		
代表性岗位	职位描述	职位要求	学历及经验要求
网易严选事业部-工业设计师	自研办公产品设计 设计草图、3D模型、效果图制作	熟练使用Rhino、Pro/E、SolidWorks、KeyShot、Illustrator、Photoshop	本科及以上学历 工业设计、产品设计、汽车设计及相关专业 5年以上办公相关产品设计经验和量产经验
高级UI设计师	界面设计和交互逻辑梳理 UI整体视觉风格产出 游戏视觉推广设计	熟练掌握Figma或MasterGo软件 组件模板库的搭建工作	本科及以上学历 视觉传达、交互设计等专业 3年以上游戏相关界面设计经验

续表

<table>
<tr><th>代表性岗位</th><th>职位描述</th><th>职位要求</th><th>学历及经验要求</th></tr>
<tr><td>资深体验设计师（UI/UX）</td><td>游戏交互体验设计
参与游戏开发全流程</td><td>熟悉Unity引擎，熟悉Figma
大型或AAA游戏开发经验</td><td>本科及以上学历
工业设计、人机交互设计、服务设计等设计类学科背景
4年以上成熟游戏体验设计经验</td></tr>
<tr><td>高级UI视觉设计师（第五人格项目）</td><td>游戏产品的图形界面风格设计
界面资源规划</td><td>精通Photoshop、Illustrator</td><td>5年以上UI设计工作经验，具备成功项目经验</td></tr>
<tr><td>游戏视觉设计师（GUI）</td><td>游戏内美术设计
游戏LOGO、ICON的绘制</td><td>熟练使用Hash、AI、PS等
良好的逻辑分析能力</td><td>有扎实的美术功底</td></tr>
<tr><th colspan="4">薪资待遇</th></tr>
<tr><th>职位/职级</th><th>薪资/（元/年）</th><th colspan="2">工作地点</th></tr>
<tr><td>交互设计师</td><td>16000×16</td><td colspan="2">杭州</td></tr>
<tr><td>视觉设计师</td><td>23200×16</td><td colspan="2">杭州</td></tr>
<tr><td>平面设计师</td><td>23200×16</td><td colspan="2">杭州</td></tr>
<tr><td>Unity3D开发</td><td>12800×16</td><td colspan="2">杭州</td></tr>
<tr><td>产品经理</td><td>20000×16</td><td colspan="2">杭州</td></tr>
<tr><td>产品运营专员</td><td>25000×16</td><td colspan="2">杭州</td></tr>
<tr><td>游戏场景</td><td>33700×16</td><td colspan="2">杭州</td></tr>
</table>

（5）支付宝（蚂蚁科技集团股份有限公司，ANT GROUP）

蚂蚁集团起步于2004年诞生的支付宝，源于一份为社会解决信任问题的初心，经过多年的发展，已成为世界领先的互联网开放平台。蚂蚁集团通过科技创新，助力合作伙伴，为消费者和小微企业提供普惠便捷的数字生活及数字金融服务；持续开放产品与技术，助力企业的数字化升级与协作；在全球广泛合作，服务当地商家和消费者，实现“全球收”“全球付”和“全球汇”。其岗位概览见表1.16。

表1.16 蚂蚁科技岗位概览

<table>
<tr><th colspan="4">代表性岗位及其简介、专业及学历要求概览</th></tr>
<tr><td>主营业务</td><td colspan="3">互联网金融服务</td></tr>
<tr><th>代表性岗位</th><th>职位描述</th><th>职位要求</th><th>学历及经验要求</th></tr>
<tr><td>内容化-体验设计师
内容化-视觉设计师</td><td>短视频、直播产品设计
移动端设计及web端UX/UI设计</td><td>移动端全链路设计落地案例
UGC设计经验、AIGC能力</td><td>本科及以上学历
2年及以上UI/UX设计经验</td></tr>
<tr><td>体验设计专家</td><td>金融业务的体验设计
金融产品全流程设计
金融业务的设计规范和标准制定</td><td>金融行业设计经验
熟悉Sketch、Figma等工具
较强的抗压能力、时间管理能力</td><td>本科及以上学历
设计类专业
3～5年工作经验</td></tr>
<tr><td>医疗健康行业-视觉设计师</td><td>医疗系统的服务体验设计
实际用户价值的项目管理
AI体验设计</td><td>视觉表达能力强
对数据和用户声音敏感</td><td>本科及以上学历
1年以上移动端体验设计经验
互联网企业背景</td></tr>
<tr><td>数字科技-产品经理</td><td>数字权益产品设计
负责数字权益SaaS平台
优化数字权益SKU设计</td><td>结构化思考和数据分析能力
敏锐的业务敏感度</td><td>本科及以上学历
5年以上相关工作经验</td></tr>
<tr><th colspan="4">薪资待遇</th></tr>
<tr><th>职位/职级</th><th>薪资/(元/年)</th><th colspan="2">工作地点</th></tr>
<tr><td>产品岗</td><td>(20000～26000)×16
房补：2000×12</td><td colspan="2">杭州</td></tr>
<tr><td>运营岗</td><td>(16000～20000)×16
房补：2000×12</td><td colspan="2">杭州</td></tr>
<tr><td>算法岗</td><td>(25000～37000)×16
房补：2000×12</td><td colspan="2">杭州</td></tr>
<tr><td>开发岗</td><td>(22000～30000)×16
房补：2000×12</td><td colspan="2">杭州</td></tr>
</table>

续表

高校招聘	
热门专业	计算机科学与技术、软件工程、网络工程、电子信息工程、电子科学与技术、人工智能、美术设计等专业
招聘高校	清华大学、北京大学、浙江大学、中国科学技术大学、复旦大学、南京大学、北京航空航天大学、华中科技大学、东南大学、电子科技大学、华南理工大学、西安交通大学、同济大学、西安电子科技大学、安徽大学等
招聘工作	UI设计师、体验设计师、视觉设计师等
工作城市	杭州

5.新媒体类

(1) 北京快手科技有限公司（Beijing Kwai Technology Co., Ltd）

快手致力于成为全球最痴迷于为客户创造价值的公司，持续提升每个人独特的幸福感。其旗下的快手app是中国流行的短视频和直播应用之一。作为普惠的数字社区，快手不仅让数亿普通人记录和分享生活，更帮助人们发现所需、发挥所长。快手致力于创造一个温暖和信任的社区，让更多普通人拥有表达和被看见的机会，并由此培育了繁荣与高互动的社区生态，每天有数千万优质内容上传。快手希望将短视频+直播作为商业基础设施，助力各行各业的数字化升级，让劳动和创造释放更大的能量，让价值创造者得到更好的回报。其岗位概览见表1.17。

表1.17　北京快手岗位概览

代表性岗位及其简介、专业及学历要求概览			
主营业务	线上营销服务、直播和其他服务		
代表性岗位	职位描述	职位要求	学历及经验要求
B端UI设计师	B端web页面等产品UI设计 搭建系统组件设计规范	web类视觉设计落地经验 优秀的视觉审美和实践能力 产品思维和沟通能力	本科及以上学历 设计类相关专业 2年以上的互联网或移动互联网设计经验

续表

代表性岗位	职位描述	职位要求	学历及经验要求
产品设计师-商业化	B端商业化产品交互与UI视觉设计 跨部门、跨团队的沟通	UI设计功底 熟练运用Figma、AE	本科及以上学历 人机交互、艺术设计、视觉传达等相关设计专业
交互设计师-电商	电商支付业务线交互设计 支付交易行为需求研究 把控整体界面及链路逻辑	有想法、高执行力 良好的沟通/协调能力	本科及以上学历 3年以上交互工作经验 有支付交易或电商设计经验者优先
创意视觉设计师-电商	电商大型活动创意视觉设计	较深的美术功底及审美能力 熟悉大型运营活动 具备3D、动效设计能力	本科及以上学历 2年以上工作经验
交互设计专家	负责快手主站/极速版移动端相关交互设计	掌握相关设计方法和工具 用户行为分析、数据分析和场景挖掘	本科及以上学历 5年以上互联网设计工作经验
资深运营视觉设计师	快手主站核心运营活动设计 独立承担运营设计项目	优秀的视觉表现能力 C4D、动效设计经验及手绘能力	本科及以上学历 美术或视觉传达专业 有3年及以上互联网运营设计工作经验者优先

薪资待遇		
职位/职级	薪资/（元/年）	工作地点
k2a	25000×16	北京
k3a	29000×16	北京
k3b	33000×16	北京
k3c	42000×16	北京
k4a	47000×16	北京

（2）北京爱奇艺科技有限公司

北京爱奇艺科技有限公司是2007年成立的科技公司，位于北京，原名奇艺。2010年4月22日，奇艺正式上线，2011年11月26日，奇艺正式宣布品牌升级，启动“爱奇艺”品牌并推出全新标志。自成立伊始，爱奇艺坚持“悦享品质（always fun,always fine）”的理念，以“用户体验”为生命，锐意创新。在产品技术上，爱奇艺持续重点投入，保证在线观影清晰、流畅、界面友好。在内容上，除了正版影视内容的采购外，“爱奇艺出品”还从电影、网剧、综艺、娱乐节目等全方位进军自制领域，为网络自制内容树立了专业和品质的标杆。与此同时，爱奇艺深入探索广告投放新技术、新模式，以“SWS”模式[“search(搜索)”-“watch(观看)”-“share(分享)”]为核心竞争力，为品牌广告主提供高品质、高性价比的视频营销服务。其岗位概览见表1.18。

表1.18　北京爱奇艺岗位概览

代表性岗位及其简介、专业及学历要求概览			
主营业务	网络视频播放平台		
代表性岗位	**职位描述**	**职位要求**	**学历及经验要求**
平面设计	物料包装设计 协助完成平面创意策划方案	熟练使用平面设计软件 手绘能力 策划思维 了解娱乐行业饭圈文化	本科及以上学历 广告、美术设计、新媒体艺术设计等相关专业 一年以上影视海报设计经验
福利体验用户产品（会员业务）	福利业务的C端产品建设 梳理并优化产品体验 监控用户行为数据	对用户体验有深刻的理解 对数据敏感	3年以上用户产品经验 用研或电商相关产品经验优先
广告产品设计师	产品设计、需求管理、上线后分析优化 项目管理	擅长PPT、PS、剪映等软件 对流行趋势有敏锐度	本科及以上学历 2年以上产品工作经验
新媒体运营	短视频内容选题、策划、剪辑 研究同赛道的视频玩法、流量玩法	网感、阅片量 精通主流剪辑软件、调色软件	1年以上短视频或新媒体相关工作经验

续表

薪资待遇		
职位/职级	薪资/（元/年）	工作地点
产品	24300×14	北京
运营	16300×14	北京
项目经理	20600×14	北京
工艺工程师	19600×14	北京

（3）哔哩哔哩（上海宽娱数码科技有限公司）（Shanghai Kuanyu Digital Technology Co., Ltd）

上海宽娱数码科技有限公司是一家以从事新闻和出版业为主的企业，总部位于上海市杨浦区，成立时间为2005年8月12日。其开发的哔哩哔哩（简称B站）是中国最大的年轻人文化社区之一，其独特的弹幕文化和丰富的ACG内容吸引了大量年轻用户。作为上海规模较大的互联网企业之一，B站的员工人数也在快速增长。该公司在视频、游戏、直播等领域拥有强大的技术实力和内容生产能力。其岗位概览见表1.19。

表1.19　上海宽娱科技岗位概览

代表性岗位及其简介、专业及学历要求概览			
主营业务	移动游戏、直播、付费内容、广告、漫画、电商等商业化产品及服务，并对电竞、虚拟偶像等前沿领域展开战略布局		
代表性岗位	职位描述	职位要求	学历及经验要求
体验设计	交易生态业务的产品体验设计工作	熟练掌握设计软件和工具，有3D、动效设计能力加分，交互设计/工业设计/心理学等相关专业优先考虑	本科及以上学历
UI动效设计师	制定游戏UI动效风格，制定特效制作标准和规范	有3年以上游戏行业UI动效制作经验，有完整项目动效制作经验，色彩感知好，特效动画节奏感强，掌握基础设计软件	—
高级UI设计师（女性方向）	游戏内的UI界面、图标的设计制作	3年以上女性方向手游的UI制作经验，熟悉Unity引擎，熟悉Dotween或Animation工具者优先	—

续表

代表性岗位	职位描述	职位要求	学历及经验要求
产品设计专家 资深体验设计师（TV端）	日常迭代设计、推动方案实施	3年及以上互联网产品设计经验，有成功案例、专业突出者不受此条目限制 熟练掌握设计软件，有TV或多屏相关设计经验者优先	设计类专业本科及以上学历
体验设计-B端平台方向	商业化B端投放产品相关的体验设计工作	5年以上互联网工作经验，设计/艺术类相关专业，有设计经验者优先	本科及以上学历
商业化体验设计师	参与用户研究，与跨职能团队合作	熟练掌握设计软件和工具，设计相关专业，对用户体验设计有一定理解	应届本科及以上学历
3D角色设计师	制定角色制作标准和规范	有5年以上游戏角色制作经验，具备较好的模型构造能力、贴图制作能力及原画审美能力	美术或设计专业类院校本科及以上学历
游戏UI设计师（写实）	游戏界面视觉风格设计	有3年以上游戏制作经验，熟悉Unreal引擎，具备优秀的手绘能力及平面设计能力	美术或设计专业类院校毕业
资深技术美术	大型游戏引擎类、非程序类开发工作	熟悉次世代引擎及游戏制作流程，熟悉UE4、UE5，有良好的专业英语能力和熟练的编程能力者优先，常用美术软件者优先	—
薪资待遇			
职位/职级	薪资/（元/年）	工作地点	
产品	20000×15	上海	
UI设计师	（15000～25000）×15	上海	
创意设计师	（30000～40000）×15	上海	
平面设计师	（10000～25000）×15	上海	
高校招聘			
校招专业	技术、产品运营、游戏、内容、市场营销、大职能设计和文创等多个领域		

6.综合类

华为技术有限公司

华为创立于1987年，是全球领先的ICT（信息与通信）基础设施和智能终端提供商，坚持稳健经营、持续创新、开放合作。华为的20多万员工遍及170多个国家和地区，为全球30多亿人口提供服务。其岗位概览见表1.20。

表1.20 华为岗位概览

代表性岗位及其简介、专业及学历要求概览			
主营业务	程控交换机、传输设备、数据通信设备、宽带多媒体设备、电源、无线通信设备、微电子产品、软件、系统集成工程、计算机及配套设备、终端设备及相关通信信息产品、数据中心机房基础设施及配套产品的开发/生产/销售/技术服务/工程安装/维修/咨询/代理/租赁		
代表性岗位	职位描述	职位要求	学历及经验要求
视觉设计师	参与HarmonyOS系统的整体视觉风格设计，打造更好的用户体验	熟练掌握设计类软件，有相关实习经验或有设计大赛获奖经历者优先	—
交互设计师	HarmonyOS系统交互体验设计	计算机软件或艺术设计背景，熟练掌握Sketch、ProtoPie、用户研究、竞品分析等工具	—
3D设计师	参与华为终端产品的各领域研发项目，负责平台级3D设计工作	艺术设计专业背景，具备3D设计、制作理论知识，熟练掌握主流3D设计制作软件	—
动效设计师	多种终端设备的交互动效与品牌类特效及宣传视频制作	美术、设计相关专业的本科生或研究生，掌握2D动画软件、3D动画软件者优先	本科及以上
人因研究员	从感觉出发开展人因研究，制定具体方案	心理学、人因工程、工业工程、医学工程/生理学、人机交互、体验设计、工业设计、艺术学等相关专业	—
2012实验室-工业设计部	负责华为泛ICT领域工业设计，终端产品定义与创新	工业设计、产品设计、人因工程等相关专业，熟练掌握设计师必备的软件	本科及以上

续表

薪资待遇				
职位/职级	薪资/（万元/年）	年终奖/（万元/年）	股权激励/（万元/年）	总薪酬/（万元/年）
13	22	2.5	0	20～25
14	28.8	5.8	0.3	30～35
15	31.5	10	3	40～45
16	42	13.5	8.5	60～65
17	50	19.5	18.6	80～90
18	72	40.7	27.2	90～150
19	75.1	63.5	22	150～200
20	63.6	75	125.8	200～300
高校招聘				
招聘高校	共55所高校，在上榜院校中有35所是985院校、14所211院校、3所双一流高校、3所四非高校			
热门专业	语言类、经管类、财会类等专业；供应链、技术、产品方向倾向物流、机械、机电、电气自动化、能源动力类专业			

7.汽车类

（1）比亚迪

比亚迪品牌隶属于比亚迪股份有限公司，其创立于1995年2月，总部位于广东省深圳市。比亚迪品牌涵盖电子、汽车、新能源和轨道交通等四大领域，已在全球设立30多个工业园，实现全球六大洲的战略布局。在国内布局有深圳、西安、长沙、常州、抚州、合肥、济南和郑州等多个生产基地。2024年3月26日，比亚迪发布2023年年报。报告期内，比亚迪实现营业收入6023.15亿元，同比增长42.04%，实现归母净利润300.41亿元，同比增长80.72%，均为历史新高。其岗位概览见表1.21。

表1.21 比亚迪岗位概览

代表性岗位及其简介、专业及学历要求概览	
主营业务	电池、电机、电控等新能源汽车全产业链

续表

薪资待遇		
职位/职级	薪资/（元/月）	占比
—	2000～8000	18%
—	8000～13000	51%
—	13000～19000	6%
—	19000～26000	10%
—	26000以上	15%
高校招聘		
招聘工作	2024年比亚迪校招总人数为1.13万人，其中硕博占比67%以上，校招的研发人员占所有校招人数的78%。2024年校招毕业生中，博士占比10%	

（2）小米汽车

2021年11月18日，小米汽车科技有限公司成立，注册资本为10亿元人民币，经营范围包含新能源车整车制造、技术开发等，公司注册地为北京。股东信息显示，该公司由小米科技有限责任公司全资持股。其岗位概览见表1.22。

表1.22 小米汽车科技岗位概览

代表性岗位及其简介、专业及学历要求概览			
主营业务	技术开发、技术服务、技术咨询、技术交流、技术转让、技术推广（人体干细胞、基因诊断与治疗技术开发和应用除外）；新能源车整车制造；汽车整车及零部件的技术研发；电机及其控制系统研发；汽车零部件及配件制造（限动力总成系统、汽车电子、新能源专用关键零部件等项目）；输配电及控制设备制造；电动机制造、电机制造、其他未列明电气机械及器材制造（以上制造业限节能环保、数控设备制造）；智能车载设备制造（印刷电路板等高污染、高环境风险的生产制造环节除外）；电气信号设备装置制造；锂离子电池制造；其他电池制造；销售汽车、汽车零配件；技术进出口；工程和技术研究及试验发展；基础软件服务；应用软件服务；道路机动车辆生产		
代表性岗位	职位描述	职位要求	学历及经验要求
ID设计师（汽车配件方向）	新产品外观创新设计 推动设计理念从概念到落地实现	手绘、三维模型、渲染、快速模型设计能力 色彩感知能力	知名设计院校本科及以上学历 交通工具设计专业方向

续表

<table>
<tr><th>代表性岗位</th><th colspan="2">职位描述</th><th>职位要求</th><th>学历及经验要求</th></tr>
<tr><td>产品经理-汽车</td><td colspan="2">产品规划及落地
相关领域的行业、用户和竞品调研
撰写产品需求文档及产品白皮书</td><td>较强的团队协同能力
较强的表达沟通逻辑</td><td>汽车工程、计算机相关专业或有工作经验者优先</td></tr>
<tr><td>工业设计师</td><td colspan="2">产品外观设计，协助支持设计执行落地
2D及3D图面表达</td><td>精通Rhino/UG/AI/Keyshot/Photoshop等设计软件</td><td>国内外设计院校本科及以上学历
工业设计专业优先</td></tr>
<tr><td>UI设计师</td><td colspan="2">相关产品的UI设计
版本迭代中的新功能设计及界面维护优化</td><td>精通Photoshop、AI、Sketch等视觉设计软件</td><td>—</td></tr>
<tr><th colspan="5">薪资待遇</th></tr>
<tr><th>职位/职级</th><th colspan="3">薪资/（元/年）</th><th>工作地点</th></tr>
<tr><td>产品</td><td colspan="3">33000×15</td><td>北京</td></tr>
<tr><td>产品经理</td><td colspan="3">38000×15</td><td>北京</td></tr>
<tr><td>运营</td><td colspan="3">23600×15</td><td>北京</td></tr>
<tr><th colspan="5">高校招聘</th></tr>
<tr><td>招聘工作</td><td colspan="4">硬件研发类、软件研发类、产品类、运营类、设计类、市场类、销售类、职能类、供应链类、外语外派类等</td></tr>
<tr><td>工作城市</td><td colspan="4">北京、上海、武汉、南京、深圳、西安</td></tr>
</table>

（3）中国一汽

中国第一汽车集团有限公司（简称：中国一汽）是国有特大型汽车企业集团，总部位于吉林省长春市，前身为第一汽车制造厂，是国家“一五”计划重点建设项目之一。

中国一汽经过70多年的发展，建立了东北、华北、华东、华南、西南五大生产基地，构建了全球化研发布局，拥有红旗、解放、奔腾等自主品牌和大众、奥迪、丰田、马自达等合资品牌，累计产销汽车超过6000万辆，销量规模位列中国汽车行业第一阵营。其岗位概览见表1.23。

表1.23 中国一汽岗位概览

<table>
<tr><th colspan="4">代表性岗位及其简介、专业及学历要求概览</th></tr>
<tr><td>主营业务</td><td colspan="3">汽车及零部件、智能产品及设备、铸锻件毛坯等的开发、设计、试验、检测检定、制造及再制造、销售；机械加工；工具、模具及设备等的设计、研发及制造；工程技术研究、设计、工程建筑等业务组织和投资管理及服务；物流、仓储、租赁、能源、回收利用、二手车等相关衍生业务；咨询、技术、商务、进出口、软件及信息、劳务服务</td></tr>
<tr><th>代表性岗位</th><th>职位描述</th><th>职位要求</th><th>学历及经验要求</th></tr>
<tr><td>研发类-造型与概念开发</td><td>车身与平台零部件布置
内外饰方案设计及表面数据制作及检查</td><td>专业软件应用能力
了解汽车相关基础知识和发展趋势；了解整车、零部件、生产工艺等基础知识；掌握表面处理专业规范和技术原理等</td><td>本科及以上学历
机械工程（车辆工程）/工业设计等相关专业
CET6-425分及以上</td></tr>
<tr><td>色彩与装饰设计</td><td>开展图案及纹理的设计趋势研究与分析
图案及纹理方案设计</td><td>精通手绘及相应设计软件（Illustrator/Photoshop/Grasshopper等）
出众的市场趋势和用户偏好洞察能力</td><td>本科及以上学历
设计学、美术学等相关专业</td></tr>
<tr><td>内外饰设计</td><td>内外饰创意草图、效果图
油泥模型贴胶带或者绘制细节草图
使用Alias Speed-form等软件搭建三维线框及草模</td><td>优秀的草图设计能力
2D向3D设计开发转化的能力</td><td>本科及以上学历
设计学、美术学等相关专业</td></tr>
<tr><th colspan="4">薪资待遇</th></tr>
<tr><th>职位/职级</th><th colspan="2">薪资/（万元/年）</th><th>工作地点</th></tr>
<tr><td>本科</td><td colspan="2">12～15</td><td>—</td></tr>
<tr><td>硕士</td><td colspan="2">13～16</td><td>—</td></tr>
<tr><th colspan="4">高校招聘</th></tr>
<tr><td>招聘高校</td><td colspan="3">哈尔滨工业大学、哈尔滨工程大学、长安大学、西安交通大学、大连海事大学、大连理工大学、湖南大学、中南大学、武汉理工大学、华中科技大学</td></tr>
<tr><td>招聘岗位</td><td colspan="3">智能网联研发类、新能源研发类、整车研发类、设计类、智能制造类、数智化类、营销类、职能类</td></tr>
</table>

8.电商类

（1）京东（北京京东世纪贸易有限公司）

京东集团于2004年正式涉足电商领域。2014年5月，京东集团在美国纳斯达克证券交易所正式挂牌上市，是中国第一个成功赴美上市的综合型电商平台。2020年6月，京东集团在香港联交所二次上市，募集资金用于投资以供应链为基础的关键技术创新，以进一步提升用户体验及提高运营效率。

2017年初，京东集团全面向技术转型，迄今，京东体系已经投入了近1300亿元用于技术研发。京东集团定位于“以供应链为基础的技术与服务企业”，目前业务已涉及零售、科技、物流、健康、产发、工业、自有品牌、保险等领域。作为同时具备实体企业基因和属性、数字技术和能力的新型实体企业，京东集团依托“有责任的供应链”，持续推进“链网融合”，实现了货网、仓网、云网的“三网通”，不仅保障自身供应链稳定可靠，也带动产业链上下游合作伙伴数字化转型和降本增效，更好地服务实体经济，实现高质量发展。其岗位概览见表1.24。

表1.24　京东岗位概览

代表性岗位及其简介、专业及学历要求概览			
主营业务	网络零售服务		
代表性岗位	职位描述	职位要求	学历及经验要求
交互设计师	分析用户需求、结合用户研究进行界面及流程的优化	熟悉交互设计方法与工具，关注用户体验	统招本科及以上学历
视觉设计师	用户界面的设计及管理	美术或设计相关专业，熟练使用AI、C4D、Sketch等相关设计软件	统招本科及以上学历
体验设计专家	主导交互UI工作	精通Figma、Sketch、Axure、C4D、PS、AI、AE等设计软件中的2项，会手绘者优先，会动效制作者优先	5年以上设计工作经验，设计相关专业 本科及以上学历
视觉设计师-微信域	京东微信域产品及运营设计	熟练掌握插画设计、AE交互动画设计	3年以上产品体验或运营设计经验，美术、设计或相关专业，本科及以上学历

续表

<table>
<tr><th>代表性岗位</th><th colspan="2">职位描述</th><th colspan="2">职位要求</th><th>学历及经验要求</th></tr>
<tr><td>创意设计师</td><td colspan="2">秒送平台营销活动视觉设计</td><td colspan="2">精通Photoshop、AI等基础设计软件，熟练使用Midjourney等AIGC工具</td><td>零售相关行业经验3年以上</td></tr>
<tr><td>AIGC视觉设计师</td><td colspan="2">策划、组织和细化训练数据集</td><td colspan="2">艺术相关背景，熟练使用StableDiffusion、Midjourney、Dall-E2等AI绘图工具及创意软件</td><td>—</td></tr>
<tr><th colspan="6">薪资待遇</th></tr>
<tr><th>职位/职级</th><th>薪资/（万元/年）</th><th colspan="2">年终奖/（万元/年）</th><th>股权激励/（万元/年）</th><th>总薪酬/（万元/年）</th></tr>
<tr><td>T2</td><td>24</td><td colspan="2">16</td><td>—</td><td>40</td></tr>
<tr><td>T3</td><td>25.2</td><td colspan="2">18</td><td>—</td><td>43.2</td></tr>
<tr><td>T4</td><td>27.6</td><td colspan="2">18.4</td><td>—</td><td>46</td></tr>
<tr><td>T5</td><td>32.4</td><td colspan="2">24</td><td>—</td><td>56.4</td></tr>
<tr><td>T6</td><td>37.2</td><td colspan="2">24.6</td><td>—</td><td>61.8</td></tr>
<tr><td>T7</td><td>66</td><td colspan="2">44</td><td>1</td><td>111</td></tr>
<tr><td>T8</td><td>68</td><td colspan="2">48</td><td>25</td><td>141</td></tr>
<tr><td>T9</td><td>63.6</td><td colspan="2">42.4</td><td>80</td><td>186</td></tr>
<tr><th colspan="6">高校招聘</th></tr>
<tr><td>岗位方向</td><td colspan="5">供应链方向、技术方向、产品方向、运营方向、市场与商务方向、职能方向、设计方向、工程方向、健康方向、保险及金融方向</td></tr>
<tr><td>热门专业</td><td colspan="5">语言类、经管类、财会类等专业；供应链、技术、产品方向倾向物流、机械、机电、电气自动化、能源动力类专业</td></tr>
</table>

（2）拼多多（上海寻梦信息技术有限公司）

拼多多创立于2015年4月，是上海本土成长的互联网企业。生于移动年代，拼多多以农产品零售平台起家，深耕农业，开创了以“拼”为特色的农产品零售的新模式，逐步发展成为以农副产品为鲜明特色的全品类综合性电商平台，是全球具备规模的纯移动电商平台。

作为新电商开创者，拼多多致力于以创新的消费者体验，将“多实惠”和“多乐趣”融合起来为广大用户创造持久的价值。拼多多于2018年7月在美国纳斯达克上市。截至2021年6月，平台年度活跃用户数达到8.499亿，商家数达到860万，平均每日在途包裹数逾亿，是中国大陆地区用户数最多的电商平台，更是全世界最大的农副产品线上零售平台。其岗位概览见表1.25。

表1.25　上海寻梦信息岗位概览

代表性岗位及其简介、专业及学历要求概览			
主营业务	社交电商平台，农产品上行和物流网络，消费金融与智慧农业，覆盖团购、农产品直供、服装、家居、食品等多个领域		
代表性岗位	职位描述	职位要求	学历及经验要求
电商平面设计师	负责拼多多海外跨境产品的各类广告、运营素材的创意视觉设计	熟练使用各类设计软件，2年以上互联网/海外电商/国际广告公司等工作经验	2年以上经验，全日制本科及以上学历，设计相关专业
C4D动画设计师	日常营销活动的三维动态设计	有互联网三维视觉项目经验以及成熟的三维作品，熟练运用主流三维软件，专业设计院校毕业者优先	3年及以上工作经验
交互设计	产品和功能研发流程中的交互设计工作	工业设计、用户研究、心理学以及其他相关理工科专业优先，交互及用户体验基础扎实	—
UI设计	负责公司产品和功能研发流程中的UI设计工作	能熟练使用UI和动效设计软件及工具，美院毕业，平面设计、艺术设计、工业设计、新媒体设计等专业优先；有美术及绘画功底者优先	—
创意设计	参与并负责公司创意视觉工作	熟练使用各类设计软件，有多样化的设计落地能力	—
高级UI设计师	负责海外项目的UI设计，包括从设计策略到设计执行的全流程工作	负责过中大型产品的UI设计，熟知互联网产品，具备电商行业知识	3～5年UX/UI设计经验

续表

薪资待遇				
职位/职级	薪资 /（万元/年）	年终奖 /（万元/年）	股权激励 /（万元/年）	总薪酬 /（万元/年）
员工	60	10.5	6.2	76.7
小组长	85	25	40.5	150.5
二级部门主管	120	25	145	290
一级部门主管	70	23	390	483
高校招聘				
招聘情况	拼多多在招聘时倾向于选择国内知名高校及海外名校的毕业生。这些学校通常包括985、211等高校，如西北工业大学、天津大学、上海交通大学、合肥工业大学、南京大学、西安交通大学等			

（3）得物（上海得物信息集团有限公司）

得物app是由上海得物信息集团有限公司推出的新一代潮流网购社区。得物app开创性地推出了“先鉴别，再发货”的购物流程，对电商货品实现了“强中心化的平台监管”机制，探索出电商平台交易新模式。得物app专注提供正品电商和生活方式社区两大核心服务，满足人们的品质生活和文化需求。得物平台商品品类已经覆盖潮鞋、潮服、潮玩、运动、女装、手表、配饰、包袋、3C数码、家居家电、美妆、汽车出行、艺术、酒水、食品、票务等。同时作为年轻人的潮流生活社区，得物app聚集了一大批球鞋、潮品穿搭和潮流文化的爱好者，得物app社区通过持续沉淀潮流话题内容，正在成为年轻用户的潮流风向标和发声阵地。

得物app在传统电商模式的基础上增加了鉴别真假与查验瑕疵的服务，基于此，保证用户在收到通过得物app购买的商品前，该商品已经通过多道鉴别查验工序中的“层层关卡”，得到全面的查验鉴别，为用户提供“多重鉴别，正品保障”的全新网购体验。主营业务为以“社区+电商”为主的商业模式，同时也提供鉴定、闲置交易、洗护、金融等服务。其岗位概览见表1.26。

表1.26 得物岗位概览

代表性岗位及其简介、专业及学历要求概览			
主营业务	以"社区+电商"为主的商业模式，同时也提供鉴定、闲置交易、洗护、金融等服务		
代表性岗位	**职位描述**	**职位要求**	**学历及经验要求**
体验设计师	与合作方进行移动端、PC端等产品的体验设计	了解Sketch、Figma、Principle、Photoshop、AE等设计软件，对潮流感兴趣，认真体验过得物app者优先	全日制本科及以上学历，视觉传达、工业设计、人机交互、计算机相关专业优先
用户研究员	了解市场和消费者偏好趋势，监测行业动向及竞品动向	熟悉品牌/市场研究的各种方法论，逻辑清晰，了解各种定量和定性调研方法	全日制硕士研究生学历
插画师	负责公司内部日常品牌相关插画设计	有较丰富的插画经验、深厚的美术功底与造型功底，熟练运用Photoshop、AI、AE等软件	全日制本科及以上学历
IP衍生品制作	参与品牌衍生品、包装等各种物料设计开发	熟悉印刷品、服装等多行业的制作工艺及制作流程等，拥有一定的营销思路，擅长Word、Excel、PPT等工具	全日制本科及以上学历。艺术、平面设计、工艺设计、工业设计等相关专业优先
3D设计师	负责虚拟现实业务的模型建设，负责承接日常3D视效相关设计输出	擅长模型制作、贴图材质制作、视觉动效设计输出，有游戏相关学习经历、具备英文沟通和写作能力者优先	全日制本科及以上学历，游戏类、设计类等专业优先
视觉设计师	负责日常及大型营销活动、游戏化玩法、裂变分享的创意视觉设计	熟练运用Photoshop、AI、AE、CAD等设计软件	应届毕业生，全日制本科或硕士研究生学历，视觉传达、平面设计、艺术设计等相关专业

薪资待遇		
职位/职级	**薪资/（万元/年）**	**工作地点**
资深品牌设计师	60～80	上海
产品体验设计师	12～20	上海

9.家电类

（1）海尔

海尔集团创立于1984年，是全球领先的美好生活和数字化转型解决方案服务商，致力于“以无界生态共创无限可能”，与用户共创美好生活的无限可能，与生态伙伴共创产业发展的无限可能。海尔作为实体经济的代表，持续聚焦实业，始终以用户为中心，坚持原创科技，布局智慧住居、大健康和数字经济三大板块，在全球设立了10大研发中心、71个研究院、35个工业园、163个制造中心和23万个销售网络，连续7年作为全球唯一物联网生态品牌入选“凯度BrandZ最具价值全球品牌100强”，连续8年入选“谷歌&凯度BrandZ中国全球化品牌”十强，连续16年稳居“欧睿国际全球大型家电品牌零售量”第一名，连续21年入选世界品牌实验室“世界品牌500强”。

集团旗下有6家上市公司，子公司海尔智家位列《财富》世界500强和《财富》全球最受赞赏公司。拥有海尔、卡萨帝、Leader、GE Appliances、Fisher & Paykel、AQUA、Candy等全球化高端品牌和全球首个智慧家庭场景品牌三翼鸟，构建了全球领先的工业互联网平台卡奥斯（COSMOPlat）和大健康产业生态盈康一生。其岗位概览见表1.27。

表1.27 海尔岗位概览

代表性岗位及其简介、专业及学历要求概览			
主营业务	冰箱/冷柜、洗衣机、空调、热水器、厨电、小家电等智能家电产品与智慧家庭场景解决方案的研发、生产和销售		
代表性岗位	职位描述	职位要求	学历及经验要求
模具设计工程师	运用UG和CAD软件进行高质量的模具设计，优化整体设计成本	应届毕业生，英语四级以上，数电模电和C语言开发经验	材料类、机械类相关专业 本科生及以上
产品设计师	产品开发，产品建模、渲染和数字化视频制作	熟练使用主流设计工具，了解产品结构和开发流程	产品设计、体验设计、动画设计、视觉设计、设计研究、CMF设计等相关专业优先 本科生及以上

续表

代表性岗位	职位描述	职位要求	学历及经验要求
工业设计师	在项目设计阶段，完善系统概念设计	有上市产品作品者从优，熟练运用三维建模软件、平面设计软件、渲染软件	两年以上工业设计行业经验，工业设计相关专业 本科生及以上
海外产品经理	参与制定并执行海外市场营销战略	目标导向，有较强的沟通表达能力和解决问题的能力，较强的抗压能力和对市场的敏感度	经济类、管理类、理工类专业优先
物联网研发类	完成整体产品线的风格管理与搭建	熟练使用产品建模、渲染、设计软件及常用办公软件	本科及以上学历，产品设计、体验设计、视觉设计、设计研究、CMF设计等相关专业

薪资待遇		
职位/职级	薪资/（元/年）	工作地点
场景设计师	9万～11万	青岛
CAD结构设计工程师	9300×13	青岛
结构仿真工程师	12000×15	青岛
嵌入式工程师	10000×14	青岛
软件开发工程师	14000×12+20万	青岛

（2）奔腾［上海奔腾企业（集团）有限公司］

POVOS奔腾始于1987年，在家电领域已拥有数十年经营历史。2008年6月，POVOS奔腾进军护理家电行业，成立上海奔腾电工有限公司，致力于成为全球小家电品牌运营商。凭借战略眼光与不懈的努力，奔腾现已发展成为一流的专业家电品牌运营商。多年来，POVOS奔腾已先后荣获“上海市著名商标”“上海名牌”“中国驰名商标”“产品质量国家免检”“2008全国顾客最佳满意企业”等荣誉称号。其岗位概览见表1.28。

表1.28 上海奔腾岗位概览

代表性岗位及其简介、专业及学历要求概览			
主营业务	个人护理小家电、家居护理小家电、健康护理小家电、高尔夫用品		
代表性岗位	职位描述	职位要求	学历及经验要求
电商平面设计师	网络页面设计 店面形象设计优化	独立的网络视觉表现经验，熟练使用设计制图软件 独立完成过大中型活动专题设计者优先考虑	本科以上学历，有三年以上平面设计相关工作经验者优先
产品工艺工程师	实施编制产品工艺路线，设计工装夹具，负责MRP II BOM子系统的维护和管理	熟练掌握CAD、Pro/E等电脑设计软件，掌握机械类等工科相关知识	本科以上学历，有三年以上小家电产品工艺工程经验者优先
结构工程师	参与新品前期工业设计及市场调研，进行新品结构设计	熟练使用Pro/E、AutoCAD等工程软件及Office软件，熟悉塑料、五金件结构设计及模具结构、成型工艺	本科及以上学历，机械设计或工业设计相关专业 有三年以上小家电结构设计经验者优先

（3）美的集团（Midea）

美的1968年成立于顺德，现总部位于广东省佛山市顺德区北滘镇。美的是一家覆盖智能家居、楼宇科技、工业技术、机器人与自动化和创新型业务五大业务板块的全球化科技集团，过去五年研发资金近600亿元，形成美的、小天鹅、华凌、COLMO、库卡、威灵、合康、科陆、高创、万东和菱王等多个品牌，每年为全球超过5亿用户，包括各领域的重要客户与战略合作伙伴提供满意的产品和服务。迄今，美的在全球拥有超400家子公司、38个研发中心和44个主要生产基地，业务覆盖200多个国家和地区。其岗位概览见表1.29。

表1.29 美的岗位概览

代表性岗位及其简介、专业及学历要求概览	
主营业务	生产经营家用电器、电机及其零部件

续表

代表性岗位	职位描述	职位要求	学历及经验要求
包装设计工程师	产品的包装设计、新型包装材料的研究和应用	熟练掌握CAD、Pro/E等应用工具。加分项：有相应领域/开发项目的经历或者在国内外主流核心期刊发表过论文	硕士，英语六级及以上，包装工程等相关专业
平面设计	完成不同产品定位、包装设计，以及对应推广素材的设计与执行	熟练运用AI/PS/AE等视觉设计常用软件，会平面创意设计、简单三维渲染、视频剪辑等，有艺术背景的优先考虑	—
交互设计师	负责美的各类企业IT系统等的界面设计	理解并掌握体验设计的技能和方法。加分项：在校有一定的交互设计相关的经验（课题、实习、比赛均可），并拥有能够展示设计能力的作品集	本科及以上学历，英语六级及以上，设计学类、心理学类、计算机类等相关专业
工业设计工程师	负责美的各品类的工业设计	加分项：在校期间有相关项目经历或参加国内外知名设计比赛获奖	硕士，英语六级及以上 美术学、设计学相关专业
视觉设计师	美的企业各类IT系统产品的界面设计	了解各类视觉设计理论并有娴熟的设计技巧，了解用户体验相关知识	本科及以上学历，英语六级及以上，设计学等相关专业

薪资待遇		
职位/职级	薪资/(元/月)	工作地点
设计	平均30336	广东
技术	平均35210	广东
生产制造	平均15373	广东
产品	平均33392	广东
人事/财务/行政	平均21076	广东
运营	平均19538	广东

（4）格力（珠海格力电器股份有限公司）

珠海格力电器股份有限公司成立于1991年，1996年11月在深交所挂牌上市。公司成立初期，主要组装生产家用空调，现已发展成为多元化、科技型的全球工业制造集团，产业覆盖家用消费品和工业装备两大领域，产品远销190多个国家和地区。在国内外建有77个生产基地；同时建有长沙、郑州、石家庄、芜湖、天津、珠海6个再生资源基地，覆盖从上游生产到下游回收全产业链，实现了绿色、循环、可持续发展。其岗位概览见表1.30。

表1.30 格力岗位概览

代表性岗位及其简介、专业及学历要求概览			
主营业务	电器（空调）		
代表性岗位	职位描述	职位要求	学历及经验要求
工业设计	完成产品工业设计方案，输出设计效果图、外观手板、三维模型、各类技术文件	具有较强的手绘能力，精通2D、3D设计软件，或精通Photoshop、AI、CDR等CMF相关设计软件，熟悉工业设计流程	本科及以上学历，工业设计、产品设计、视觉传达设计、艺术设计、工艺美术设计、材料及工艺等相关专业
CMF设计	负责产品色彩趋势、质感纹理预研，新材料、新工艺创新研究和导入	具有较强的手绘能力，精通2D、3D设计软件，或精通Photoshop、AI、CDR等CMF相关设计软件，熟悉工业设计流程	本科及以上学历，工业设计、产品设计、视觉传达设计、艺术设计、工艺美术设计、材料及工艺等相关专业
包装设计	负责公司新产品包装	掌握基础的设计理论知识，熟练使用Photoshop、CDR、AI、InDesign等基本的设计类软件；动画方向熟练使用C4D等三维动画设计软件以及AE、Pr等后期制作软件	本科及以上学历，工业设计、艺术设计、平面设计、视觉传达、绘画、影视动画、数字媒体、包装工程等专业
平面宣传	负责品牌推广宣传和各品类产品推广的广告、宣传物料设计相关工作	掌握基础的设计理论知识，熟练使用Photoshop、CDR、AI、InDesign等基本的设计类软件；动画方向熟练使用C4D等三维动画设计软件以及AE、Pr等后期制作软件	本科及以上学历，工业设计、艺术设计、平面设计、视觉传达、绘画、影视动画、数字媒体、包装工程等专业

续表

代表性岗位	职位描述	职位要求	学历及经验要求
动画后期	负责三维场景制作、产品动画设计、产品宣传视频渲染等设计工作	掌握基础的设计理论知识，熟练使用Photoshop、CDR、AI、InDesign等基本的设计类软件；动画方向熟练使用C4D等三维动画设计软件以及AE、Pr等后期制作软件	本科及以上学历，工业设计、艺术设计、平面设计、视觉传达、绘画、影视动画、数字媒体、包装工程等专业
薪资待遇			
职位/职级		薪资/（元/月）	工作地点
设计		平均12083	—
技术		平均17071	—
生产制造		平均22879	—
产品		平均23932	—
人事/财务/行政		平均21614	—

（5）海信(Hisense)

海信成立于1969年，拥有海信视像、海信家电、三电控股、乾照光电、科林电气五家在上海、深圳、香港、东京四地的上市公司，旗下有海信、东芝电视、容声、gorenje、ASKO等多个品牌。2024年，海信继续保持稳健增长，全年营收2153亿元，同比增长6.5%。海外收入996亿元，占整体营收46.3%。以显示为核心的B2C产业，海信始终处在全球行业前列；在智慧交通、精准医疗和光通信等新动能B2B产业，海信也占据了全国乃至全球领先位置。家电板块与科技板块相得益彰，海信正在实现由“家电公司”向“高科技公司”的华丽转身。其岗位概览见表1.31。

表1.31　海信岗位概览

代表性岗位及其简介、专业及学历要求概览			
主营业务	空调、冰箱、冷柜等白色家电领域产品的研发、制造、营销和售后服务		
代表性岗位	职位描述	职位要求	学历及经验要求
平面设计工程师	负责多媒体产品的销售包装印刷设计工作，负责产品的成本控制	熟练掌握平面设计和三维建模软件，有视觉设计、包装设计或编程经验者优先	本科及以上学历，平面设计、视觉传达、工业设计、包装工程、材料工程专业优先

续表

代表性岗位	职位描述	职位要求	学历及经验要求
视觉设计师	完成海信品牌与产品的平面视觉策划与设计执行	熟练使用Photoshop、Illustrator等各类工具，有独立完成的视觉原创作品，具有较强的英文阅读交流能力	国内普通高等院校或教育部承认的海外高等院校 硕士及以上 视觉传达、艺术设计等与平面设计相关的专业
工业设计工程师	产品的外观设计	较强的手绘功底，很强的产品形态把握能力，能驾驭各种复杂的产品形态；很强的产品建模能力，熟练使用各种二维、三维设计软件	国内外设计类高校 硕士及以上 工业设计、产品设计相关专业
视觉设计	负责为聚好看产品进行前期的视觉推导并完成设计方案	熟悉web、app等界面的设计方法，熟练应用PS/AI/AE等工具	本科及以上学历，美术设计相关专业

薪资待遇		
职位/职级	薪资/（元/年）	工作地点
产品结构设计师	（7000～8000）×13	青岛
资深设计师	（10000～15000）×13	青岛
工业设计师	（9000～13000）×13	青岛

10.家具类

（1）联邦家私

联邦家私集团成立于1984年，是设计领先、制造与商业两翼齐飞、国内与国外市场共同发展的私有企业。公司研发能力强，并能迅速将科研成果转化为生产与商业效益。经过几十年的努力，联邦家私集团打造出业界领先品牌，成为中国家具行业的领军企业，被誉为中国民营企业发展的常青树。其岗位概览见表1.32。

表1.32　联邦家私岗位概览

代表性岗位及其简介、专业及学历要求概览			
主营业务	民用中高端实木家具、软体沙发、床垫、定制壁柜、酒店家具、办公家具等		
代表性岗位	职位描述	职位要求	学历及经验要求
产品设计师、3D内架设计师	产品外观设计、产品设计初稿、CAD定型图纸、3D模型与空间效果	掌握3DS Max、犀牛、SolidWorks、CAD等设计相关软件	产品设计/工业设计/家具制造与设计/木材科学与工程等相关专业
营销设计类	驻扎门店，沟通客户需求，为客户提供专业的软装搭配建议和设计方案	掌握酷家乐、CAD、3DS Max、Photoshop等绘图软件 良好的沟通表达能力	室内设计/家具制造与设计/环境设计/视觉传达设计/工业设计等相关专业
定制拆单设计师	根据订单的三维设计图，按照工艺要求，拆分成零部件加工图，输出NC文件	熟悉CAD、酷家乐或TopSolid等相关软件	家具设计与制造、家具艺术设计或家具设计与工程等相关专业
薪资待遇			
职位/职级	薪资/（元/月）	工作地点	
营销设计师	本科：5500～7000 研究生：8000	佛山/临沂	

（2）曲美家居

曲美家居成立于1993年，是集设计、生产、销售、服务于一体的大型规范化国际家居集团。成立三十多年来，始终深刻理解消费市场的共性需求和差异化需求，用“原创设计”将全球最新锐的潮流趋势与中国本土文化、家居风尚巧妙融合，逐渐形成品牌独属的个性化风格。其岗位概览见表1.33。

表1.33　曲美家居岗位概览

代表性岗位及其简介、专业及学历要求概览			
主营业务	板式家具、实木家具、现代家具、欧式家具、沙发、软床、定制家具等		
代表性岗位	职位描述	职位要求	学历及经验要求
家居产品经理	产品策划、产品定义、属性设置、配置选型、外观设计、模型制作、成本制定、包装设计等	了解定制产品，从事过产品开发工作； 了解成品家具制作工艺	本科及以上学历； 5年及以上相关工作经验

续表

代表性岗位	职位描述	职位要求	学历及经验要求
定制设计师	依据客户需求绘制平面布局图及效果图； 为客户出设计方案，进行方案讲解、修改	具备良好的洽谈沟通能力、制图能力	室内设计、环境艺术、家具设计等相关专业本科以上学历
家装设计师	沟通装修方案设计、预算，完成设计任务 施工现场技术交底	独立完成整套室内装修设计方案的能力；解决一般设计问题的能力	同行业同岗位至少2年工作经历
薪资待遇			
职位/职级	薪资/（元/月）	工作地点	
室内设计师	5000～8000	滦州市	

（3）源氏木语

源氏木语品牌，属于上海万木生源家居有限公司，品牌创立于2010年8月，是一个集家具及家居用品的设计、生产、销售于一体的品牌。

源氏木语专注纯实木家具，连续八年稳居天猫纯实木家具类目第一名。从2014年开始，连续六年高速成长，成为阿里巴巴集团战略级合作商家。目前在新零售、抖音、京东、拼多多、唯品会、亚马逊等渠道已全面铺开，近年大力扩展线下渠道，全国门店数量突破1000家，遍布30省（直辖市、自治区）255个城市。其岗位概览见表1.34。

表1.34 源氏木语岗位概览

代表性岗位及其简介、专业及学历要求概览			
主营业务	纯实木家具		
代表性岗位	职位描述	职位要求	学历及经验要求
产品设计师	家居类产品外观设计 配合工厂和技术，跟进产品打样调整事项	熟练使用Photoshop、Rhino、KeyShot、AutoCAD、SolidWorks等软件，具备一定的手绘能力	本科或以上学历 工业设计、产品设计、家具设计等相关专业
平面设计师	详情页制作 产品修图	有较高的审美能力、良好的色彩感觉，能够看出对标图片的问题并修出产品	本科或以上学历 艺术相关专业

续表

薪资待遇		
职位/职级	薪资/（元/月）	工作地点
产品设计师	8000～11000	上海
平面设计师	7000～11000	上海

11.儿童用品类

好孩子

好孩子国际控股有限公司，是全球领先的儿童用品公司及中国最大的母婴产品品牌商、分销和零售平台，专业从事儿童及母婴产品的研发、制造及全渠道分销和零售。

“关心孩子、服务家庭、回报社会”，好孩子三十年如一日 ，以“改善儿童生存环境，提高儿童生活品质”为使命，通过持续创新，不遗余力地为天下父母提供安全易用、充满爱心的优质育儿产品，为孩子们营造健康、快乐的成长环境。其岗位概览见表1.35。

表1.35 好孩子岗位概览

代表性岗位及其简介、专业及学历要求概览			
主营业务	0～12岁孕婴童出行、家居、洗护、哺育、鞋服、玩教等所需的全品类产品		
代表性岗位	职位描述	职位要求	学历及经验要求
产品专员	用户需求调研 市场分析 产品规划 产品功能设计	具备优秀的用户分析、竞争对手产品分析、数据分析及解读能力，以及良好的定性分析、研判能力	工业设计、产品设计、机械设计专业，本科以上学历，硕士优先
产品经理-婴童	用户需求调研 市场分析 产品规划 产品功能设计	独立负责过产品或功能的全生命周期管理；有2～3个完整产品成品，且在市场上有一定的影响力	40周岁及以下 本科以上学历 五年以上产品开发工作经验
资深工业设计师	产品工业设计及独立提案 产品的原型图造型设计	熟练使用Rhino、Photoshop、AI等产品设计软件以及Office办公软件	工业/产品设计等相关专业，本科及以上学历，有国际头部设计公司/海外背景更佳

续表

代表性岗位	职位描述	职位要求	学历及经验要求
平面设计师	母婴用品的平面及包装设计 把控设计风格和品牌形象	有较深的设计理论知识与娴熟的设计技巧，拥有宽广的行业视野如平面设计、视频创意拍摄	全日制本科或以上，平面设计、视觉传达等相关专业 有工业设计背景为加分项
薪资待遇			
职位/职级	薪资/（元/月）	工作地点	
产品专员	10000～15000	苏州	
产品经理-婴童	15000～20000	上海	
资深工业设计师	18000～25000（14薪）	上海	

12.信息整合类

（1）携程（Trip.com Group）

携程集团（Trip.com Group）是全球领先的一站式旅行平台，公司旗下的平台，包括携程旅行、Trip.com、去哪儿、天巡等，可面向全球用户提供一套完整的旅行产品、服务及差异化的旅行内容。携程创立于1999年，总部设在中国上海。携程旅行网拥有可供预订的国内外六十余万家会员酒店，是中国领先的酒店预订服务中心。携程于2003年在美国纳斯达克交易所上市，并于2021年在香港联合交易所上市。未来几年，携程致力于成为具有全球影响力和受人尊敬的在线旅游企业。其岗位概览见表1.36。

表1.36　携程岗位概览

代表性岗位及其简介、专业及学历要求概览			
主营业务	酒店预订、机票预订、度假预订、门票预订、差旅管理		
代表性岗位	职位描述	职位要求	学历及经验要求
创意设计师	负责老友会的品牌创意设计工作	具有自己的设计特长，包括画面效果、字体、3D、插画等单项能力项，熟练使用各类设计软件	2年以上品牌创意视觉设计经验

续表

代表性岗位	职位描述	职位要求	学历及经验要求
资深UI设计师	移动端产品整体UI视觉设计	熟悉Android、iOS设计规范，了解产品开发流程、UI设计流程	本科及以上学历，2年以上知名互联网公司移动端产品UI工作经验（上线产品）
UX设计师	负责Trip.com的交互设计	熟练使用Sketch/Figma等各种设计软件，对海外产品敏感度高	设计专业本科以上学历，2年以上海外工作经验，英语为工作语言
视觉设计师	提供视觉解决方案	熟练使用Sketch、Photoshop、Illustrator等设计软件，掌握基础的Principle、Flinto等原型制作软件，具备3D或视频剪辑基础能力	美术、设计相关专业本科或研究生
服务设计经理	规划制定服务策略及服务规则	有一定的业务敏感度，具备良好的业务理解力，有产品化思维，具备业务分析、数据分析以及问题挖掘能力	本科及以上学历，5年以上互联网公司客服中心服务设计、服务策略、服务产品、流程设计相关工作经验

薪资待遇		
职位/职级	薪资/（元/月）	工作地点
资深UI设计师	18000～25000（15薪）	上海
UI设计师	14000～23000（15薪）	上海
交互设计师	12000～20000（15薪）	上海
（高级）交互设计师	10000～20000（15薪）	上海
视觉设计师	7000～12000（15薪）	上海
网页美术设计师（营销方向）	15000～28000（15薪）	上海
资深交互设计师	15000～30000（15薪）	上海

（2）美团（Meituan）

美团是一家科技零售公司，美团的使命是“帮大家吃得更好，生活更好”。

作为中国领先的生活服务电子商务平台，公司拥有美团、大众点评、美团外卖等消费者熟知的app，服务涵盖餐饮、外卖、打车、共享单车、酒店旅游、电影、休闲娱乐等200多个品类，业务覆盖中国2800个县区市。2010年3月4日，美团正式上线。同年3月，美团开始持续推动服务零售和商品零售在需求侧和供给侧的数字化升级，和广大合作伙伴一起为消费者提供品质服务。2018年9月20日，美团在港交所挂牌上市。其岗位概览见表1.37。

表1.37 美团岗位概览

代表性岗位及其简介、专业及学历要求概览			
主营业务	本地生活服务平台，新零售和配送网络，共享出行与智慧出行，覆盖外卖、餐饮、酒店预订、打车、共享单车等多个领域		
代表性岗位	职位描述	职位要求	学历及经验要求
品牌/营销设计师	在品牌、营销、传播等线上线下场景领域中，负责视觉、创意、动效等方面的设计执行工作	具备良好设计表达和视觉表现力，有互联网公司实习经历者优先，有设计名站推荐作品、大赛获奖作品者优先	本科及以上学历
体验设计师	主导体验设计工作	有完整独立负责项目经验，设计管理经验优先考虑，熟练使用各类设计软件，熟悉界面设计的规则原理	本科及以上学历（优先），5年以上互联网团队工作经验
产品体验设计师	支持美团平台用户增长方向的产品体验设计	具备C端产品、营销产品迭代经验，在用研、交互、UI技能上有至少一项专长	—
产品视觉设计师	美团金融支付业务的产品视觉设计	具备扎实的设计基本功，视觉表现力突出，具备金融类产品设计经验者优先	3年以上互联网用户端UI/产品视觉设计经验
体验设计师-数据产品	负责美团商业智能、探索分析以及美团数据可视化设计体系等相关产品线的体验设计工作	具有扎实的交互或视觉设计功底，了解用户研究方法	四年以上体验设计工作经验，本科及以上学历，交互设计、工业设计、人机交互、视觉传达、心理学相关专业

续表

薪资待遇				
职位/职级	薪资/(万元/年)	年终奖/(万元/年)	股权激励/(万元/年)	总薪酬/(万元/年)
L5	33	5	2.5	40.5
L6	60	9	7.5	76.5
L7	64	13	5	82
L8	70.5	10.4	30.2	111.1
L9	96.0	18.1	180	294.1
L10	110	2.5	350	462.5

（3）小红书[行吟信息科技（上海）有限公司]

小红书是年轻人的生活方式平台，2013年在上海成立。小红书以“Inspire Lives分享和发现世界的精彩”为使命，用户可以通过短视频、图文等形式记录生活点滴，分享生活方式，并基于兴趣形成互动。截至2019年10月，小红书月活跃用户数已经过亿，其中70%用户是90后，并持续快速增长。小红书社区目前内容覆盖时尚、个护、彩妆、美食、旅行、娱乐、读书、健身、母婴等各个生活方式领域，每天产生超过70亿次的笔记曝光，其中超过95%为UGC内容。其岗位概览见表1.38。

表1.38　小红书岗位概览

代表性岗位及其简介、专业及学历要求概览			
主营业务	时尚、个护、彩妆、美食、旅行、娱乐、读书、健身、母婴等各个生活方式领域		
代表性岗位	职位描述	职位要求	学历及经验要求
视觉设计师	日常对接公司商业化、社区、交易等相关视觉创意设计工作	熟练掌握Photoshop、AI、AE等常规设计软件，掌握应用AIGC相关设计工具者优先	本科及以上学历，艺术设计、平面设计等相关教育背景优先
中台体验设计	小红书社区和商业化相关产品及小红书设计系统的设计工作	对复杂产品设计、服务设计有一定了解或参与热情，有工具类体验设计经验者优先	本科及以上学历，设计类相关专业

续表

代表性岗位	职位描述	职位要求	学历及经验要求
资深B端体验设计师（增长方向）	小红书增长与投放相关系统产品的设计工作	有参与增长与投放后台系统或相关产品设计经验者优先，精通Figma、ProtoPie等设计工具	交互设计、工业设计、人机交互、心理学等相关专业优先
体验设计专家（搜索方向）	为小红书社区业务提供优秀的产品设计解决方案	有丰富的设计经验和优秀的落地项目，提供实际解决了用户或产品问题的作品，精通各种设计工具与技术	—
品牌设计专家	对接公司品牌相关设计需求	有创意热店、新消费品牌或知名设计工作室工作经验者优先，擅长AE、C4D者优先	统招本科及以上学历

薪资待遇		
职位/职级	薪资	工作地点
设计岗	平均月薪43027元	上海
算法岗	平均月薪48088元	上海
运营岗	平均月薪34390元	上海
产品岗	平均月薪45529元	上海
市场岗	平均月薪40903元	上海
销售岗	平均月薪32649元	上海

（4）知乎（北京智者天下科技有限公司）

知乎是一个中文问答社区。通过使用机器学习技术，挖掘平台上海量数据的价值，帮助构建优质内容生产和消费闭环，辅助进行更高效的平台运营。知乎于2011年正式上线，以“让人们更好地分享知识、经验和见解，找到自己的解答”为品牌使命。知乎凭借认真、专业、友善的社区氛围，独特的产品机制以及结构化和易获得的优质内容，聚集了中文互联网科技、商业、影视、时尚、文化领域最具创造力的人群，已成为综合性、全品类、在诸多领域具有关键影响力的知识分享社区和创作者聚集的原创内容平台，建立起了以社区驱动的内容变现商业模式。其岗位概览见表1.39。

表1.39　知乎岗位概览

代表性岗位及其简介、专业及学历要求概览				
主营业务	问答社区、创作者聚集的原创内容平台			
代表性岗位	职位描述	职位要求	学历及经验要求	
视觉设计师	知乎站内外的运营、品牌的创意执行	3年以上设计相关工作经验，具备成熟的手绘能力、出色的视觉表现力	美术/设计相关专业，本科以上学历（优先）	
品牌视觉设计师	负责品牌视觉设计及统筹管理	3年以上的互联网或移动互联网设计经验	美术、设计或相关专业，本科以上学历	
薪资待遇				
职位/职级	薪资/（万元/年）	年终奖/（万元/年）	股权激励/（万元/年）	总薪酬/（万元/年）
6	36	9	—	45
7	42	10.5	—	52.5
8	72	18	34	124
9	70.5	—	7	77.5
10	84	21	20	125

13.网游类

（1）米哈游

上海米哈游网络科技股份有限公司（简称“米哈游”），是一家围绕原创IP打造动画、漫画、游戏、小说等产品的二次元文化互联网企业，公司成立于2012年，总部位于上海市徐汇区。

2012年10月，米哈游推出《崩坏学园》。2014年1月，米哈游推出《崩坏学园2》。2016年9月，米哈游推出《崩坏3》。2020年7月30日，米哈游推出《未定事件簿》；9月28日，米哈游推出《原神》。2023年4月26日，米哈游推出《崩坏：星穹铁道》。2024年7月4日，米哈游动作游戏《绝区零》全平台公测。其岗位概览见表1.40。

表1.40 米哈游岗位概览

代表性岗位及其简介、专业及学历要求概览			
主营业务	网游、卡通渲染、人工智能、云游戏技术等		
代表性岗位	职位描述	职位要求	学历及经验要求
交互策划（UE）-崩坏：星穹铁道	游戏的交互设计、信息架构，产出设计原型和说明文档	能够使用设计软件高效输出设计方案，熟悉Unity引擎者优先	本科及以上学历 工业设计、人机交互、数字媒体等设计类专业
游戏UI设计师	游戏项目的UI设计 游戏内的icon绘制和设计	熟练使用主流UI制作软件 较好的手绘功底与平面设计能力 了解市面上成熟的游戏商业引擎（Unreal、Unity等）	应届生
UX设计师（C端）	游戏工具类产品（战绩、wiki等）的相关体验设计工作 完成界面设计、图标绘制、动效制作等设计需求	精通Figma、Photoshop、AE等设计软件，具备多端设计能力，熟悉web、iOS、Android端的官方设计规范和原则	本科及以上学历 设计类相关专业 3年以上UX设计经验
游戏UI-原神	UI视觉设计（含界面包装、图标绘制、动效制作等）	熟练掌握Photoshop、AI等主流图像软件 具备一定手绘能力	本科及以上学历 美术/设计相关专业优先
薪资待遇			
职位/职级	薪资/（元/月）	工作地点	
产品岗	42700	上海	
设计岗	41000	上海	
全司平均	44200	上海	

（2）游戏科学（黑神话：悟空）

深圳市游科互动科技有限公司（简称：游戏科学），成立于2014年6月13日，注册地位于深圳市南山区，是一家以互联网业务和相关服务为主的企业、中国游戏开发商。

2015年7月28日，网易携手游戏科学开发发行RPG卡牌手游《百将行》，并在全平台公测。2016年，游戏科学推出免费策略游戏《战争艺术：赤潮》。2017年5月，深圳市游科互动科技有限公司首次受到英雄互娱的天使轮融资。2020年，游戏科学官方发布关于《黑神话：悟空》的13分钟实机演示。2021年3月，腾讯对公司进行战略投资。2023年8月，《黑神话：悟空》在杭州举行首次线下千人试玩会，试玩会现场火爆；同月，游戏科学凭借游戏《黑神话：悟空》在德国科隆游戏展上获最佳视觉效果游戏奖项。2024年2月，《黑神话：悟空》获得网络游戏审批号，于2024年8月20日发售。其岗位概览见表1.41。

表1.41　游戏科学岗位概览

代表性岗位及其简介、专业及学历要求概览			
主营业务	软件设计与开发、游戏开发、系统集成、网络工程、企业信息化系统、网站设计与开发等		
代表性岗位	职位描述	职位要求	学历及经验要求
产品设计师（网站、工具方向）	桌面应用和网站的整体设计 设计宣传推广、广告投放测试等所需的美术资源	熟练使用Figma、Photoshop、InDesign等设计工具	3年以上互联网产品美术设计经验
产品策划（网站、工具方向）	桌面应用和网站的规划和策划 提升和优化产品设计及交互体验	有交互设计经验，熟练使用交互原型设计工具，如Axure、Figma、Sketch和Adobe XD	本科及以上学历 1～3年或以上行业经验优先
IP设计师	IP相关平面设计（宣发向） IP相关概念设计（衍生品向） 产品宣发资产的拍摄、制作、管理及供应商对接	良好的平面构成基础和手绘能力，熟练使用Photoshop、AE、Illustrator等设计软件	本科以上学历 1～3年或以上行业经验优先

薪资待遇		
职位/职级	薪资/（元/年）	工作地点
产品设计师	（15000～25000）×14	深圳
产品策划	（11000～20000）×14	深圳
IP设计师	（10000～20000）×14	杭州

14.通信类

中兴通讯，成立于1985年，是一家综合通信解决方案提供商，为全球电信运营商、政企客户及个人消费者提供创新的技术与产品解决方案。在香港和深圳两地上市，业务覆盖160多个国家和地区，服务全球1/4以上人口。中兴通讯拥有通信业界完整的、端到端的产品线和融合解决方案，通过全系列的无线、有线、业务、终端产品和专业通信服务，灵活满足全球不同运营商和政企客户的差异化及快速创新的需求。截至2023年，中兴通讯拥有8.65万件全球专利申请，历年全球累计授权专利约4.4万件。2021年，投资管理公司仲量联行发布的《中国通信行业及知识产权市场报告》显示，中兴通讯的专利技术价值已超过450亿元人民币。在中国专利奖评奖中，累计获得11金3银35优秀的成绩，在通信行业中排名第一。其岗位概览见表1.42。

表1.42　中兴岗位概览

代表性岗位及其简介、专业及学历要求概览			
主营业务	IT、无线电、微电子、通信、路由、程控交换机等		
代表性岗位	职位描述	职位要求	学历及经验要求
UI/ID/UX设计师	设计产品的人机交互界面结构、用户操作流程 完成产品视觉设计 参与竞品研究、用户反馈和数据分析	掌握以下一项或多项技能：AI等2D、原型软件，信息架构设计、界面原型设计、用户测试、用户调研与数据挖掘、眼动分析	本科 设计类相关专业：工业设计、交互设计、人因工程、工业心理学、数字多媒体专业
ID设计师	主导产品形态定义，ID设计概念产生 支持终端产品的包装及配件的设计工作	熟练使用Photoshop、AI、CDR等设计软件 对塑胶/金属/玻璃等材料工艺有必要的了解，具备一定的模型和量产跟踪经验	工业设计专业背景，本科毕业3年以上，或者硕士毕业2年以上
CMF设计师	项目前期的CMF提案 量产阶段的项目跟踪 新工艺的开发和跟踪	熟练掌握各类设计软件，如Photoshop、Illustrator等 具备一定的市场分析能力、项目管理能力	设计相关专业本科及以上学历，具备扎实的设计基础和理论知识

续表

薪资待遇		
职位/职级	**薪资/（元/月）**	**工作地点**
CMF设计师	15000～30000	深圳
产品岗	21900（平均数） 21700（中位数）	—
应届生	14000	深圳
1～2年	18900～19400	深圳
3～4年	22000～23000	深圳
5～6年	36400～37100	深圳
7～8年	41300～42400	深圳
8年以上	49600～49900	深圳
高校招聘		
招聘学历情况	本科或本科以上：31469人，占38.63%；博士：442人，占0.54%；研究生：22388人，占27.48%；中专及以下：27169人，占33.35%	
研发市场（研究生）招聘院校	研究生A类：哈尔滨工业大学、哈尔滨工程大学、大连理工大学、清华大学、北京大学、北京邮电大学、北京航空航天大学、北京理工大学、上海交通大学、浙江大学、南京航空航天大学、南京邮电大学、东南大学、南京理工大学、西安交通大学、西安电子科技大学、西北工业大学、华中科技大学、武汉大学、电子科技大学、湖南大学、中国科学院（22所） 研究生B类：重庆邮电大学、重庆大学、四川大学、中山大学、华南理工大学（5所）	
研发市场（本科生）招聘院校	清华大学、北京航空航天大学、北京理工大学、北京邮电大学、哈尔滨工业大学、哈尔滨工程大学、大连理工大学、东南大学、南京航空航天大学、南京邮电大学、南京理工大学、浙江大学、武汉大学、华中科技大学、西安电子科技大学、西安交通大学、电子科技大学、四川大学、西北工业大学（19所）	
职能总部（研究生、本科生）	清华大学、北京大学、对外经济贸易大学、武汉大学、中南财经政法大学、华中科技大学、西安交通大学、东南大学、浙江大学（9所）	
外语（研究生、本科生）	北京外国语大学、北京第二外国语学院、对外经济贸易大学、上海外国语大学、武汉大学（5所）	

第二章

高校就业与行业未来发展趋势

一、近五年设计类专业毕业生就业趋势分析

中国美术学院设计类专业毕业及就业概览见表2.1。

表2.1 中国美术学院设计类专业毕业及就业概览

<table>
<tr><th colspan="6">中国美术学院</th></tr>
<tr><td colspan="6">中国美术学院2023届全日制普通高校毕业生总数2478人，其中博士生83人，硕士生668人，本科生1727人。其中，男生629人，女生1849人</td></tr>
<tr><th>学院</th><th>专业</th><th>博士</th><th>硕士</th><th>本科</th><th>合计</th></tr>
<tr><td rowspan="8">中国画与书法艺术学院</td><td>美术学</td><td>13</td><td>26</td><td>0</td><td>39</td></tr>
<tr><td>书法学（书法与篆刻）</td><td>0</td><td>0</td><td>21</td><td>21</td></tr>
<tr><td>书法学（书法学与教育）</td><td>0</td><td>0</td><td>15</td><td>15</td></tr>
<tr><td>中国画（人物）</td><td>0</td><td>0</td><td>12</td><td>12</td></tr>
<tr><td>中国画（山水）</td><td>0</td><td>0</td><td>11</td><td>11</td></tr>
<tr><td>中国画（综合）</td><td>0</td><td>0</td><td>12</td><td>12</td></tr>
<tr><td>中国画（花鸟）</td><td>0</td><td>0</td><td>10</td><td>10</td></tr>
<tr><td>美术</td><td>0</td><td>71</td><td>0</td><td>71</td></tr>
<tr><td rowspan="4">创新设计学院</td><td>工业设计</td><td>0</td><td>0</td><td>67</td><td>67</td></tr>
<tr><td>设计学</td><td>2</td><td>7</td><td>0</td><td>9</td></tr>
<tr><td>艺术设计学</td><td>0</td><td>0</td><td>3</td><td>3</td></tr>
<tr><td>艺术与科技</td><td>0</td><td>0</td><td>312</td><td>312</td></tr>
</table>

续表

学院	专业	博士	硕士	本科	合计
创新设计学院	艺术设计	0	24	0	24
	设计学	0	8	0	8
	艺术设计	0	12	0	12
动画与游戏学院	戏剧与影视学	0	7	0	7
	动画	0	0	42	42
	动画（插画与漫画）	0	0	17	17
	动画（数字交互艺术）	0	0	36	36
	动画（游戏设计艺术）	0	0	22	22
	电影	0	15	0	15
	艺术设计	0	5	0	5
南特设计联合学院	艺术设计	0	3	0	3
建筑艺术学院	建筑学	0	14	0	14
	建筑学（城市设计）	0	0	21	21
	建筑学（建筑艺术）	0	0	48	48
	风景园林（景观设计）	0	0	18	18
	风景园林	0	12	0	12
	设计学	0	2	0	2
	环境设计（环境艺术）	0	0	28	28
	艺术设计	0	19	0	19
手工艺术学院	艺术学理论	1	0	0	1
	美术学（艺术鉴藏）	0	0	41	41
	设计学	5	14	0	19
	艺术设计学	0	0	21	21
	工艺美术（漆艺术设计）	0	0	21	21
	工艺美术（玻璃艺术设计）	0	0	21	21
	工艺美术（饰品艺术设计）	0	0	20	20
	陶瓷艺术设计	0	0	50	50

续表

学院	专业	博士	硕士	本科	合计
手工艺术学院	美术	0	8	0	8
	艺术设计	0	21	0	21
文创设计制造业协同创新中心	设计学	6	7	0	13
	艺术设计	0	15	0	15
电影学院	戏剧与影视学	3	10	0	13
	广播电视编导（影视广告）	0	0	20	20
	广播电视编导（影视编导）	0	0	19	19
	戏剧影视美术设计	0	0	18	18
	录音艺术	0	0	14	14
	影视摄影与制作	0	0	19	19
	摄影（摄影艺术）	0	0	21	21
	电影	0	10	0	10
绘画艺术学院	艺术设计	0	3	0	3
	美术学	9	31	0	40
	绘画（壁画）	0	0	25	25
	绘画（油画）	0	0	41	41
	绘画（版画）	0	0	42	42
	绘画（综合绘画）	0	0	20	20
	美术	0	67	0	67
艺术人文学院	文物与博物馆	0	10	0	10
	艺术学理论	15	34	0	49
	艺术史论（艺术史与史学理论）	0	0	19	19
	艺术史论（视觉文化研究）	0	0	21	21
	美术学	3	0	0	3
艺术管理与教育学院	艺术学理论	2	6	0	8
	艺术学史论（艺术管理）	0	0	30	30
	美术学	0	4	0	4

续表

学院	专业	博士	硕士	本科	合计
艺术管理与教育学院	美术学（公共美术教育）	0	0	33	33
	美术学（教师教育）	0	0	18	18
	美术	0	17	0	17
设计艺术学院	设计学	6	20	0	26
	艺术与科技（会展设计）	0	0	23	23
	视觉传达设计	0	0	95	95
	视觉传达（色彩设计）	0	0	26	26
	产品设计	0	0	90	90
	服装与服饰设计（室内纺织品设计）	0	0	24	24
	服装与服饰设计（服装设计）	0	0	44	44
	服装与服饰设计（染织设计）	0	0	25	25
	艺术设计	0	40	0	40
跨媒体艺术学院	艺术学	0	1	0	1
	美术学	4	13	0	17
	跨媒体艺术	0	0	71	71
	设计学	0	1	0	1
	美术	0	15	0	15
雕塑与公共艺术学院	美术学	6	17	0	23
	雕塑	0	0	31	31
	公共艺术（公共雕塑）	0	0	10	10
	公共艺术（景观装置）	0	0	11	11
	公共艺术（纤维艺术）	0	0	29	29
	公共艺术（艺术工程与科技）	0	0	10	10
	公共艺术（场所空间艺术）	0	0	9	9
	美术	0	29	0	29
视觉中国协同创新中心	艺术学理论	8	7	0	15
	美术	0	15	0	15

续表

<table>
<tr><th>学院</th><th>专业</th><th>博士</th><th>硕士</th><th>本科</th><th>合计</th></tr>
<tr><td rowspan="2">专业基础教学部</td><td>美术学</td><td>0</td><td>6</td><td>0</td><td>6</td></tr>
<tr><td>美术</td><td>0</td><td>22</td><td>0</td><td>22</td></tr>
<tr><td></td><td>总计</td><td>83</td><td>668</td><td>1727</td><td>2478</td></tr>
<tr><th colspan="6">就业单位性质[①]</th></tr>
<tr><td>就业性质分布</td><td colspan="5">毕业半年后，2023届毕业生的就业去向主要集中于各类民营企业，占比49.44%。签约政府机关、国有企业、高等教育单位、其他事业单位及小中初教育单位的毕业生人数与去年相比有所增加，超过21%</td></tr>
<tr><td>教育部门及其他单位（2023）</td><td colspan="5">中国美术学院、浙江理工大学、杭州师范大学、浙江传媒学院、海盐县传媒中心（海盐县广播电视台、嘉兴日报社海盐分社）、杭州市萧山区教育局、湖北美术学院、浙江工商大学、浙江省杭州第七中学、浙江艺术职业学院、郑州四禾美术学校等。
就业比较热门的企业有：一点灵犀信息技术（广州）有限公司、顾家家居股份有限公司、杭州致上美文化有限公司、网易（杭州）网络有限公司、上海风语筑文化科技股份有限公司、上海米哈游海渊城科技有限公司、上海米哈游天命科技有限公司、深圳市联洲国际技术有限公司、比亚迪汽车工业有限公司、敦品（杭州）文化创意发展有限公司、广州诗悦网络科技有限公司、杭州华泰电气技术有限公司、杭州炎魂网络科技有限公司、完美世界（北京）软件科技发展有限公司、浙江绿城建筑设计有限公司、浙江中科视传科技有限公司、中国联合工程有限公司等</td></tr>
<tr><td>毕业生就业单位行业分布（2023）</td><td colspan="5">文化艺术类、设计类、互联网类、建筑规划类、文化传播类、教育培训类机构</td></tr>
<tr><td>就业区域（2023）</td><td colspan="5">杭州、上海、江苏、广东、北京及浙江省内杭州周边城市是毕业生就业的主要流向，占80.9%。受益于一系列人才支持政策，近几年杭州市区特别受毕业生青睐，实际留杭人数更多</td></tr>
</table>

① 该数据为全校数据。下同。

中央美术学院设计类专业毕业及就业概览见表2.2。

表2.2　中央美术学院设计类专业毕业及就业概览

中央美术学院
2022届毕业生共1281人。其中，本科毕业生807人，占毕业生总数的63.00%；硕士毕业生408人，占31.85%；博士毕业生66人，占5.15%

续表

<table>
<tr><th rowspan="2">毕业去向</th><th colspan="2">本科生</th><th colspan="2">硕士生</th><th colspan="2">博士生</th></tr>
<tr><th>人数</th><th>比例/%</th><th>人数</th><th>比例/%</th><th>人数</th><th>比例/%</th></tr>
<tr><td>就业</td><td>500</td><td>61.96</td><td>347</td><td>85.05</td><td>56</td><td>84.85</td></tr>
<tr><td>签就业协议形式就业</td><td>18</td><td>2.23</td><td>99</td><td>24.26</td><td>44</td><td>66.67</td></tr>
<tr><td>签劳动合同形式就业</td><td>52</td><td>6.44</td><td>45</td><td>11.03</td><td>0</td><td>0.00</td></tr>
<tr><td>科研助理、管理助理</td><td>7</td><td>0.87</td><td>21</td><td>5.15</td><td>8</td><td>12</td></tr>
<tr><td>应征义务兵</td><td>2</td><td>0.25</td><td>0</td><td>0.00</td><td>0</td><td>0.00</td></tr>
<tr><td>自主创业</td><td>7</td><td>0.87</td><td>6</td><td>1.47</td><td>0</td><td>0.00</td></tr>
<tr><td>其他录用形式就业</td><td>18</td><td>2.23</td><td>12</td><td>2.94</td><td>1</td><td>1.52</td></tr>
<tr><td>自由职业</td><td>396</td><td>49.07</td><td>164</td><td>40.20</td><td>3</td><td>4.55</td></tr>
<tr><td>升学</td><td>252</td><td>31.23</td><td>24</td><td>5.88</td><td>0</td><td>0.00</td></tr>
<tr><td>国内升学</td><td>191</td><td>23.67</td><td>14</td><td>3.43</td><td>0</td><td>0.00</td></tr>
<tr><td>出国、出境</td><td>61</td><td>7.56</td><td>10</td><td>2.45</td><td>0</td><td>0.00</td></tr>
<tr><td>未就业</td><td>55</td><td>6.82</td><td>37</td><td>9.07</td><td>10</td><td>15.15</td></tr>
<tr><td>待就业</td><td>31</td><td>3.84</td><td>34</td><td>8.33</td><td>10</td><td>15.15</td></tr>
<tr><td>不就业拟升学</td><td>7</td><td>0.87</td><td>1</td><td>0.25</td><td>0</td><td>0.00</td></tr>
<tr><td>其他暂不就业</td><td>17</td><td>2.11</td><td>2</td><td>0.49</td><td>0</td><td>0.00</td></tr>
<tr><td>毕业去向落实率</td><td>752</td><td>93.18</td><td>371</td><td>90.93</td><td>56</td><td>84.85</td></tr>
<tr><th colspan="7">就业单位性质</th></tr>
<tr><td>就业性质分布</td><td colspan="6">毕业生去事业单位就业的比例最高（36.33%），其次是其他企业（27.68%）。具体来看，超五成本科毕业生进入其他企业（56.82%），硕士、博士毕业生则主要进入事业单位，比例分别为39.74%、86.67%</td></tr>
<tr><td>教育部门及其他单位</td><td colspan="6">中央美术学院、九江学院、内蒙古自治区教育厅、北京服装学院、北京联合大学、四川音乐学院、深圳市光明区教育局、新疆维吾尔自治区教育厅、深圳市宝安区教育局。
比较热门的企业有：网易公司、上海暖叠网络科技有限公司、腾讯控股有限公司、中国建筑股份有限公司、上海玩灏信息技术有限公司、上海米哈游网络科技股份有限公司、上海鹰角网络科技有限公司、丝路视觉科技股份有限公司、中国中元国际工程有限公司、北京清城睿现数字科技研究院有限公司、广州博冠信息科技有限公司</td></tr>
</table>

续表

就业单位性质	
毕业生就业单位行业分布（2023）	教育业，文化、体育和娱乐业，信息传输、软件和信息技术服务业，建筑业等领域
就业区域	毕业生主要选择在北京市（41.51%）工作，其次是流向东部地区（32.63%）。北京市、深圳市、上海市、廊坊市、长沙市是2022届毕业生就业流向前五位城市

中国传媒大学设计类专业毕业及就业概览见表2.3。

表2.3 中国传媒大学设计类专业毕业及就业概览

中国传媒大学											
截至2022年8月31日，中国传媒大学2022届毕业生总体毕业去向落实率为92.70%。就业2920人（占68.50%），其中签就业协议形式就业1158人（占27.16%），自由职业1034人（占24.26%），其他录用形式就业449人（占10.53%）；升学1032人（占24.21%），其中国内深造730人（占17.12%），出国出境深造302人（占7.08%）											
2022届本科毕业生分专业就业情况											
学院	专业	毕业生人数	毕业去向落实率		就业		升学		未就业		
			人数	比例/%	人数	比例/%	人数	比例/%	人数	比例/%	
动画与数字艺术学院	数字媒体技术（游戏设计技术方向）	38	36	94.58	23	59.46	13	35.14	2	5.41	
	艺术与科技（数字娱乐方向）	15	14	83.33	8	60.00	5	33.33	1	6.67	
	动画	90	84	93.33	64	71.1	20	22.22	6	6.67	
	动画（游戏艺术方向）	27	26	96.30	20	74.07	6	22.22	1	3.70	
	数字媒体艺术	59	57	96.61	30	50.85	27	45.76	2	3.39	
广告学院	视觉传达设计（广告设计方向）	31	17	54.84	8	25.81	9	29.03	14	45.16	

续表

2022届硕士毕业生分专业就业情况										
学院	专业	毕业生人数	毕业去向落实率		就业		升学		未就业	
			人数	比例/%	人数	比例/%	人数	比例/%	人数	比例/%
广告学院	设计艺术学	9	6	66.67	6	66.67	0	0	3	33.33
	艺术设计	8	7	87.50	7	87.50	0	0	1	12.50
动画与数字艺术学院	互动艺术与技术	6	4	66.67	4	66.67	0	0	2	33.33
	动画艺术学	13	12	92.31	10	76.92	2	15.38	1	7.69
	艺术设计	31	27	87.10	27	87.10	0	0	4	12.90
艺术研究院	艺术史论	13	10	76.92	8	61.54	2	15.38	3	23.08
	传媒艺术学	16	10	62.50	7	43.75	3	18.75	6	37.50
	艺术批评	8	5	62.50	4	50.00	1	12.50	3	37.50
2022届博士毕业生分专业就业情况表										
学院	专业	毕业生人数	毕业去向落实率		就业		升学		未就业	
			人数	比例/%	人数	比例/%	人数	比例/%	人数	比例/%
广告学院	广告学	6	4	66.67	4	66.67	0	0	2	33.33
艺术研究院	艺术史论	4	2	50.00	2	50.00	0	0	2	50.00
	传媒艺术学	4	4	100	4	100	0	0	0	0
动画与数字艺术学院	动画艺术学	3	2	66.67	2	66.67	0	0	1	33.33
就业单位性质										
就业性质分布	本科毕业生和硕士毕业生均主要流向其他企业，占比分别为50.31%和28.15%，博士毕业生主要流向事业单位，占比为80.00%									

续表

就业单位性质	
教育部门及其他单位	高校就业多为本校。其他比较热门的企业有：中国移动通信集团有限公司、中国电信集团有限公司、比亚迪股份有限公司、北京达佳互联信息技术有限公司、中央广播电视总台、中国银行股份有限公司、中国联合网络通信集团有限公司、新华通讯社、中国农业银行股份有限公司、北京广播电视台、北京银行股份有限公司、百度网络技术有限公司、京东集团股份有限公司、腾讯控股有限公司、中国邮政集团有限公司、中国工商银行股份有限公司、国家电网有限公司、上海寻梦信息技术有限公司
毕业生就业单位行业分布（2023）	文化、体育和娱乐业（29.77%），信息传输、软件和信息技术服务业（22.15%），教育业（11.35%）是中国传媒大学2023届毕业生就业人数最多的三个行业
就业区域（2023）	2023届就业毕业生主要选择在北京市（51.06%）工作，其次是流向东部地区（除北京）（28.15%）。北京市、上海市、深圳市、杭州市、广州市是2023届毕业生就业流向前五位城市

南京艺术学院设计类专业毕业及就业概览见表2.4。

表2.4 南京艺术学院设计类专业毕业及就业概览

南京艺术学院			
2023届共有本科毕业生2502人，实际毕业人数2415人，毕业率为96.52%，学位授予率为99.01%。截至2023年8月31日，学校应届本科毕业生总体去向落实率达89.73%。毕业生最主要的毕业去向是自由职业，占39.67%。升学482人，占19.96%，其中出国（境）留学173人，占7.16%			
校内专业名称	应届毕业生数	应届毕业生去向落实人数	毕业生去向落实率/%
艺术设计学	31	26	83.87
视觉传达设计	72	65	90.28
环境设计	74	70	94.59
服装与服饰设计	54	53	98.15
公共艺术	27	25	92.59
工艺美术	199	188	94.47
广告学	20	20	100
艺术教育	18	17	94.44

续表

校内专业名称	应届毕业生数	应届毕业生去向落实人数	毕业生去向落实率/%
艺术史论	27	25	92.59
产品设计	115	99	86.09
艺术与科技	51	47	92.16
艺术管理	45	37	82.22
视觉传达设计（高职）	60	51	85
环境设计（高职）	59	49	83.05
产品设计（高职）	33	31	93.94
数字媒体艺术（高职）	49	44	89.8
就业单位性质			
就业性质分布	毕业生最主要的毕业去向是自由职业，占39.67%		

湖南大学设计类专业毕业及就业概览见表2.5。

表2.5　湖南大学设计类专业毕业及就业概览

湖南大学	
湖南大学2021届毕业生共计9122人。 设计艺术学院共毕业204人，其中本科102人，硕士生99人，博士生3人，初次毕业去向落实人数204人，落实率100%	
就业单位性质（2021）	
就业性质分布	2021届就业毕业生中，本科生赴民营企业就业人数最多，其次是国有企业；硕士生赴国有企业就业人数略高于民营企业，再次是教育单位和其他事业单位；79.15%的博士生选择教育单位就业
教育部门及其他单位	国家机关和事业单位主要有中国人民银行、广西壮族自治区党委组织部、贵州省委组织部（选调生）、湖南省委组织部（选调生）、国家税务总局各省市税务局。 其他比较热门的企业有：中国建筑集团有限公司、华为技术有限公司、国家电网有限公司、中兴通讯股份有限公司、中联重科股份有限公司、上海汽车集团股份有限公司、中国建设银行股份有限公司、中国南方电网有限责任公司、中国工商银行股份有限公司、中国农业银行股份有限公司、腾讯科技（深圳）有限公司、中国中车股份有限公司、中国铁路工程集团有限公司、美的集团股份有限公司、中国中铁（中铁工）、中国银行股份有限公司、招商银行股份有限公司、中国电力建设集团有限公司、比亚迪股份有限公司、中国联合网络通信有限公司、海信集团有限公司、中国航空工业集团有限公司、中国电信股份有限公司、小米通讯技术有限公司、中国航天科技集团有限公司

续表

就业单位性质（2021）	
毕业生就业单位行业分布	毕业生就业排名前三的行业为信息传输、软件和信息技术服务业（16.99%），制造业（14.88%），教育（13.98%）
就业区域	毕业生就业流向排名前三的省份是湖南省（35.23%）、广东省（19.95%）、湖北省（4.64%）。其中，本科生在广东省就业人数最多，其次是湖南省、北京市；硕士生则在湖南省就业人数最多，其次是广东省、湖北省；博士生主要集中在湖南省就业

苏州大学设计类专业毕业及就业概览见表2.6。

表2.6 苏州大学设计类专业毕业及就业概览

苏州大学			
2020届艺术学院生源233人，其中男生39人，女生194人，本科生总体升学率为21%，其中国内升学29人，出国留学20人；70%的同学在三资企业、事业单位、教育机构等就职；8.58%的同学在准备二次考研、考公或者准备出国，暂未就业。 升学的同学中，有22名同学进入本校攻读研究生，占升学同学的44.8%；不少同学考入上海交通大学、华东师范大学、北京理工大学、丹麦皇家艺术学院、英国爱丁堡大学等名校			
专业	就业率	实际就业人数	毕业人数
美术学	94.64%	53	56
艺术设计学	100.00%	19	19
视觉传达设计	95.24%	20	21
环境设计	89.74%	35	39
产品设计	84.21%	32	38
服装与服饰设计	89.47%	34	38
服装与服饰设计（时装表演与服装设计）	100.00%	1	1
数字媒体艺术	90.48%	19	21
就业单位性质（2020）			
就业性质分布	从事其他企业（民营企业、三资企业）的119人，占就业人数的72%，中初教育单位12人，占比5.6%，自由职业28人，占比17%		
毕业生就业单位行业分布	2020届本科毕业生从事文艺创作和服务行业的30人，中初教育行业39人，信息传播服务18人，文化体育娱乐16人，制造业14人，建筑业12人，其他17人，呈现出专业对口率较高、技术含量较高的特点		

续表

就业单位性质（2020）	
就业区域	2020届毕业生就业区域集中在广东和江浙沪地区，其中江苏就业58人，广东就业41人，安徽就业16人，浙江就业15人，上海就业12人，其他地区22人。 其中，江苏省内城市情况为，苏州50人，常州4人，南通2人，南京、无锡各1人

江南大学设计类专业毕业及就业概览见表2.7。

表2.7　江南大学设计类专业毕业及就业概览

江南大学			
2022届毕业生总数为7999人，其中，本科生4946人，研究生3053人，包含2789名硕士生与264名博士生。设计学院2022年共有毕业生859人，包含643名本科生、208名硕士生和8名博士生			
学院名称	毕业生去向落实率/%	专业名称	毕业去向落实率/%
设计学院（本科）	93.2	工业设计	92.6
		服装设计与工程	97.0
		表演	88.2
		美术学	88.9
		视觉传达设计	96.8
		环境设计	96.3
		产品设计	85.2
		服装与服饰设计	95.1
		公共艺术	85.4
		数字媒体艺术	97.3
设计学院（研究生）	95.4	工业设计工程	100.0
		美术学	100.0
		设计学	95.4
		数字媒体艺术设计及理论	90.0
		艺术设计	95.0
		设计学（博士）	100.0

续表

就业单位性质（2022）	
就业性质分布	2022届本科毕业生就业单位主要为民营企业（58.2%）、国有企业（21.5%）和三资企业（10.1%）；毕业研究生就业单位主要为民营企业（37.6%）、三资企业（22.7%）和国有企业（17.3%）
教育部门及其他单位	比较热门的企业有：华为技术有限公司、浙江森马服饰股份有限公司、腾讯科技（深圳）有限公司、苏州药明康德新药开发有限公司、无锡睿勤科技有限公司、比亚迪股份有限公司、重庆理想汽车有限公司、中国电子系统工程第二建设有限公司、杭州意丰歌服饰有限公司、江苏国泰华盛实业有限公司、帆软软件有限公司、德佑房地产经纪有限公司、中国建筑第八工程局有限公司、宁波舜宇光电信息有限公司、网易（杭州）网络有限公司、远景动力技术（江苏）有限公司
毕业生就业单位行业分布	2022届本科毕业生就业比例较高的行业是制造业（35.7%），信息传输、软件和信息技术服务业（15.6%），科学研究和技术服务业（8.0%），建筑业（6.3%）；毕业研究生就业比例较高的行业是制造业（36.6%），教育（14.7%），信息传输、软件和信息技术服务业（14.5%），科学研究和技术服务业（10.5%）
就业区域	2022届毕业生就业地区流向集中在江苏省（47.6%）、上海市（9.8%）、浙江省（9.6%）、广东省（4.6%）和山东省（3.9%），占所有毕业生的75.5%。分学历看，研究生毕业生就业地区主要流向为江苏省（53.7%）、上海市（10.2%）、浙江省（9.8%）、广东省（4.0%）和山东省（3.4%），占研究生就业毕业生总数的81.1%；本科毕业生就业地区流向集中在江苏省（40.6%）、上海市（9.4%）、浙江省（9.4%）、广东省（5.2%）和山东省（4.5%），占本科生就业毕业生总数的69.1%

东华大学设计类专业毕业及就业概览见表2.8。

表2.8 东华大学设计类专业毕业及就业概览

东华大学					
学校2023年共有毕业生6074人，包含本科生3294人，硕士生2624人（其中专业学位硕士1514人），以及博士生156人					
学院	专业	人数	升学率	深造率	去向落实率
服装与艺术设计学院	服装设计与工程	48	29.17%	47.92%	89.58%
	服装与服饰设计（纺织品设计）	20	15.00%	25.00%	85.00%

续表

<table>
<tr><th>学院</th><th>专业</th><th>人数</th><th>升学率</th><th>深造率</th><th>去向落实率</th></tr>
<tr><td rowspan="9">服装与艺术设计学院</td><td>服装与服饰设计（中日合作）</td><td>108</td><td>4.63%</td><td>20.37%</td><td>90.74%</td></tr>
<tr><td>数字媒体艺术</td><td>27</td><td>18.52%</td><td>25.93%</td><td>88.89%</td></tr>
<tr><td>服装与设计工程（卓越班）</td><td>26</td><td>23.08%</td><td>53.85%</td><td>92.31%</td></tr>
<tr><td>环境设计</td><td>64</td><td>18.75%</td><td>42.19%</td><td>84.38%</td></tr>
<tr><td>视觉传达设计</td><td>61</td><td>16.39%</td><td>24.59%</td><td>98.36%</td></tr>
<tr><td>艺术与科技</td><td>29</td><td>10.34%</td><td>13.79%</td><td>89.66%</td></tr>
<tr><td>服装与服饰设计</td><td>96</td><td>22.92%</td><td>40.63%</td><td>90.63%</td></tr>
<tr><td>表演（影视、戏剧）</td><td>31</td><td>6.45%</td><td>6.45%</td><td>83.87%</td></tr>
<tr><td>产品设计</td><td>57</td><td>15.79%</td><td>28.07%</td><td>98.25%</td></tr>
<tr><td>机械工程学院</td><td>工业设计</td><td>70</td><td>34.29%</td><td>48.57%</td><td>97.14%</td></tr>
<tr><th colspan="6">就业单位性质（2024）</th></tr>
<tr><td>就业性质分布</td><td colspan="5">学校毕业生多数进入国家经济建设重点行业。在本科毕业生中，其他企业（含民营企业等）就业、国有企业就业、其他录用形式就业、在孵化机构创业比例为83.27%，为各类企业发展提供高层次专业人才；硕士毕业生中，到其他企业（含民营企业等）、国有企业、外商投资企业、党政机关的比例为85.09%，成为推动各个行业发展的技术主力</td></tr>
<tr><td>教育部门及其他单位</td><td colspan="5">华虹集团、中国建设银行、中国建筑集团、华为投资控股有限公司、中国商业飞机有限责任公司、比亚迪股份有限公司、中国农业银行股份有限公司、波司登国际服饰有限公司、国家电网有限公司、中国工商银行股份有限公司、延锋国际、中芯国际集成电路制造有限公司、中国电信集团有限公司、上海电气、上汽集团、招商银行股份有限公司、中国石化、中国移动通信集团有限公司、学而思、上海农商银行SRCB、盛美半导体设备股份有限公司、毕马威会计师事务所、中国银行股份有限公司</td></tr>
<tr><td>毕业生就业单位行业分布</td><td colspan="5">毕业生中进入制造业，卫生和社会工作，信息传输、软件和信息技术服务业，金融业，科学研究和技术服务业五类行业比例较高，合计达74.92%。其中，33.53%的本科生、41.21%的硕士毕业生进入制造业，体现出学校为国家经济社会发展培养优秀高层次应用型创新人才的成果</td></tr>
<tr><td>就业区域</td><td colspan="5">上海是学校毕业生就业比较集中的城市，多年来学校为推动上海区域经济发展培养出大批优秀毕业生，2024年有57.01%的毕业生成为上海新的建设力量，凸显东华大学毕业生在上海就业的强劲竞争力和对上海经济建设的较高贡献度</td></tr>
</table>

北京服装学院设计类专业毕业及就业概览见表2.9。

表2.9 北京服装学院设计类专业毕业及就业概览

<table>
<tr><th colspan="4">北京服装学院</th></tr>
<tr><td colspan="4">2023届毕业生升学人数共283人，占比13.85%。包括国内升学160人，占比7.83%；出国、出境深造123人，占比6.02%。其中本科毕业生国内升学145人，占本科毕业生总数8.98%；本科毕业生出国、出境深造115人，占本科毕业生总数7.12%。整体而言，相较2022届比例均有所提升</td></tr>
<tr><th colspan="4">本科毕业生各学院分专业就业情况</th></tr>
<tr><th>学院</th><th>专业</th><th>人数</th><th>落实率</th></tr>
<tr><td rowspan="3">服装艺术与工程学院</td><td>服装设计与工程</td><td>92</td><td>93.48%</td></tr>
<tr><td>服装与服饰设计</td><td>249</td><td>93.98%</td></tr>
<tr><td>总体</td><td>341</td><td>93.84%</td></tr>
<tr><td rowspan="5">服饰艺术与工程学院</td><td>服装与服饰设计</td><td>106</td><td>97.17%</td></tr>
<tr><td>工业设计</td><td>18</td><td>83.33%</td></tr>
<tr><td>产品设计（统招）</td><td>38</td><td>89.47%</td></tr>
<tr><td>产品设计（贯通）</td><td>23</td><td>82.61%</td></tr>
<tr><td>总体</td><td>185</td><td>92.43%</td></tr>
<tr><td rowspan="5">材料设计与工程学院</td><td>高分子材料与工程</td><td>97</td><td>95.88%</td></tr>
<tr><td>轻化工程</td><td>74</td><td>90.54%</td></tr>
<tr><td>艺术与科技</td><td>58</td><td>96.55%</td></tr>
<tr><td>产品设计</td><td>1</td><td>100.00%</td></tr>
<tr><td>总体</td><td>230</td><td>94.35%</td></tr>
<tr><td rowspan="6">艺术设计学院</td><td>动画</td><td>22</td><td>100.00%</td></tr>
<tr><td>视觉传达设计</td><td>49</td><td>100.00%</td></tr>
<tr><td>数字媒体艺术（统招）</td><td>61</td><td>93.44%</td></tr>
<tr><td>数字媒体艺术（贯通）</td><td>73</td><td>34.25%</td></tr>
<tr><td>环境设计</td><td>57</td><td>89.47%</td></tr>
<tr><td>总体</td><td>262</td><td>77.86%</td></tr>
</table>

续表

学院	专业	人数	落实率
时尚传播学院	传播学	26	96.15%
	摄影	23	100.00%
	广告学	58	94.83%
	表演	64	95.31%
	总体	171	95.91%
美术学院	绘画（非师范）	15	100.00%
	绘画（师范）	50	92.00%
	公共艺术	16	100.00%
	中国画	15	100.00%
	雕塑	17	88.24%
	总体	113	94.69%
研究生毕业生各学院分专业就业情况			
学院	专业	人数	落实率
服装艺术与工程学院	服装设计与工程	25	92.00%
	设计学	30	96.67%
	艺术	65	95.38%
	纺织科学与工程	5	100.00%
	总体	125	95.20%
服饰艺术与工程学院	设计学	8	87.50%
	艺术	55	94.55%
	总体	63	93.65%
材料设计与工程学院	材料科学与工程	19	100.00%
	纺织材料与纺织品设计	2	100.00%
	纺织化学与染整工程	9	100.00%
	艺术	8	100.00%
	总体	38	100.00%

续表

<table>
<tr><th>学院</th><th>专业</th><th>人数</th><th>落实率</th></tr>
<tr><td rowspan="3">艺术设计学院</td><td>设计学</td><td>5</td><td>100.00%</td></tr>
<tr><td>艺术</td><td>66</td><td>87.88%</td></tr>
<tr><td>总体</td><td>71</td><td>88.73%</td></tr>
<tr><td rowspan="3">时尚传播学院</td><td>设计学</td><td>6</td><td>83.33%</td></tr>
<tr><td>艺术</td><td>10</td><td>100.00%</td></tr>
<tr><td>总体</td><td>16</td><td>93.75%</td></tr>
<tr><td rowspan="6">美术学院</td><td>设计学（博士）</td><td>7</td><td>100.00%</td></tr>
<tr><td>美术学</td><td>9</td><td>77.78%</td></tr>
<tr><td>艺术</td><td>30</td><td>93.33%</td></tr>
<tr><td>艺术学理论</td><td>19</td><td>100.00%</td></tr>
<tr><td>中国少数民族艺术</td><td>7</td><td>57.14%</td></tr>
<tr><td>总体</td><td>72</td><td>90.28%</td></tr>
<tr><td rowspan="3">文理学院</td><td>机械电子工程</td><td>8</td><td>87.50%</td></tr>
<tr><td>艺术学理论</td><td>11</td><td>90.91%</td></tr>
<tr><td>总体</td><td>19</td><td>89.47%</td></tr>
<tr><td>全校</td><td>研究生毕业生</td><td>429</td><td>93.47%</td></tr>
<tr><th colspan="4">就业单位性质（2023）</th></tr>
<tr><td>就业性质分布</td><td colspan="3">企业是吸纳毕业生的主渠道，尤以民营企业占比最高，达71.43%。分学历来看，本科生和研究生于民营企业就业的占比分别为75.87%及60.27%</td></tr>
<tr><td>毕业生就业单位行业分布</td><td colspan="3">文化、体育和娱乐业（20.57%），批发和零售业（18.79%），制造业（14.80%），教育（11.08%）以及信息传输、软件和信息技术服务业（8.69%）是毕业生流向人数最多的五个行业</td></tr>
<tr><td>就业区域</td><td colspan="3">就业区域集中在华北地区（56.80%），其中在京就业598人，占比55.52%，在京外就业580人，占比44.48%</td></tr>
</table>

上海交通大学设计类专业毕业及就业概览见表2.10。

表2.10　上海交通大学设计类专业毕业及就业概览

<table>
<tr><th colspan="9">上海交通大学</th></tr>
<tr><td colspan="9">截至2023年11月30日，上海交通大学2023届毕业生（含医学院）共12003人，其中全日制毕业生10347人，非全日制毕业生1656人。2023届全日制毕业生中，本科生3873人（37.43%）、硕士生4608人（44.44%）、博士生1866人（18.03%）</td></tr>
<tr><th rowspan="2">毕业去向</th><th colspan="2">本科生</th><th colspan="2">硕士生</th><th colspan="2">博士生</th><th colspan="2">整体</th></tr>
<tr><th>人数</th><th>占比</th><th>人数</th><th>占比</th><th>人数</th><th>占比</th><th>人数</th><th>占比</th></tr>
<tr><td>深造</td><td>2645</td><td>67.34%</td><td>584</td><td>12.52%</td><td>—</td><td>—</td><td>3229</td><td>31.20%</td></tr>
<tr><td>国内</td><td>1995</td><td>50.79%</td><td>432</td><td>9.26%</td><td>—</td><td>—</td><td>2427</td><td>23.45%</td></tr>
<tr><td>出国（境）</td><td>650</td><td>16.55%</td><td>152</td><td>3.26%</td><td>—</td><td>—</td><td>802</td><td>7.75%</td></tr>
<tr><td>就业</td><td>1110</td><td>28.26%</td><td>4030</td><td>86.37%</td><td>1734</td><td>98.75%</td><td>6874</td><td>66.42%</td></tr>
<tr><td>签约就业</td><td>855</td><td>21.77%</td><td>3953</td><td>84.72%</td><td>1671</td><td>95.16%</td><td>6479</td><td>62.60%</td></tr>
<tr><td>灵活就业</td><td>255</td><td>6.49%</td><td>77</td><td>1.65%</td><td>63</td><td>3.59%</td><td>395</td><td>3.82%</td></tr>
<tr><td>未就业</td><td>173</td><td>4.40%</td><td>52</td><td>1.11%</td><td>22</td><td>1.25%</td><td>247</td><td>2.389%</td></tr>
<tr><td>待就业</td><td>78</td><td>1.99%</td><td>24</td><td>0.51%</td><td>7</td><td>0.40%</td><td>109</td><td>1.05%</td></tr>
<tr><td>暂不就业</td><td>95</td><td>2.41%</td><td>28</td><td>0.60%</td><td>15</td><td>0.85%</td><td>138</td><td>1.33%</td></tr>
<tr><td>合计</td><td>3928</td><td>100%</td><td>4666</td><td>100%</td><td>1756</td><td>100%</td><td>10350</td><td>100%</td></tr>
<tr><td>毕业去向落实率</td><td colspan="2">95.60%</td><td colspan="2">98.89%</td><td colspan="2">98.75%</td><td colspan="2">97.61%</td></tr>
<tr><th colspan="9">就业单位性质（2023）</th></tr>
<tr><td>就业性质分布</td><td colspan="8">校本部2023届毕业生签约就业单位以各类企业（包含国有企业、民营企业和三资企业）为主，占签约就业人数的79.37%；其中，国有企业就业占比32.27%，事业单位就业占比13.85%</td></tr>
<tr><td>毕业生就业单位行业分布</td><td colspan="8">校本部2023届毕业生就业人数最多的5个行业分别是信息传输、软件和信息技术服务业（1131人），制造业（786人），科学研究和技术服务业（771人），教育（491人），金融业（480人）</td></tr>
<tr><td>就业区域</td><td colspan="8">其中选择留沪工作的人数为2913人，占比62.08%；除上海市外，选择到东部其他地区工作的毕业生有1269人，占比27.05%；选择到中西部及东北地区就业人数为510人，占比10.87%</td></tr>
</table>

景德镇陶瓷大学设计类专业毕业及就业概览见表2.11。

表2.11 景德镇陶瓷大学设计类专业毕业及就业概览

<table>
<tr><th colspan="6">景德镇陶瓷大学</th></tr>
<tr><td colspan="6">学校2021届毕业生共3721人。分学历层次来看，本科毕业生3253人，占毕业生总数的87.42%；硕士生447人，占毕业生总数的12.01%；博士生21人，占毕业生总数的0.56%。2021届毕业生分院系来看，设计艺术学院、管理与经济学院、陶瓷美术学院的人数较多，占比分别为18.19%、15.24%、13.14%</td></tr>
<tr><th>专业</th><th>人数</th><th>比例</th><th>专业</th><th>人数</th><th>比例</th></tr>
<tr><th colspan="6">本科生专业构成</th></tr>
<tr><td>陶瓷艺术设计</td><td>345</td><td>10.61%</td><td>环境设计</td><td>140</td><td>4.30%</td></tr>
<tr><td>视觉传达设计</td><td>140</td><td>4.30%</td><td>产品设计</td><td>140</td><td>4.30%</td></tr>
<tr><td>绘画</td><td>125</td><td>3.84%</td><td>机械设计制造及其自动化</td><td>121</td><td>3.72%</td></tr>
<tr><td>雕塑</td><td>109</td><td>3.35%</td><td>公共艺术</td><td>46</td><td>1.41%</td></tr>
<tr><td>美术学</td><td>23</td><td>0.71%</td><td>数字媒体艺术</td><td>22</td><td>0.68%</td></tr>
<tr><th colspan="6">硕士专业构成</th></tr>
<tr><td>艺术</td><td>154</td><td>34.45%</td><td>工业设计工程</td><td>55</td><td>12.30%</td></tr>
<tr><td>美术学</td><td>46</td><td>10.29%</td><td>设计学</td><td>32</td><td>7.16%</td></tr>
<tr><td>艺术经济学</td><td>4</td><td>0.89%</td><td>艺术学</td><td>16</td><td>3.58%</td></tr>
<tr><td>机械工程</td><td>9</td><td>2.01%</td><td>陶瓷文化与设计</td><td>1</td><td>0.22%</td></tr>
<tr><th colspan="6">博士专业构成</th></tr>
<tr><td>设计学</td><td>13</td><td>61.90%</td><td>材料科学与工程</td><td>8</td><td>38.10%</td></tr>
</table>

广州美术学院设计类专业毕业及就业概览见表2.12。

表2.12 广州美术学院设计类专业毕业及就业概览

广州美术学院
学校2022届本科毕业生分布在10个二级学院。其中，工业设计学院、视觉艺术设计学院和绘画艺术学院的毕业生人数位居前三，人数占比分别为21.68%、21.53%和13.73%

续表

学院名称	专业	毕业生人数	去向落实人数	去向落实率
建筑艺术设计学院	环境设计（装饰艺术设计）	28	28	100.00%
	环境设计（环境艺术设计）	47	46	97.87%
	风景园林	23	22	95.65%
	建筑学	35	32	91.43%
	环境设计（插班生）	42	37	88.10%
	小计	175	165	94.29%
工业设计学院	工业设计（专升本）	5	5	100.00%
	工业设计	26	25	96.15%
	产品设计（专升本）	33	31	93.94%
	交互设计	30	28	93.33%
	产品设计	103	96	93.20%
	服装与服饰设计	49	45	91.84%
	产品设计（染织艺术设计）	46	41	89.13%
	小计	292	271	92.81%
视觉艺术设计学院	视觉传达设计（专升本）	51	49	96.08%
	会展艺术设计	20	19	95.00%
	视觉传达设计	74	70	94.59%
	艺术与科技（专升本）	34	31	91.18%
	展示艺术设计	19	17	89.47%
	动画	51	45	88.24%
	数字媒体艺术	41	35	85.37%
	小计	290	266	91.72%

续表

二级学院名称	灵活就业率	协议和合同就业率	升学率	自主创业	未就业率
中国画学院	65.82%	6.33%	15.19%	3.80%	8.86%
绘画艺术学院	56.22%	16.76%	11.35%	1.08%	14.59%
雕塑与公共艺术学院	71.19%	11.86%	6.78%	5.08%	5.08%
跨媒体艺术学院	59.70%	26.87%	4.48%	1.49%	7.46%
建筑艺术设计学院	58.86%	17.71%	16.57%	1.14%	5.71%
工业设计学院	44.86%	40.41%	6.16%	1.37%	7.19%
视觉艺术设计学院	49.66%	33.45%	6.90%	1.72%	8.28%
工艺美术学院	50.00%	34.09%	4.55%	4.55%	6.82%
艺术与人文学院	40.28%	18.06%	23.61%	1.39%	16.67%
美术教育学院	51.19%	20.24%	19.05%	—	9.52%
就业单位性质					
就业性质分布	毕业生最主要的毕业去向是灵活就业，占39.89%。升学180人，占12.82%，其中出国（境）留学72人，占5.13%				
毕业生就业单位行业分布	主要集中在“文化、体育和娱乐业”(27.83%)，“教育”(16.18%)和“制造业”(13.27%)次之				
就业区域	毕业生就业区域遍布多个省、市，省内就业主要集中在广州、深圳、佛山等珠三角地区，占就业人数的89.16%，珠三角地区就业中，约44.98%的学生在广州市就业；省外主要流向了北京、上海等地区				

四川美术学院设计类专业毕业及就业概览见表2.13。

表2.13　四川美术学院设计类专业毕业及就业概览

四川美术学院
2022届共有毕业生1818人，其中本科生1454人、硕士研究生364人

续表

学院名称	专业名称	本科毕业生	本科生合计	研究生合计	学院总计
中国画与书法艺术学院	书法学	26	78	37	115
	中国画	52			
造型艺术学院	雕塑	50	161	80	241
	绘画	111			
影视动画学院	动画	121	174	30	204
	戏剧影视美术设计	27			
	影视摄影与制作	26			
艺术人文学院	美术学	28	86	40	126
	艺术史论	58			
艺术教育学院	绘画	61	127	4	131
	艺术教育	66			
实验艺术学院	实验艺术	44	75	11	86
	摄影	31			
设计学院	产品设计	55	356	118	474
	服装与服饰设计	52			
	工艺美术	110			
	视觉传达设计	57			
	数字媒体艺术	27			
	艺术设计学	55			
建筑与环境艺术学院	风景园林	25	136	44	180
	环境设计	82			
	建筑学	29			
公共艺术学院	公共艺术	86	261		261
	绘画	56			
	艺术与科技	119			
全校总计			1454	364	1818

续表

就业单位性质（2022年）	
就业性质分布	毕业生最主要的去向是自由职业，占46.81%，其次是非公有制企业（含三资企业和其他企业），占16.45%，以及升学（含出国留学），占12.38%
就业区域	毕业生选择留在川渝地区就业的比例高达61.34%；选择东部及沿海地区、中部地区的毕业生比例与往年基本持平

西安美术学院设计类专业毕业及就业概览见表2.14。

表2.14　西安美术学院设计类专业毕业及就业概览

西安美术学院							
学校2023届毕业生分布在14个院系，其中毕业生人数占比位居前三位的分别为设计艺术学院（264人、13.69%）、建筑环境艺术系（247人、12.81%）、影视动画系（203人、10.53%）							
院系		本科毕业生		毕业研究生		总体	
		人数	比例	人数	比例	人数	比例
设计艺术学院		217	13.90%	47	12.81%	264	13.69%
建筑环境艺术系		210	13.45%	37	10.08%	247	12.81%
艺术教育学院		196	12.56%	—	—	196	10.17%
跨媒体艺术系		108	6.92%	24	6.54%	132	6.85%
美术史论系		97	6.21%	31	8.45%	128	6.64%
服装系		111	7.11%	9	2.45%	120	6.22%
工艺美术系		87	5.57%	16	4.36%	103	5.34%
特殊教育艺术学院		59	3.78%	—	—	59	3.06%
毕业去向		本科毕业生		毕业研究生		总体	
		人数	比例	人数	比例	人数	比例
灵活就业	自由职业	429	27.48%	131	35.69%	560	29.05%
	其他录用形式就业	227	14.54%	32	8.72%	259	13.43%
	小计	656	42.02%	163	44.41%	819	42.48%

续表

<table>
<tr><th colspan="2" rowspan="2">毕业去向</th><th colspan="2">本科毕业生</th><th colspan="2">毕业研究生</th><th colspan="2">总体</th></tr>
<tr><th>人数</th><th>比例</th><th>人数</th><th>比例</th><th>人数</th><th>比例</th></tr>
<tr><td rowspan="6">协议和合同就业</td><td>签就业协议形式就业</td><td>202</td><td>12.94%</td><td>100</td><td>27.25%</td><td>302</td><td>15.66%</td></tr>
<tr><td>签劳动合同形式就业</td><td>138</td><td>8.84%</td><td>47</td><td>12.81%</td><td>185</td><td>9.60%</td></tr>
<tr><td>国家基层项目</td><td>5</td><td>0.32%</td><td>—</td><td>—</td><td>5</td><td>0.26%</td></tr>
<tr><td>应征义务兵</td><td>2</td><td>0.13%</td><td>—</td><td>—</td><td>2</td><td>0.10%</td></tr>
<tr><td>地方基层项目</td><td>—</td><td>—</td><td>1</td><td>0.27%</td><td>1</td><td>0.05%</td></tr>
<tr><td>小计</td><td>347</td><td>22.23%</td><td>148</td><td>40.33%</td><td>495</td><td>25.67%</td></tr>
<tr><td rowspan="3">升学</td><td>升学</td><td>238</td><td>15.25%</td><td>11</td><td>3.00%</td><td>249</td><td>12.91%</td></tr>
<tr><td>出国、出境</td><td>70</td><td>4.48%</td><td>2</td><td>0.54%</td><td>72</td><td>3.73%</td></tr>
<tr><td>小计</td><td>308</td><td>19.73%</td><td>13</td><td>3.54%</td><td>321</td><td>16.65%</td></tr>
<tr><td colspan="2">自主创业</td><td>16</td><td>1.02%</td><td>7</td><td>1.91%</td><td>23</td><td>1.19%</td></tr>
<tr><td rowspan="3">未就业</td><td>待就业</td><td>231</td><td>14.80%</td><td>35</td><td>9.54%</td><td>266</td><td>13.80%</td></tr>
<tr><td>暂不就业</td><td>3</td><td>0.19%</td><td>1</td><td>0.27%</td><td>4</td><td>0.21%</td></tr>
<tr><td>小计</td><td>234</td><td>14.99%</td><td>36</td><td>9.81%</td><td>270</td><td>14.00%</td></tr>
<tr><th colspan="8">就业单位性质（2022年）</th></tr>
<tr><td colspan="2">毕业生就业单位行业分布</td><td colspan="6">毕业生就业主要集中在文化、体育和娱乐业，教育行业以及信息传输、软件和信息技术服务业</td></tr>
</table>

北京理工大学设计类专业毕业及就业概览见表2.15。

表2.15　北京理工大学设计类专业毕业及就业概览

<table>
<tr><th colspan="2">北京理工大学</th></tr>
<tr><td colspan="2">2022年的毕业生中，本科3678人，硕士研究生4284人，博士研究生737人，分别占42.28%、49.25%与8.47%，全员去向落实率95.02%，本科深造率66.12%</td></tr>
<tr><th colspan="2">就业单位性质（2022年）</th></tr>
<tr><td>就业性质分布</td><td>66.39%的毕业生在国家重点单位和世界500强企业就业。其中国有企业占比24.89%，科研设计单位占19.24%，三资企业占13.63%</td></tr>
</table>

续表

就业单位性质（2022年）	
教育部门及其他单位	毕业生在清华大学、北京理工大学及其他北京地区高校等教育部门就业较多。 其他比较热门的企业有：中国航天科工集团有限公司、中国航天科技集团有限公司、中国兵器工业集团有限公司、华为技术有限公司、中国航空工业集团有限公司、中国电子科技集团有限公司、阿里巴巴网络技术有限公司、中国船舶集团有限公司、北京电子控股有限责任公司、北京字节跳动科技有限公司、百度公司、北京小米科技有限责任公司、中国科学院、中国银行股份有限公司、北京三快在线科技有限公司（美团）、中芯国际集成电路制造有限公司、上海汽车集团股份有限公司、中国兵器装备集团有限公司、腾讯科技（深圳）有限公司、中国工商银行股份有限公司、中国农业银行股份有限公司、北京汽车集团有限公司、中信集团有限公司、中国建设银行股份有限公司、中国联合网络通信有限公司、京东集团股份有限公司、中国航空发动机集团有限公司、国家电网有限公司、中国移动通信集团有限公司
毕业生就业单位行业分布	2022年接收毕业生排名前30的单位中，主要为航天、航空、兵器、电子、船舶、金融、信息通信、装备制造、科研设计、互联网等重要领域的顶尖单位
就业区域	主要在华北地区，占63.03%

鲁迅美术学院设计类专业毕业及就业概览见表2.16。

表2.16 鲁迅美术学院设计类专业毕业及就业概览

鲁迅美术学院			
鲁迅美术学院2023届毕业生共2028人，其中本科毕业生1659人，占毕业生总数81.80%；研究生369人，占毕业总人数的18.20%			
本科各专业毕业去向落实率			
校内专业名称	应届毕业生数	初次毕业去向落实人数	毕业去向落实率
工业设计	96	86	89.58%
环境艺术设计	79	65	82.28%
城市规划与设计	40	30	75.00%
服装与服饰设计	62	38	61.29%
染织艺术设计	59	51	86.44%
纤维艺术设计	19	15	78.95%

续表

<table>
<tr><th>校内专业名称</th><th colspan="2">应届毕业生数</th><th colspan="2">初次毕业去向落实人数</th><th colspan="2">毕业去向落实率</th></tr>
<tr><td>公共艺术</td><td colspan="2">13</td><td colspan="2">12</td><td colspan="2">92.31%</td></tr>
<tr><td>美术史论</td><td colspan="2">20</td><td colspan="2">17</td><td colspan="2">85.00%</td></tr>
<tr><td>视觉传达</td><td colspan="2">253</td><td colspan="2">212</td><td colspan="2">83.79%</td></tr>
<tr><td>戏剧影视美术设计</td><td colspan="2">264</td><td colspan="2">223</td><td colspan="2">84.47%</td></tr>
<tr><td>工艺美术</td><td colspan="2">70</td><td colspan="2">50</td><td colspan="2">71.43%</td></tr>
<tr><td>数字媒体艺术</td><td colspan="2">99</td><td colspan="2">83</td><td colspan="2">83.84%</td></tr>
<tr><td>数字媒体艺术（中外合作办学）</td><td colspan="2">115</td><td colspan="2">100</td><td colspan="2">86.96%</td></tr>
<tr><th colspan="7">硕士研究生就业</th></tr>
<tr><th>专业名称</th><th colspan="2">毕业数</th><th colspan="2">就业数</th><th colspan="2">就业率</th></tr>
<tr><td>设计学</td><td colspan="2">81</td><td colspan="2">65</td><td colspan="2">80.25%</td></tr>
<tr><td>艺术学理论</td><td colspan="2">11</td><td colspan="2">9</td><td colspan="2">81.82%</td></tr>
<tr><td>艺术设计</td><td colspan="2">182</td><td colspan="2">155</td><td colspan="2">85.16%</td></tr>
<tr><td>美术</td><td colspan="2">41</td><td colspan="2">37</td><td colspan="2">90.24%</td></tr>
<tr><td>美术学</td><td colspan="2">54</td><td colspan="2">46</td><td colspan="2">85.19%</td></tr>
<tr><th colspan="7">2023届毕业生毕业去向分布</th></tr>
<tr><th rowspan="2">毕业去向</th><th colspan="2">本科毕业生</th><th colspan="2">毕业研究生</th><th colspan="2">总体</th></tr>
<tr><th>人数</th><th>比例</th><th>人数</th><th>比例</th><th>人数</th><th>比例</th></tr>
<tr><td>出国、出境</td><td>54</td><td>3.25%</td><td>12</td><td>3.25%</td><td>66</td><td>3.25%</td></tr>
<tr><td>其他录用形式就业</td><td>36</td><td>2.17%</td><td>4</td><td>1.08%</td><td>40</td><td>1.97%</td></tr>
<tr><td>签就业协议形式就业</td><td>99</td><td>5.97%</td><td>40</td><td>10.84%</td><td>139</td><td>6.85%</td></tr>
<tr><td>签劳动合同形式就业</td><td>70</td><td>4.22%</td><td>55</td><td>14.91%</td><td>125</td><td>6.16%</td></tr>
<tr><td>西部计划</td><td>1</td><td>0.06%</td><td>0</td><td>0.00%</td><td>1</td><td>0.05%</td></tr>
<tr><td>选调生</td><td>1</td><td>0.06%</td><td>0</td><td>0.00%</td><td>1</td><td>0.05%</td></tr>
<tr><td>升学</td><td>220</td><td>13.20%</td><td>4</td><td>1.08%</td><td>224</td><td>11.05%</td></tr>
<tr><td>自由职业</td><td>860</td><td>51.84%</td><td>194</td><td>52.57%</td><td>1054</td><td>51.97%</td></tr>
<tr><td>自主创业</td><td>24</td><td>1.45%</td><td>3</td><td>0.81%</td><td>27</td><td>1.33%</td></tr>
<tr><td>待就业</td><td>294</td><td>17.72%</td><td>57</td><td>15.45%</td><td>351</td><td>17.31%</td></tr>
</table>

续表

就业单位性质（2023年）	
就业性质分布	2023届毕业生主要签约单位为“其他企业”，比例达53.82%；“其他”“国有企业”和“高等教育单位”次之，占比分别为18.06%、12.15%和9.03%。本科毕业生签约单位主要是“其他企业”，占比57.56%;2023届毕业研究生主要签约单位为“其他企业”(44.58%)，“高等教育单位”(28.92%)次之
毕业生就业单位行业分布	2023届毕业生就业行业布局与学校专业设置及培养定位相契合；主要流向了“制造业”(22.22%)、“教育”(21.90%)和“文化、体育和娱乐业”(18.41%)。从不同学历层次来看，“制造业”(22.71%)和“文化、体育和娱乐业”(19.65%)是2023届本科毕业生主要就业行业；2023届毕业研究生主要行业流向为“教育”(39.53%)和“制造业”(20.93%)
就业区域	就业区域分布：2023届本科毕业生省内（辽宁省）就业占比为53.31%，省外主要流向广东省(5.48%)；毕业研究生省内（辽宁省）就业占比为45.83%，此外，省外研究生毕业生就业主要流向了山东省(8.97%)、广东省(6.41%)

上海大学设计类专业毕业及就业概览见表2.17。

表2.17 上海大学设计类专业毕业及就业概览

<table>
<tr><th colspan="4">上海大学</th></tr>
<tr><td colspan="4">2023年毕业人数如下所示</td></tr>
<tr><th>门类</th><th>本科生</th><th>研究生</th><th>合计</th></tr>
<tr><td>工 学</td><td>2424</td><td>2100</td><td>4524人</td></tr>
<tr><td>艺术学</td><td>450</td><td>309</td><td>759人</td></tr>
<tr><th colspan="4">就业单位性质（2022年）</th></tr>
<tr><td>就业性质分布</td><td colspan="3">2022届毕业生主要签约单位为“国有企业”,“其他企业”和“三资企业”次之</td></tr>
<tr><td>教育部门及其他单位</td><td colspan="3">签约重点企业合计占55.25%，重点企业中签约央企占全体签约总人数的10.85%，签约世界500强企业人数占38.86%。其中主要用人单位有：上汽大众汽车有限公司、华为技术有限公司、上海华虹（集团）有限公司、泛亚汽车技术中心有限公司、上海汽车集团股份有限公司、比亚迪股份有限公司、上汽通用汽车有限公司、上海联影医疗股份有限公司、上海发那科机器人有限公司、中芯集成电路有限公司、超威半导体有限公司、中国电信股份有限公司、上海中兴软件有限责任公司、中国移动通信集团、携程技术有限公司、北京小米移动软件有限公司、中国联合网络通信有限公司、</td></tr>
</table>

续表

就业单位性质（2022年）	
教育部门及其他单位	上海随训通电子科技有限公司、哲库科技（上海）有限公司、上海农村商业银行股份有限公司、中国工商银行股份有限公司、中国农业银行股份有限公司、上海银行股份有限公司、招商银行股份有限公司、交通银行股份有限公司、普华永道中天会计师事务所（特殊普通合伙）、毕马威华振会计师事务所（特殊普通合伙）
毕业生就业单位行业分布	就业行业集中在制造业，占27.67%，信息传输、软件和信息技术服务业，占27.34%
就业区域	就业区域主要在上海、杭州和深圳

湖北美术学院设计类专业毕业及就业概览见表2.18。

表2.18　湖北美术学院设计类专业毕业及就业概览

湖北美术学院			
2022届共1723名本科毕业生，占毕业生总人数的86.02%；280名硕士毕业生，占毕业生总人数的13.98%			
院系	专业	人数	比例/%
研究生院	美术	123	6.14
	艺术设计	59	2.95
	美术学	47	2.35
	艺术学理论	32	1.60
	设计学	19	0.95
	小计	280	13.98
视觉艺术设计学院	视觉传达设计	162	8.09
	工艺美术	25	1.25
	影视摄影与制作	24	1.20
	摄影	22	1.10
	小计	233	11.63
工业设计学院	产品设计	158	7.89
	工业设计	19	0.95
	戏剧影视美术设计	19	0.95
	小计	196	9.79

续表

院系	专业	人数	比例/%
环境艺术学院	环境设计	155	7.74
	风景园林	28	1.40
	小计	183	9.14
时尚艺术学院	服装与服饰设计	136	6.79
	表演	39	1.95
	小计	175	8.74
艺术人文学院	美术学	49	2.45
	艺术史论	44	2.20
	艺术设计学	26	1.30
	文化产业管理	15	0.75
	艺术教育	11	0.55
	小计	145	7.24
雕塑与公共艺术学院	陶瓷艺术设计	43	2.15
	雕塑	42	2.10
	小计	85	4.24
2022届毕业生毕业去向分布			
分类	毕业去向	人数	比例/%
灵活就业	自由职业	1139	56.86
	其他录用形式就业（其他形式就业）	4	0.20
	小计	1143	57.06
协议和合同就业	签就业协议	178	8.89
	签劳动合同	140	6.99
	西部计划	4	0.20
	应征义务兵	2	0.10
	其他地方基层项目	1	0.05
	选调生	1	0.05
	小计	326	16.28
升学	录取研究生	192	9.59
	出国、出境	75	3.74
	小计	267	13.33

续表

<table>
<tr><th>分类</th><th>毕业去向</th><th>人数</th><th>比例/%</th></tr>
<tr><td rowspan="6">待就业</td><td>求职中</td><td>156</td><td>7.79</td></tr>
<tr><td>拟参加公招考试</td><td>9</td><td>0.45</td></tr>
<tr><td>签约中</td><td>8</td><td>0.40</td></tr>
<tr><td>拟应征入伍</td><td>3</td><td>0.15</td></tr>
<tr><td>拟创业</td><td>2</td><td>0.10</td></tr>
<tr><td>小计</td><td>178</td><td>8.89</td></tr>
<tr><td rowspan="4">暂不就业</td><td>不就业拟升学（暂不就业）</td><td>35</td><td>1.75</td></tr>
<tr><td>暂不就业</td><td>19</td><td>0.95</td></tr>
<tr><td>拟出国、出境</td><td>2</td><td>0.10</td></tr>
<tr><td>小计</td><td>56</td><td>2.80</td></tr>
<tr><td rowspan="2">自主创业</td><td>自主创业</td><td>33</td><td>1.65</td></tr>
<tr><td>小计</td><td>33</td><td>1.65</td></tr>
<tr><td colspan="2">总计</td><td>2003</td><td>100.00</td></tr>
<tr><th colspan="4">就业单位性质（2021年）</th></tr>
<tr><td>就业性质分布</td><td colspan="3">2021届毕业生毕业去向分布中，灵活就业的人数最多，有1103人，占毕业生总人数的57.21%；协议和合同就业的有448人，占毕业生总人数的23.24%；升学的有274人，占毕业生总人数的14.21%；待就业的有48人，占毕业生总人数的2.49%；暂不就业的有33人，占毕业生总人数的1.71%；自主创业的有22人，占毕业生总人数的1.14%。
2021届毕业生就业单位性质主要分布在其他企业，人数占比为80.09%；其次为国有企业（5.47%）、高等教育单位（5.47%）</td></tr>
<tr><td>毕业生就业单位行业分布</td><td colspan="3">2021届毕业生就业单位行业主要分布在教育领域，人数占比为23.63%；其次为文化、体育和娱乐业（22.76%）；再次为信息传输、软件和信息技术服务业（21.88%）。
2021届毕业生工作职位类别主要为其他人员，人数占比为29.54%；其次为教学人员（18.82%）；再次为其他专业技术人员（17.72%）</td></tr>
<tr><td>就业区域</td><td colspan="3">2021届毕业生就业省份以湖北省为主，在湖北省就业的比例为54.49%。省外就业比例位居前列的是广东省、上海市、浙江省。2021届毕业生就业地区集中在中部地区（54.92%），其次是泛珠江三角洲地区（25.82%），再次是泛长江三角洲地区（12.04%）</td></tr>
</table>

广西艺术学院设计类专业毕业及就业概览见表2.19。

表2.19　广西艺术学院设计类专业毕业及就业概览

<table>
<tr><th colspan="5">广西艺术学院</th></tr>
<tr><td colspan="5">2023届毕业生共4290人，其中本科毕业生3425人，专科毕业生174人，硕士毕业生691人。2023届本科毕业生分布在11个学院，其中规模较大的学院是设计学院、美术学院，规模较大的专业是绘画（美术学院）；专科毕业生分布在1个学院，为职业技术学院，规模较大的专业是公共艺术设计、环境艺术设计；硕士毕业生分布在13个学院，其中规模较大的学院是美术学院、设计学院，规模较大的专业是艺术设计（设计学院）、美术（美术学院）</td></tr>
<tr><th>学历</th><th>学院名称</th><th>专业名称</th><th>人数</th><th>比例/%</th></tr>
<tr><td rowspan="15">本科</td><td rowspan="8">设计学院</td><td>总计</td><td>493</td><td>14.39</td></tr>
<tr><td>视觉传达设计</td><td>162</td><td>4.73</td></tr>
<tr><td>动画</td><td>82</td><td>2.39</td></tr>
<tr><td>服装与服饰设计</td><td>58</td><td>1.69</td></tr>
<tr><td>产品设计</td><td>57</td><td>1.66</td></tr>
<tr><td>工艺美术</td><td>57</td><td>1.66</td></tr>
<tr><td>数字媒体艺术</td><td>47</td><td>1.37</td></tr>
<tr><td>艺术设计学</td><td>30</td><td>0.88</td></tr>
<tr><td rowspan="3">美术学院</td><td>总计</td><td>399</td><td>11.65</td></tr>
<tr><td>绘画（美术学院）</td><td>355</td><td>10.36</td></tr>
<tr><td>美术学（美术学院）</td><td>44</td><td>1.28</td></tr>
<tr><td rowspan="4">建筑艺术学院</td><td>总计</td><td>354</td><td>10.34</td></tr>
<tr><td>环境设计</td><td>236</td><td>6.89</td></tr>
<tr><td>艺术与科技</td><td>60</td><td>1.75</td></tr>
<tr><td>风景园林</td><td>58</td><td>1.69</td></tr>
<tr><td rowspan="7">专科</td><td rowspan="7">职业技术学院</td><td>总计</td><td>174</td><td>100.00</td></tr>
<tr><td>公共艺术设计</td><td>35</td><td>20.11</td></tr>
<tr><td>环境艺术设计</td><td>31</td><td>17.82</td></tr>
<tr><td>音乐表演</td><td>31</td><td>17.82</td></tr>
<tr><td>广告设计与制作</td><td>28</td><td>16.09</td></tr>
<tr><td>数字媒体艺术设计</td><td>27</td><td>15.52</td></tr>
<tr><td>舞蹈表演</td><td>22</td><td>12.64</td></tr>
</table>

续表

学历	学院名称	专业名称	人数	比例/%
专科	美术学院	总计	94	13.60
		美术（美术学院）	74	10.71
		美术学（美术学院）	20	2.89
	设计学院	总计	87	12.59
		艺术设计（设计学院）	77	11.14
		设计学（设计学院）	10	1.45
	影视与传媒学院	总计	80	11.58
		新闻与传播	19	2.75
		戏剧与影视学	18	2.60
		戏剧	13	1.88
		广播电视	13	1.88
		传播学	13	1.88
		艺术设计（影视与传媒学院）	2	0.29
		新闻学	2	0.29
	建筑艺术学院	总计	68	9.84
		艺术设计（建筑艺术学院）	40	5.79
		风景园林	18	2.60
		设计学（建筑艺术学院）	10	1.45
	造型艺术学院	总计	37	5.35
		美术（造型艺术学院）	27	3.91
		艺术设计（造型艺术学院）	5	0.72
		美术学（造型艺术学院）	4	0.58
		设计学（造型艺术学院）	1	0.14
	艺术研究院 马克思主义学院	总计	23	3.33
		音乐与舞蹈学（艺术研究院）	18	2.60
		美术学（艺术研究院）	5	0.72
		总计	7	1.01
		艺术学理论（马克思主义学院）	7	1.01

续表

<table>
<tr><th colspan="10">毕业生总体毕业去向</th></tr>
<tr><th rowspan="2">分类</th><th rowspan="2">毕业去向</th><th colspan="2">总体</th><th colspan="2">本科</th><th colspan="2">专科</th><th colspan="2">硕士</th></tr>
<tr><th>人数</th><th>比例/%</th><th>人数</th><th>比例/%</th><th>人数</th><th>比例/%</th><th>人数</th><th>比例/%</th></tr>
<tr><td rowspan="8">就业</td><td>其他录用形式就业</td><td>1410</td><td>32.87</td><td>1279</td><td>37.34</td><td>54</td><td>31.03</td><td>77</td><td>11.14</td></tr>
<tr><td>签劳动合同形式就业</td><td>555</td><td>12.94</td><td>417</td><td>12.18</td><td>4</td><td>2.30</td><td>134</td><td>19.39</td></tr>
<tr><td>签就业协议形式就业</td><td>347</td><td>8.09</td><td>171</td><td>4.99</td><td>8</td><td>4.60</td><td>168</td><td>24.31</td></tr>
<tr><td>自由职业</td><td>489</td><td>11.40</td><td>450</td><td>13.14</td><td>3</td><td>1.72</td><td>36</td><td>5.21</td></tr>
<tr><td>自主创业</td><td>50</td><td>1.17</td><td>39</td><td>1.14</td><td>1</td><td>0.57</td><td>10</td><td>1.45</td></tr>
<tr><td>应征义务兵</td><td>37</td><td>0.86</td><td>25</td><td>0.73</td><td>11</td><td>6.32</td><td>1</td><td>0.14</td></tr>
<tr><td>国家基层项目</td><td>13</td><td>0.30</td><td>12</td><td>0.35</td><td>0</td><td>0.00</td><td>1</td><td>0.14</td></tr>
<tr><td>地方基层项目</td><td>30</td><td>0.70</td><td>26</td><td>0.76</td><td>0</td><td>0.00</td><td>4</td><td>0.58</td></tr>
<tr><td rowspan="2">升学</td><td>国内升学</td><td>275</td><td>6.41</td><td>206</td><td>6.01</td><td>63</td><td>36.21</td><td>6</td><td>0.87</td></tr>
<tr><td>出国、出境</td><td>86</td><td>2.00</td><td>69</td><td>2.01</td><td>0</td><td>0.00</td><td>17</td><td>2.46</td></tr>
<tr><td rowspan="3">未就业</td><td>待就业</td><td>981</td><td>22.87</td><td>717</td><td>20.93</td><td>29</td><td>16.67</td><td>235</td><td>34.01</td></tr>
<tr><td>不就业拟升学</td><td>13</td><td>0.30</td><td>10</td><td>0.29</td><td>1</td><td>0.57</td><td>2</td><td>0.29</td></tr>
<tr><td>其他暂不就业</td><td>4</td><td>0.09</td><td>4</td><td>0.12</td><td>0</td><td>0.00</td><td>0</td><td>0.00</td></tr>
<tr><th colspan="10">就业单位性质（2023年）</th></tr>
<tr><td colspan="2">就业性质分布</td><td colspan="8">毕业生以直接就业为主，专科毕业生升学比例较高。我校2023届总体毕业生毕业去向以“其他录用形式就业”（32.87%）为主；本科毕业生毕业去向以“其他录用形式就业”（37.34%）为主；专科毕业生毕业去向以“国内升学”（36.21%）为主，其次是“其他录用形式就业”（31.03%）；硕士毕业生毕业去向以“签就业协议形式就业”（24.31%）为主</td></tr>
<tr><td colspan="2">毕业生就业单位行业分布</td><td colspan="8">毕业生就业行业特色凸显，以教育、文化领域为主。2023届本科毕业生就业行业以教育业（45.82%）为主，其次是文化/体育和娱乐业（17.65%）。2023届本科毕业生就业的主要行业与各学院、各专业的培养定位基本吻合</td></tr>
</table>

续表

就业单位性质（2023年）	
毕业生就业单位行业分布	毕业生从事的职业相对多元。2023届本科毕业生从事的主要职业类为中小学教育（22.12%），其后依次是美术/设计/创意（15.84%）、职业培训/其他教育（13.75%）、表演艺术/影视（9.87%）、媒体/出版（7.62%）等
就业区域	毕业生主要服务于“一带一路”、西部地区等重点战略区域。学校大力推动毕业生面向重点区域就业，为国家经济建设与产业结构转型提供人才支持。2023届本科毕业生中，78.39%的毕业生在“一带一路”沿线省市就业，51.98%的毕业生在西部地区就业

四川大学设计类专业毕业及就业概览见表2.20。

表2.20　四川大学设计类专业毕业及就业概览

四川大学			
截至2021年12月8日，四川大学2021届毕业生共16129人，其中本科毕业生8907人，占毕业生总人数的55.22%；硕士毕业生6011人，占毕业生总人数的37.27%；博士毕业生1211人，占毕业生总人数的7.51%			
2021届各学院毕业去向落实率分布			
学院	毕业生人数	去向落实人数	去向落实率
机械工程学院	511	482	94.32%
艺术学院	455	404	88.79%
2021届本科毕业生各学院国内外深造率、毕业去向落实率分布			
学院	毕业生人数	国内外深造率	去向落实率
机械工程学院	349	46.70%	91.98%
艺术学院	376	26.33%	88.56%
2021届硕士毕业生各学院国内外深造率、毕业去向落实率分布			
学院	毕业生人数	国内外深造率	去向落实率
机械工程学院	147	8.84%	100.00%
艺术学院	75	8.00%	89.33%
2021届博士毕业生各学院毕业去向落实率分布			
学院	毕业生人数	毕业去向落实率	
机械工程学院	15	93.33%	
艺术学院	4	100.00%	

续表

就业单位性质（2021年）	
就业性质分布	2021届到单位就业的毕业生，就业单位主要为国有企业23.19%、民营企业22.57%、事业单位26.90%（其中医疗卫生单位9.16%）、党政机关（含选调生）17.14%。 分学历层次来看，企业单位为本科毕业生和硕士毕业生就业主阵地，其中国有企业和民营企业为主流向；硕士毕业生中党政机关（含选调生）占比较高；博士毕业生单位流向以高等教育单位和医疗卫生单位为主
教育部门及其他单位	2021届就业的毕业生中，到大型骨干企业就业3615人，占比43.11%；到党政机关及公共服务部门就业1437人，占比17.14%。 其中重点单位有：四川大学、中国建筑集团有限公司、国家电网有限公司、中共成都市委组织部、华为技术有限公司、四川大学华西口腔医院、四川大学华西第二医院、中国航空工业集团有限公司、中国电子科技集团有限公司、四川华西健康科技有限公司、腾讯控股有限公司、中共德阳市委组织部、中国核工业集团有限公司、中国南方电网有限责任公司、中国电力建设集团有限公司、好未来教育集团、中共宜宾市委组织部、北京三快在线科技有限公司、中兴通讯股份有限公司、中国农业银行、中国长江三峡集团有限公司、药明德康集团、东方电气股份有限公司
毕业生就业单位行业分布	2021届就业毕业生行业流向与学校专业设置及人才培养定位相契合，流向较多的行业为“信息传输、软件和信息技术服务业”（14.78%）、“制造业”（13.61%）、“教育”（13.08%）、“科学研究和技术服务业”（11.95%）和“卫生和社会工作”（11.79%）领域
就业区域	毕业生就业地区分布广泛。西部地区（64.31%）为2021届毕业生就业的主要区域，其中四川省占比50.96%，重庆市占比4.56%；到广东省、北京市、江苏省、浙江省、上海市等地区就业的毕业生人数也较多，占比为27.78%

广东工业大学设计类专业毕业及就业概览见表2.21。

表2.21　广东工业大学设计类专业毕业及就业概览

广东工业大学
2023年毕业生共12691人，其中本科毕业生9225人，占毕业生总人数的72.69%；毕业研究生3466人，占毕业生总人数的27.31%

续表

2023年本科毕业生的学院与专业分布			
学院	专业	人数	占比
机电工程学院	机械设计制造及其自动化	246	2.67%
	机械电子工程	181	1.96%
	测控技术与仪器	89	0.96%
	工业工程	85	0.92%
	车辆工程	82	0.89%
	机械设计制造及其自动化（卓越工程师班）	42	0.46%
	机械电子工程（创新班）	30	0.33%
	学院总体	755	8.18%
艺术与设计学院	动画（中外合作办学）	191	2.07%
	环境设计	132	1.43%
	工业设计	115	1.25%
	视觉传达设计	95	1.03%
	数字媒体艺术	63	0.68%
	服装与服饰设计	61	0.66%
	数字媒体技术	57	0.62%
	美术学	33	0.36%
	产品设计	31	0.34%
	表演	18	0.20%
	学院总体	796	8.63%

2023年各学院/专业本科毕业生专业对口度情况分布		
学院	专业	专业对口度
机电工程学院	机械电子工程	96.30%
	测控技术与仪器	84.62%
	工业工程	83.33%
	机械设计制造及其自动化	80.95%

续表

学院	专业	专业对口度
机电工程学院	机械设计制造及其自动化（卓越工程师班）	72.73%
	车辆工程	66.67%
	机械电子工程（创新班）	*100.00%
	学院总体	82.05%
艺术与设计学院	视觉传达设计	95.00%
	数字媒体艺术	88.89%
	产品设计	71.43%
	环境设计	61.90%
	服装与服饰设计	61.54%
	工业设计	60.00%
	动画（中外合作办学）	56.25%
	表演	*100.00%
	美术学	*80.00%
	数字媒体技术	*66.67%
	学院总体	71.05%
注：*标记为样本量不足学院/专业，其分析结果仅供参考，不纳入到报告结论的分析范畴		
就业单位性质（2023年）		
就业性质分布	毕业生就业性质涵盖机关、部队、党群及政法系统、事业单位、企业单位、其他就业形式、升学、出国（境）等。截至2019年12月10日，到企业单位就业的毕业生占比最大，达74.67%；到事业单位就业的占3.82%；机关、部队、党群及政法系统占2.68%；国内升学占9.80%；出国（境）学习占3.46%	
毕业生就业单位行业分布	就业人数最多的行业是制造业，占26.04%；其次是“信息传输、软件和信息技术服务业”，占比为25.90%；教育行业和金融业分别占10.59%和8.47%。 本科毕业生：主要集中在“信息传输、软件和信息技术服务业”，占比为26.69%；其次是制造业，占比为19.68%；再次是建筑业、金融业、教育行业，分别占7.12%、6.11%和6.11%	

续表

就业单位性质（2023年）	
就业区域	2019届毕业生就业地区主要集中在广东省，占已就业毕业生（除升学、出国/境）的93.11%；其中珠三角地区就业的毕业生占已就业毕业生的86.05%。从近5年数据看，超过90%的毕业生选择在广东省内就业，在珠三角地区就业比例一直保持在86%以上。 主要城市集中：就业人数排名前五位的城市依次是广州市、深圳市、佛山市、东莞市和珠海市，五市合计占80.24%

北京印刷学院设计类专业毕业及就业概览见表2.22。

表2.22　北京印刷学院设计类专业毕业及就业概览

北京印刷学院										
2023届毕业生共2125人。从学历来看，本科生1563人，占毕业生总数的73.55%；研究生562人，占26.45%										
2023届本科毕业生分专业就业情况										
学院	专业	毕业人数	落实率		就业		升学		未就业	
			人数	%	人数	%	人数	%	人数	%
设计艺术学院	视觉传达设计	208	192	92.31	125	60.10	67	32.21	16	7.69
	工业设计	24	21	87.50	14	58.33	7	29.17	3	12.50
	绘画	39	32	82.05	22	56.41	10	25.64	7	17.95
新媒体学院	数字媒体艺术	124	116	93.55	65	52.42	51	41.13	8	6.45
	数字媒体技术	54	49	90.74	40	74.07	9	16.67	5	9.26
	动画	95	85	89.47	62	65.26	23	24.21	10	10.53
就业单位性质（2023年）										
就业性质分布	就业毕业生主要到其他企业（56.46%）就业，其次是国有企业（21.13%）。分学历来看，各学历毕业生均主要进入其他企业，本科生和研究生在其他企业的就业比例依次为68.94%、40.11%									

续表

就业单位性质（2023年）	
教育部门及其他单位	2023届毕业生整体就业行业优势突出、单位质量较高。其中，31家世界500强企业录取毕业生87人，36家中国500强企业录取毕业生92人。 其中热门的企业有：中视科华有限公司、深圳钛铂新媒体营销股份有限公司、中国农业银行股份有限公司、中国工商银行股份有限公司、中国邮政集团有限公司、浙江卡游科技有限公司、北京中宇奥理工程技术有限公司、广东旺盈环保包装实业有限公司、天津宜药印务有限公司、元麦教育科技（北京）有限责任公司、中国银行股份有限公司、中国石油化工集团有限公司
毕业生就业单位行业分布	毕业生主要围绕出版传媒、设计艺术、印刷包装三类学科群特点进行就业，如文化、体育和娱乐业（21.85%），信息传输、软件和信息技术服务业（12.60%），制造业（12.25%），这是2023届毕业生最青睐的前三个行业
就业区域	北京、上海、天津、保定、郑州是2023届毕业生主要流向的前五个城市

天津美术学院设计类专业毕业及就业概览见表2.23。

表2.23 天津美术学院设计类专业毕业及就业概览

天津美术学院			
2023届毕业生共1255人，其中本科毕业生959人，占毕业生总人数的76.41%；硕士研究生296人，占毕业生总人数的23.59%。 2023届本科毕业生共分布在8个学院25个专业。其中，视觉传达设计、环境设计人数较多，占比分别为12.41%、7.30%。2023届硕士研究生共分布在7个学院13个专业。其中，美术（造型艺术学院）、艺术设计（设计艺术学院）人数较多，占比分别为21.96%、16.89%			
2023届本科毕业生的学院与专业分布			
学院	专业	人数	占比
设计艺术学院	视觉传达设计	119	12.41%
	产品设计	58	6.05%
	服装与服饰设计（服装设计）	32	3.34%
	工艺美术	32	3.34%
	服装与服饰设计（染织设计）	29	3.02%
	艺术设计学	19	1.98%
	小计	289	30.14%

续表

学院	专业	人数	占比
实验艺术学院	实验艺术（综合绘画）	59	6.15%
	实验艺术（影像艺术）	34	3.55%
	实验艺术（移动媒体艺术）	31	3.23%
	摄影	17	1.77%
	小计	141	14.70%
环境与建筑艺术学院	环境设计	70	7.30%
	公共艺术	22	2.29%
	小计	92	9.59%
艺术与人文学院	美术学（视觉文化策划与管理）	21	2.19%
	美术学（美术史论）	20	2.09%
	小计	41	4.28%

2023届本科毕业生各专业毕业去向及落实率分布

专业	升学	协议和合同就业	待就业	暂不就业	灵活就业	自主创业	毕业去向落实率
艺术设计学	26.32%	0.00%	0.00%	0.00%	73.68%	0.00%	100.00%
产品设计	15.52%	17.24%	1.72%	1.72%	63.79%	0.00%	96.55%
服装与服饰设计（服装设计）	25.00%	9.38%	6.25%	0.00%	59.38%	0.00%	93.75%
动画	5.66%	20.75%	9.43%	0.00%	58.49%	5.66%	90.57%
服装与服饰设计（染织设计）	20.69%	24.14%	6.90%	3.45%	44.83%	0.00%	89.66%
环境设计	15.71%	5.71%	10.00%	1.43%	67.14%	0.00%	88.57%
视觉传达设计	19.33%	19.33%	11.76%	0.00%	49.58%	0.00%	88.24%
工艺美术	28.13%	15.63%	9.38%	3.13%	43.75%	0.00%	87.50%

续表

2023届硕士研究生的学院与专业分布			
学院	专业	人数	占比
造型艺术学院	美术	65	21.96%
	美术学	17	5.74%
	小计	82	27.70%
设计艺术学院	艺术设计	50	16.89%
	设计学	25	8.45%
	艺术设计学	6	2.03%
	小计	81	27.36%
环境与建筑艺术学院	艺术设计	14	4.73%
	设计学	8	2.70%
	小计	22	7.43%
艺术与人文学院	艺术学理论	19	6.42%
	小计	19	6.42%
影视与传媒艺术学院	美术	1.00	0.34%
	小计	1.00	0.34%

2023届硕士研究生各专业毕业去向及落实率分布							
专业	升学	协议和合同就业	待就业	暂不就业	灵活就业	自主创业	毕业去向落实率
美术（影视与传媒艺术学院）	0.00%	0.00%	0.00%	0.00%	100.00%	0.00%	100.00%
美术学（造型艺术学院）	0.00%	29.41%	5.88%	0.00%	64.71%	0.00%	94.12%
设计学（设计艺术学院）	8.00%	24.00%	8.00%	0.00%	52.00%	8.00%	92.00%
艺术设计（设计艺术学院）	0.00%	22.00%	12.00%	0.00%	62.00%	4.00%	88.00%
设计学（环境与建筑艺术学院）	0.00%	50.00%	12.50%	0.00%	37.50%	0.00%	87.50%

续表

专业	升学	协议和合同就业	待就业	暂不就业	灵活就业	自主创业	毕业去向落实率
艺术设计（环境与建筑艺术学院）	0.00%	14.29%	14.29%	0.00%	71.43%	0.00%	85.71%
美术（实验艺术学院）	0.00%	11.11%	14.81%	0.00%	62.96%	11.11%	85.19%
艺术学理论	5.26%	15.79%	0.00%	21.05%	52.63%	5.26%	78.95%
美术（造型艺术学院）	3.08%	10.77%	21.54%	0.00%	60.00%	4.62%	78.46%
艺术设计学	0.00%	0.00%	33.33%	0.00%	66.67%	0.00%	66.67%
就业单位性质（2023年）							
就业性质分布	2023届毕业生所从事的职业主要为其他专业技术人员，占比为22.88%；其次为教学人员（21.57%）及其他人员（20.92%）。从不同学历层次来看，本科毕业生所从事的职业主要为其他专业技术人员（27.18%），其他人员（27.18%）次之；硕士研究生所从事的职业主要为教学人员（52.00%），其他专业技术人员（14.00%）次之						
教育部门及其他单位	2023届毕业生就业单位流向以其他企业为主，占比为40.00%；其他次之，占比为18.71%。从不同学历层次来看：本科毕业生单位流向以其他企业为主，占比为48.57%；其他次之，占比为24.76%。硕士研究生单位流向以高等教育单位为主，占比为28.00%；其他企业次之，占比为22.00%						
毕业生就业单位行业分布	2023届毕业生行业布局与学校专业设置及培养定位相契合；主要流向了文化、体育和娱乐业（26.29%），教育（24.00%）及信息传输、软件和信息技术服务业（21.14%）。从不同学历层次来看，本科毕业生主要行业流向为文化、体育和娱乐业（30.63%），信息传输、软件和信息技术服务业（27.93%）次之；硕士研究生主要行业流向为教育（48.44%），文化、体育和娱乐业（18.75%）次之						
就业区域	2023届毕业生主要选择在市外就业（58.22%），服务地方经济发展；其中，本科毕业生、硕士研究生市内就业占比分别为35.50%、57.96%						

浙江工业大学设计类专业毕业及就业概览见表2.24。

表2.24 浙江工业大学设计类专业毕业及就业概览

浙江工业大学			
2022届毕业生共5930人。其中本科毕业生4420人，占毕业生总人数的74.54%；毕业研究生1510人，占毕业生总人数的25.46%			
2022届毕业本科生各学院毕业去向落实率			
院系	毕业生人数	去向落实人数	毕业去向落实率
建筑工程学院	384	374	97.40%
机械工程学院	310	299	96.45%
服装学院	361	348	96.40%
纺织科学与工程学院（国际丝绸学院）	181	174	96.13%
艺术与设计学院	407	391	96.07%
2022届毕业研究生各学院毕业去向落实率			
院系	毕业生人数	去向落实人数	毕业去向落实率
机械工程学院	213	209	98.12%
建筑工程学院	51	50	98.04%
纺织科学与工程学院（国际丝绸学院）	144	141	97.92%
艺术与设计学院	117	114	97.44%
服装学院	104	101	97.12%
就业单位性质（2023年）			
就业性质分布	2023届社会就业的毕业生中，就业单位主要以企业为主，进入各类企业工作的占就业总人数的77.71%，包括其他企业（2857人，52.49%）、国有企业（1030人，18.92%）、三资企业（343人，6.3%）等。博士就业行业仍以各类高等院校为主，占博士毕业生的55.80%		
教育部门及其他单位	2023届毕业生中，硕士毕业生国内升学91人，占硕士毕业生总数的2.53%，其中68.42%被国内C9联盟高校或985、211高校录取（按双一流统计，75.79%被双一流高校录取）；普通本科毕业生国内升学（不含第二学士学位）1689人，占本科毕业生总数的36.55%。国内升学的本科生中54.35%被国内C9联盟高校、985/211高校和中国科学院等一流科研院所录取。		

续表

就业单位性质（2023年）	
教育部门及其他单位	比较热门的去向：舜宇光学科技（集团）有限公司、浙江工业大学、浙江三花集团有限公司、宁波银行股份有限公司、比亚迪股份有限公司、浙江省农村信用社联合社、中国建筑集团有限公司、中国移动通信集团有限公司、杭州海康威视数字技术股份有限公司、易企银（杭州）科技有限公司、普洛药业股份有限公司、杭州银行股份有限公司、中国工商银行股份有限公司、杭州百诚医药科技股份有限公司、浙江中控技术股份有限公司、物产中大集团有限公司、浙江工业大学工程设计集团有限公司、浙江晶盛机电股份有限公司、浙江九洲药业股份有限公司、中国石油化工股份有限公司、国家电网有限公司
毕业生就业单位行业分布	毕业生就业的用人单位（指的是不含继续深造、应征入伍的社会就业人数）所属行业中，较多的为制造业和信息传输、软件和信息技术服务业，分别占社会就业毕业生人数的26.18%和13.93%
就业区域	其中吸引力超过100%的地区分别是：北京（1100.00%）、上海（947.37%）、广东（326.83%）、浙江（134.46%）。“就业吸引力”低于100%的地区为生源净流出。浙江省内地区中，杭州对毕业生的吸引力最大

华东理工大学设计类专业毕业及就业概览见表2.25。

表2.25　华东理工大学设计类专业毕业及就业概览

华东理工大学			
华东理工大学2023届各学历层次的毕业生共计8191人，其中本科毕业生4102人，毕业硕士研究生3662人，毕业博士研究生427人，毕业研究生总计4089人			
本科毕业生各学院、专业毕业去向落实率			
学院名称	专业名称	人数	毕业去向落实率
机械与动力工程学院	机械设计制造及其自动化	115	90.43%
	过程装备与控制工程	152	86.18%
	材料成型及控制工程	89	79.78%
	学院合计	356	85.96%
艺术设计与传媒学院	视觉传达设计	33	96.97%
	环境设计	30	96.67%
	数字媒体艺术	30	96.67%

续表

学院名称	专业名称	人数	毕业去向落实率
艺术设计与传媒学院	风景园林	52	94.23%
	产品设计	33	90.91%
	工业设计	32	87.50%
	学院合计	210	93.81%

研究生各专业毕业去向落实率			
专业名称	所在学院	人数	毕业去向落实率
设计学	艺术学院	19	100.00%
艺术	艺术学院	6	100.00%
工业设计	艺术学院	4	100.00%
机械	机动学院、艺术学院	125	98.40%

学院本科毕业生升学深造情况			
学院名称	境内升学比例	境外升学比例	升学深造总比例
机械与动力工程学院	40.17%	2.81%	42.98%
艺术设计与传媒学院	22.86%	13.81%	36.67%

就业单位性质（2023年）	
就业性质分布	在签约就业的本科毕业生中，就业单位性质流向比例从高到低依次是民营企业、国有企业、三资企业、机关和事业单位（包括政府机关、高校、科研院所及其他事业单位），分别占总就业人数的44.82%、30.48%、16.76%和7.94%；在签约就业的毕业研究生中，就业单位性质流向比例从高到低依次是民营企业、国有企业、三资企业、机关和事业单位，分别占总就业人数的37.42%、24.49%、22.89%和15.20%，研究生面向机关和事业单位就业的比例显著高于本科生
教育部门及其他单位	部分知名学校：新加坡国立大学、悉尼大学、华威大学、伦敦大学学院、香港大学、香港中文大学、曼彻斯特大学、南洋理工大学。 比较热门的去向：上海汽车集团股份有限公司、比亚迪股份有限公司、万华化学集团股份有限公司、中国石油化工集团有限公司、上海电气集团股份有限公司、华为技术有限公司、无锡药明康德新药开发股份有限公司、中国建筑集团有限公司、华东理工大学、上海医药集团股份有限公司、中国商用飞机有限责任公司、中国宝武钢铁集团有限公司、上海华虹（集团）有限公司、中国工商银行股份有限公司、交通银行股份有限公司、国家税务总局

续表

就业单位性质（2023年）	
毕业生就业单位行业分布	2023届毕业生流向制造业的人数比例最高，为42.92%，其后依次是科学研究和技术服务业（10.92%），信息传输、软件和信息技术服务业（9.25%），金融业（8.67%），卫生和社会工作（6.41%），公共管理、社会保障和社会组织（4.57%）等
就业区域	2023届毕业生就业地域以华东地区为主，向长江经济带、粤港澳、京津冀等多个区域集中，辐射全国32个省级行政区（澳门特别行政区、台湾地区不在其内）。毕业生流向较多的省市有上海（62.38%）、江苏（8.82%）、浙江（8.43%）、广东（4.91%）、山东（2.91%）、北京（1.81%）、安徽（1.71%）等

华东师范大学设计类专业毕业及就业概览见表2.26。

表2.26 华东师范大学设计类专业毕业及就业概览

华东师范大学								
华东师范大学2023届毕业生共计9135人，其中全日制毕业生7640人，占比83.63%								
全日制毕业生去向类别情况								
去向类别	**本科（公费师范生）**		**本科（非公费师范生）**		**硕士**		**博士**	
	人数	**比例/%**	**人数**	**比例/%**	**人数**	**比例/%**	**人数**	**比例/%**
协议与合同就业	809	99.39%	846	32.00%	3017	86.82%	614	86.85%
升学	5	0.61%	1369	51.78%	254	7.31%	—	—
灵活就业	—	—	328	12.41%	98	2.82%	25	3.54%
自主创业	—	—	—	—	5	0.14%	5	0.71%
未就业	—	—	101	3.82%	101	2.91%	63	8.91%
总计	814	100.0%	2644	100.0%	3475	100.0%	707	100.0%
就业单位性质								
就业性质分布	全日制毕业生中，5286人去向类别为协议与合同就业，占比71.67%。本科（非公费师范生）境内升学和境外留学合计比例为51.78%。86.82%的硕士及86.85%的博士选择协议与合同就业							

续表

就业单位性质	
教育部门及其他单位（2023）	就业人数超过10人的企业有华为、比亚迪、阿里巴巴、中国工商银行等12家。此外，2023届有65名毕业生赴国家电网、中国航空工业、中国电子信息、中国电子科技、中国能源建设、中国船舶、中国电力建设、中国石化、中国核工业、中国航天科技、中国铁路、中国远洋海运、中国兵器工业等航空航天、能源、军工、交通等方面的单位就业
毕业生就业单位行业分布（2023）	2023届毕业生就业行业主要分布于教育-学历类、信息技术、公共管理、金融行业。就毕业生总体而言，从事教育-学历类行业所占比重最大，达47.82%，其次为信息技术行业，占比为15.46%
就业区域（2023）	毕业生就业人数排名前10的城市分别是上海市、杭州市、深圳市、成都市、北京市、宁波市、苏州市、合肥市、重庆市、郑州市，共计3742人，占就业人数的70.79%

浙江理工大学设计类专业毕业及就业概览见表2.27。

表2.27 浙江理工大学设计类专业毕业及就业概览

浙江理工大学			
浙江理工大学2023届毕业生共6464人。其中本科毕业生4441人，占毕业生总人数的68.70%；毕业研究生2023人，占毕业生总人数的31.30%			
学校2023届本科毕业生分学院毕业去向落实率			
学院	毕业生人数	落实去向人数	毕业去向落实率
纺织科学与工程学院（国际丝绸学院）	159	152	95.60%
服装学院	340	329	96.76%
机械工程学院	292	282	96.58%
建筑工程学院	369	358	97.02%
艺术与设计学院	472	456	96.61%
国际教育学院、国际时装技术学院	236	230	97.46%
学校2023届本科毕业生国内升学率分学院分布			
学院名称	毕业生人数	国内升学人数	国内升学率
纺织科学与工程学院（国际丝绸学院）	159	79	49.69%
服装学院	340	63	18.53%

续表

学院名称	毕业生人数	国内升学人数	国内升学率
机械工程学院	292	131	44.86%
建筑工程学院	369	121	32.79%
艺术与设计学院	472	77	16.31%
国际教育学院、国际时装技术学院	236	36	15.25%
学校2023届毕业研究生分学院毕业去向落实率			
学院	毕业生人数	落实去向人数	毕业去向落实率
纺织科学与工程学院（国际丝绸学院）	226	222	98.23%
服装学院	125	123	98.40%
机械工程学院	317	310	97.79%
建筑工程学院	91	90	98.90%
艺术与设计学院	152	148	97.37%
就业单位性质			
就业性质分布			
教育部门及其他单位（2023）	浙江理工大学、东华大学、上海大学、杭州电子科技大学、浙江大学、华东理工大学、浙江工业大学、苏州大学、华东政法大学、浙江工商大学、华东师范大学、浙江师范大学、中南财经政法大学、南京航空航天大学、厦门大学、东南大学。 此外比较热门的企业有：比亚迪股份有限公司、三花控股集团有限公司、晶科能源有限公司、中国电子科技集团有限公司、新华三信息技术有限公司、中国联合网络通信股份有限公司、宁波银行股份有限公司、中国电信集团有限公司、杭州银行股份有限公司、中芯国际集成电路制造有限公司		
毕业生就业单位行业分布（2023）	学校2023届毕业生行业流向多元且特色鲜明，制造业为吸纳就业主渠道（流向占比达29.19%），集中于通用设备制造、电器机械和器材制造、汽车与零部件制造、现代纺织与服装、生物医药等领域；信息传输、软件和信息技术服务业为第二大吸纳主体，毕业生流向占比达15.47%；科学研究和技术服务业、批发和零售业、教育领域也受到较多毕业生的青睐		
就业区域（2023）	前十名城市依次为杭州市、宁波市、嘉兴市、绍兴市、上海市、深圳市、温州市、金华市、台州市、湖州市		

华中科技大学设计类专业毕业及就业概览见表2.28。

表2.28 华中科技大学设计类专业毕业及就业概览

<table>
<tr><th colspan="4">华中科技大学</th></tr>
<tr><td colspan="4">2022届毕业生共15397人，其中本科毕业生6851人，硕士毕业生6829人，博士毕业生1717人</td></tr>
<tr><th>学院</th><th>专业</th><th>学历</th><th>人数</th></tr>
<tr><td rowspan="11">机械科学与工程学院</td><td>机械设计制造及其自动化</td><td>本科</td><td>295</td></tr>
<tr><td>工业工程</td><td>本科</td><td>62</td></tr>
<tr><td>产品设计</td><td>本科</td><td>55</td></tr>
<tr><td>机械工程</td><td>硕士</td><td>266</td></tr>
<tr><td>设计学</td><td>硕士</td><td>15</td></tr>
<tr><td>机械</td><td>硕士</td><td>202</td></tr>
<tr><td>工业工程与管理</td><td>硕士</td><td>12</td></tr>
<tr><td>工业工程</td><td>硕士</td><td>3</td></tr>
<tr><td>机械设计及理论</td><td>博士</td><td>3</td></tr>
<tr><td>工业工程</td><td>博士</td><td>2</td></tr>
<tr><td>先进制造</td><td>博士</td><td>2</td></tr>
<tr><td rowspan="6">建筑与城市规划学院</td><td>建筑学</td><td>本科</td><td>84</td></tr>
<tr><td>城市规划</td><td>本科</td><td>52</td></tr>
<tr><td>风景园林</td><td>本科</td><td>18</td></tr>
<tr><td>环境设计</td><td>本科</td><td>66</td></tr>
<tr><td>数字媒体</td><td>本科</td><td>19</td></tr>
<tr><td>艺术设计</td><td>硕士</td><td>42</td></tr>
<tr><th colspan="4">就业单位性质</th></tr>
<tr><td>就业性质分布</td><td colspan="3">协议就业7883人，占毕业生总人数的57.39%；深造4907人，占毕业生总人数的35.73%；灵活就业257人，占毕业生总人数的1.87%；自主创业8人，占毕业生总人数的0.06%。未落实就业的毕业生共680人，占毕业生总人数的4.95%。从就业单位性质分布看，2023届毕业生签约党政机关391人，事业单位2557人，企业单位4897人，部队38人</td></tr>
</table>

续表

就业单位性质	
教育部门及其他单位	清华大学、中国科学院大学、浙江大学、上海交通大学、复旦大学、北京大学、中国科学技术大学、南京大学、武汉大学、东南大学、中山大学。 其他热门单位是：华为投资控股有限公司、国家电网有限公司、比亚迪股份有限公司、中国建筑集团有限公司、同济医院、中国船舶集团有限公司、协和医院、普联技术有限公司、阿里巴巴集团控股有限公司、中兴通讯股份有限公司
毕业生就业单位行业分布	2023届毕业生协议就业人数最多的三个行业分别为信息传输、软件和信息技术服务业，制造业，卫生和社会工作行业
就业区域	就业人数最多的三个省、自治区、直辖市为湖北省、广东省、浙江省

湖北工业大学设计类专业毕业及就业概览见表2.29。

表2.29　湖北工业大学设计类专业毕业及就业概览

湖北工业大学			
2023年，湖北工业大学共有4896名本科毕业生纳入就业方案，分布在12个学院56个本科专业			
2023届本科毕业生规模与专业分布			
学院	专业名称	人数	占本科毕业生总人数比例/%
机械工程学院	机械设计制造及其自动化	322	6.58
	测控技术与仪器	100	2.04
	机器人工程	77	1.57
	工业工程	28	0.57
	学院小计	527	10.76
艺术设计学院	视觉传达设计	191	3.90
	环境设计	121	2.47
	公共艺术	50	1.02
	数字媒体艺术	76	1.56
	学院小计	438	8.95
工业设计学院	工业设计	57	1.16
	产品设计	176	3.60
	学院小计	233	4.76

续表

就业单位性质	
就业性质分布	从就业单位的性质来看，企业是本科毕业生的就业主体，其中大型企业占比41.22%；机关和事业单位占比6.17%。从职位类别来看，工程技术人员占比82.49%
教育部门及其他单位	录取毕业生较多的高校：武汉理工大学、中国地质大学（武汉）、华中师范大学、华中农业大学、华中科技大学、中南财经政法大学、华南理工大学、上海大学、重庆大学、合肥工业大学。 比较热门的企业：中国建筑集团有限公司、中国铁道建筑有限公司、国家电网有限公司、中国交通建设股份有限公司、中国铁路工程有限公司、比亚迪股份有限公司、东风汽车集团有限公司、中国电信股份有限公司、中国农业银行股份有限公司、中国工商银行股份有限公司
毕业生就业单位行业分布	从就业单位的行业来看，就业分布比较集中的行业包括先进制造技术及装备业（25.97%）、新一代信息技术业（13.84%）、绿色建筑与城市生态环境业（13.81%）、循环经济与绿色管理业（13.35%）等
就业区域	从就业单位的地域来看，在就业的本科毕业生中，主要地域流向为湖北、广东、江苏、上海、浙江、北京等地区。其中，留在湖北省内就业的本科毕业生占就业总人数的62.98%

杭州师范大学设计类专业毕业及就业概览见表2.30。

表2.30 杭州师范大学设计类专业毕业及就业概览

杭州师范大学				
2023届毕业生共6818人，其中本科生5203人（含专升本1055人），较2022届（4176人）增加1027人；研究生1615人（含博士生10人，非全日制硕士生128人）				
杭州师范大学2023届本科毕业生毕业去向落实率统计表				
学院	专业	毕业生人数	落实人数	落实率
美术学院	书法学	19	19	100.00%
	公共艺术	51	48	94.12%
	环境设计	28	20	71.43%
	绘画	47	45	95.74%
	美术学（师范）	43	37	86.05%
	视觉传达设计	51	49	96.08%

续表

学院	专业	毕业生人数	落实人数	落实率
美术学院	视觉传达设计（专升本）	28	28	100.00%
	合计	267	246	92.13%
文化创意与传媒学院	动画	55	48	87.27%
	动画（专升本）	27	25	92.59%
	数字媒体艺术	72	69	95.83%
	文化产业管理	41	41	100.00%
	合计	195	183	93.85%

杭州师范大学2023届本科毕业生升学率统计表

学院	学校专业	国内读研	出国深造	二学位	升学人数	毕业生人数	升学率
文化创意与传媒学院	文化产业管理	8	0	2	10	41	24.39%
	数字媒体艺术	9	5	0	14	72	19.44%
	动画	4	4	2	10	55	18.18%
	合计	21	9	4	34	168	20.24%
美术学院	绘画	10	1	0	11	47	23.40%
	美术学（师范）	4	4	1	9	43	20.93%
	书法学	2	1	0	3	19	15.79%
	视觉传达设计	4	4	0	8	51	15.69%
	环境设计	1	3	0	4	28	14.29%
	公共艺术	2	2	0	4	51	7.84%
	合计	23	15	1	39	239	16.32%

续表

<table>
<tr><th colspan="5">杭州师范大学2023届研究生毕业生毕业去向落实率统计表</th></tr>
<tr><th>学院</th><th>学校专业</th><th>毕业生人数</th><th>落实人数</th><th>落实率</th></tr>
<tr><td rowspan="7">美术学院</td><td>学科教学（美术）</td><td>7</td><td>7</td><td>100%</td></tr>
<tr><td>美术</td><td>28</td><td>26</td><td>92.86%</td></tr>
<tr><td>美术学</td><td>15</td><td>13</td><td>86.67%</td></tr>
<tr><td>艺术设计</td><td>36</td><td>34</td><td>94.44%</td></tr>
<tr><td>设计学</td><td>6</td><td>5</td><td>83.33%</td></tr>
<tr><td>学科教学（美术）</td><td>1</td><td>1</td><td>100%</td></tr>
<tr><td>总计</td><td>93</td><td>86</td><td>92.47%</td></tr>
<tr><td rowspan="5">文化创意与传媒学院</td><td>广播电视</td><td>16</td><td>16</td><td>100%</td></tr>
<tr><td>戏剧与影视学</td><td>7</td><td>7</td><td>100%</td></tr>
<tr><td>电影</td><td>10</td><td>10</td><td>100%</td></tr>
<tr><td>电影（非全日制）</td><td>1</td><td>1</td><td>100%</td></tr>
<tr><td>总计</td><td>34</td><td>34</td><td>100%</td></tr>
<tr><td>弘丰中心</td><td>艺术学理论</td><td>18</td><td>15</td><td>83.33%</td></tr>
<tr><td colspan="2">学校研究生</td><td>1615</td><td>1569</td><td>97.15%</td></tr>
<tr><th colspan="5">就业单位性质</th></tr>
<tr><td>就业性质分布</td><td colspan="4">协议与合同就业人数最多，2838人，占比54.55%；升学（含出国/境深造）人数次之，1227人，占比23.58%；灵活就业760人，占比14.61%</td></tr>
<tr><td>教育部门及其他单位（2023）</td><td colspan="4">杭州师范大学、温州医科大学、浙江师范大学、浙江大学、南京师范大学、浙江工业大学</td></tr>
<tr><td>毕业生就业单位行业分布（2023）</td><td colspan="4">本科生在企业就业人数最多，为1263人，占签约总人数44.50%；其次是教育单位，就业1067人，占签约总人数37.60%；医疗卫生单位就业276人，占签约总人数9.73%；机关与事业单位就业92人，占签约总人数3.24%</td></tr>
<tr><td>就业区域（2023）</td><td colspan="4">2023届毕业生流向地区包括浙江、上海、江苏等省、自治区、直辖市，以及英国、澳大利亚、美国等。毕业生流向地区主要集中在华东地区。流向人数最多的省份是浙江省（4881人），占毕业生落实总数的74.50%</td></tr>
</table>

河南大学设计类专业毕业及就业概览见表2.31。

表2.31　河南大学设计类专业毕业及就业概览

河南大学				
河南大学2023届毕业生总人数为12987人。其中本科毕业生8772人，占毕业生总体的67.54%；硕士毕业生4127人，占毕业生总体的31.78%；博士毕业生88人，占毕业生总体的0.68%				
学院（培养单位）	总体去向落实率	博士生	硕士生	本科生
美术学院	93.54% (246/263)	100.00% (1/1)	100.00% (81/81)	90.61% (164/181)
环境设计	100.00% (25/25)	—	—	100.00% (25/25)
美术	100.00% (55/55)	—	100.00% (55/55)	—
美术学	91.11% (41/45)	—	100.00% (10/10)	88.57% (31/35)
设计学	100.00% (7/7)	—	100.00% (7/7)	—
视觉传达设计	83.33% (20/24)	—	—	83.33% (20/24)
艺术学理论	100.00% (10/10)	100.00% (1/1)	100.00% (9/9)	—
欧亚国际学院	62.25% (442/710)	—	—	62.25% (442/710)
环境设计	55.88% (57/102)	—	—	55.88% (57/102)
视觉传达设计	36.36% (36/99)	—	—	36.36% (36/99)
土木建筑学院	86.63% (285/329)	—	82.91% (97/117)	88.68% (188/212)
建筑学	92.31% (36/39)	—	—	92.31% (36/39)
设计学	54.55% (6/11)	—	54.55% (6/11)	—

续表

就业单位性质	
就业性质分布	河南大学2023届，除其他企业外，本科毕业生主要进入国有企业、中初教育单位等单位就业，硕士毕业生相比本科毕业生有更多的机会进入高等教育单位、医疗卫生单位就业，博士毕业生主要进入高等教育单位就业
教育部门及其他单位（2023）	本科毕业生主要为其他人员、办事人员和有关人员、教学人员等职业。硕士毕业生主要为教学人员、办事人员和有关人员、工程技术人员，博士毕业生主要从事教学工作。 合作密切的企业：吉利汽车、河南安装集团、歌尔股份、东软集团、德邦物流、天宇科技、广联达科技、诺维赞生物科技、新时代医药、深圳乐有家集团
就业区域（2023）	本科毕业生主要在河南、广东、北京、浙江、上海等地就业，其中省内就业比例为61.26%。硕士毕业生主要在河南、广东、北京、江苏等地就业，其中省内就业比例为69.96%，硕士毕业生留省就业比例比本科生高8.70%。博士毕业生85.37%在省内就业

中国地质大学设计类专业毕业及就业概览见表2.32。

表2.32 中国地质大学设计类专业毕业及就业概览

中国地质大学					
截至2022年8月31日，中国地质大学2022届毕业生总计4213人，其中本科毕业生2068人，毕业研究生2145人（其中，硕士毕业生1954人，博士毕业生191人）					
珠宝学院（本科）					
专业	人数	落实率	专业	人数	落实率
宝石及材料工艺学	64	93.75%	产品设计	50	90.00%

珠宝学院（研究生）						
专业	硕士		博士		总计	
	人数	落实率	人数	落实率	人数	落实率
宝石学	21	95.24%	—	—	21	95.24%
材料工程	23	91.30%	—	—	23	91.30%
设计学	9	100.00%	—	—	9	100.00%
艺术设计	31	87.10%	—	—	31	87.10%

续表

就业单位性质	
就业性质分布	截至2022年8月31日，中国地质大学2022届毕业生毕业去向落实率为94.09%，深造率为31.07%
教育部门及其他单位（2023）	2022届国内升学的本科毕业生中，55.33%选择攻读本校研究生或第二学士学位，44.67%选择攻读外校研究生或第二学士学位，主要院校为：中国地质大学（北京）、中国科学院大学、北京师范大学、北京航空航天大学、北京大学、北京理工大学、北京交通大学、中山大学、浙江大学、同济大学、中国农业大学。 2022届签约毕业生到世界500强企业就业比例达35.98%，到中国500强企业就业比例达43.40%，比较热门的企业有：中国石油天然气集团有限公司、中国建筑集团有限公司、中国石油化工集团有限公司、中国海洋石油集团有限公司、中国核工业集团有限公司、紫金矿业集团股份有限公司、中芯国际集成电路制造有限公司、中国电力建设集团有限公司、中国移动通信集团有限公司
毕业生就业单位行业分布（2023）	2022届签约毕业生就业行业主要集中在地勘行业、工程行业、教育科研、能源行业、信息技术业、国家机构、制造业、服务行业、金融业、房地产业、农业以及传媒行业
就业区域（2023）	中国地质大学2022届签约毕业生就业地域主要集中在北京市（39.57%）、深圳市、天津市、上海市、西安市、广州市和杭州市

二、工业设计行业未来发展趋势及就业前景解读

1. 社会需求趋势

2018年至2023年，全国范围内工业设计专业的职位数量占比呈上升趋势，从2018年的0.386%上升到2023年的0.427%，这表明市场对工业设计专业人才的需求在增加。尽管职位数量占比在上升，但需求人数占比却呈缓慢下滑趋势，从2018年的0.472%下降到2023年的0.406%。这可能是因为某些岗位的招聘人数减少，或者招聘要求更加精细化。

从区域来看，长三角地区近年来的职位数量占比和人才需求占比趋势如下。职位数量占比为：2018年（0.452%）、2019年（0.480%）、2020年（0.411%）、2021年（0.448%）、2022年（0.433%）、2023年（0.470%）；人才需求占比为：2018年（0.553%）、2019年（0.447%）、2020年（0.414%）、

2021年（0.456%）、2022年（0.410%）、2023年（0.438%）。

从行业分布来看，在计算机、互联网、通信与电子行业从业的工业设计人才占比最高，达到38.60%，表明这一行业对工业设计人才的需求最大。其次是贸易、消费、制造与营运行业，占比达22.19%，需求也较为显著。第三为房地产与建筑行业，占比9.37%，需求相对较少。

2.国家战略性新兴产业需求

发展国家战略性新兴产业需要大量设计类人才，以工业设计为例，2018年至2023年，其职位需求数量占比呈上升趋势，从2018年的0.124%上升到2023年的0.195%。需求人数占比同样呈上升趋势，从2018年的0.153%上升到2023年的0.181%。这表明工业设计在新兴产业中的需求正在快速增长。长三角地区职位数量占比呈上升趋势，从2018年的0.132%上升到2023年的0.201%。

3.复合型人才培养需求

设计学及其相关专业需要复合型人才。产品设计与工业设计的同步性最高，招聘工业设计职位的同时招聘产品设计的比例为94.545%，需求人数比例为95.129%。艺术设计学，招聘比例为18.717%，需求人数比例为19.418%。智能交互设计招聘比例为10.368%，需求人数比例为13.777%。设计学相关学生可以与产品设计等高相关度专业整合发展，学习艺术设计学、智能交互设计等相关课程，将自己培养为复合型人才。

4.招生情况及就业竞争

全国招生方面，本科招生人数占比从2019年至2023年呈缓慢下滑趋势，从2019年的0.186%下降到2023年的0.158%。工学学科招生比例同样呈下滑趋势，从2019年的0.815%下降到2023年的0.629%。在上海市，本科招生人数占比自2019年至2023年呈缓慢上升趋势，从0.329%上升到0.414%。就业竞争压力预计：2028年供需之间差距变化不大，毕业生竞争压力变化不大。2028年全国工业设计专业应届毕业生的需求量预计为32477人，上海市约为2500人。

5.未来发展趋势及就业前景总结

（1）行业需求稳定增长

尽管全国范围内设计专业的需求人数占比有所下降，但职位数量占比在上升，表明市场对设计人才的需求依然稳定增长。国家战略性新兴产业对设计的需求显著增加，未来几年这一趋势将持续。

（2）区域需求差异

长三角地区的需求占比有所下滑，但该地区的战略性新兴产业需求仍在增长。上海市的需求占比下降，但本地高校的招生人数占比在上升，表明本地高校的培养能力在增强。

（3）复合型人才培养

未来设计行业将更加注重复合型人才培养，尤其是与产品设计、艺术设计学、智能交互设计等专业的交叉融合。高校应加强相关课程的设置，提升学生的综合能力。就业竞争压力：尽管变化不大，但毕业生仍需提升自身竞争力，尤其是在新兴领域和复合型技能方面。

第三章

典型设计岗位技能要求

一、设计岗位软件技能基础

随着20世纪80年代工业软件的发展流行，设计师们摆脱了手绘图纸的束缚，转而在计算机上完成设计，使效率得到极大提高。

通常工业类软件按照功能可分为三大类，即CAD（计算机辅助设计）、CAE（计算机辅助工程）与CAM（计算机辅助制造），统称为计算机辅助技术(computer aided technology)。这三类软件是如今工业行业必不可少的软件，在飞机制造、汽车制造和造船等大型制造业，机械、电子、轻纺和服装等产品制造业以及建筑等工程项目中得到广泛应用。

（一）CAD（计算机辅助设计）软件

涉及用计算机建模、绘图等领域，凡是与此相关的软件，均可归于此类。CAD功能可分为四大类：数字建模、工程分析、动态模拟和自动绘图。一个完整的CAD系统应由人机交互接口、科学计算、图形系统和工程数据库等组成。

简而言之，CAD软件就是让设计师能够在计算机上画图的软件，可以说，CAD软件的出现彻底解放了设计师们手中的作图工具，以往通过手工绘制的图纸可以放在计算机上来完成，极大减轻了设计人员的工作量，同时也大大提高了产品的研发效率。

1. SolidWorks

SolidWorks是达索系统旗下的一个品牌，致力于开发和销售计算机辅助设计、计算机辅助工程、3D CAD协作和分析，以及产品数据管理软件（图3.1、图3.2）。

图3.1 SolidWorks计算机辅助软件

图3.2 SolidWorks界面展示

SolidWorks是一款十分强大的三维机械设计软件，也是一款集3D CAD、分析和产品数据管理等功能于一身的系统，由于其强悍的功能性，经常被人们用于工业设备零件、钣金与焊接设计、工程制图建模、机械模型设计等行业领域，用户通过它可以快速地设计出所需要的产品模型，大大提高了工作效率并减少了人工成本。其特点和功能见表3.1。

表3.1 SolidWorks特点和功能概览

主要特点和功能	
三维CAD	SolidWorks是世界上第一个基于Windows开发的三维CAD系统，支持工程师创建复杂的机械零件和整体设备
功能模块	包括草图绘制、建模、装配体、工程图、钣金、焊接、模具、曲面和管道等模块，适用于从初步设计到详细工程图的整个产品开发流程
易用性	软件界面友好，操作简单，支持Windows系统，使得用户能够快速上手并高效完成设计任务

续表

主要特点和功能	
协同工作	支持通过互联网进行协同工作，利用eDrawings共享CAD文件，以及通过3D Meeting实现实时远程协作
数据处理	支持直接处理网格数据，提供更多的数据灵活性，使得设计过程更加高效便捷

2. Creo（Pro/E）

Creo（全称Creo Parametric，旧称Pro/E）是由美国PTC（Parametric Technology Corporation）公司推出的一款集CAD/CAM/CAE于一体的三维设计软件，是首个运用“参数化设计”“实体造型”“特征导向”思想的三维设计软件（图3.3、图3.4）。

其功能及优势见表3.2。

图3.3 Creo计算机辅助软件

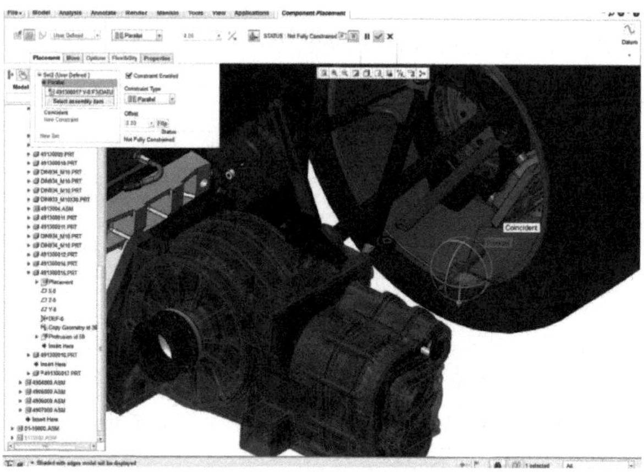

图3.4 Creo界面展示

表3.2　Creo功能及优势概览

Creo软件功能	
建模	支持复杂的曲面设计、实体建模和参数化设计，可以创建复杂的几何形状，提高设计效率
装配	通过智能装配功能，工程师可以管理和组织零部件，提高装配效率，减少错误和重复工作
工程分析	Creo集成了先进的工程分析工具，如有限元分析（FEA）、流体动力学分析、优化设计等，有助于在设计阶段预测产品的性能，从而优化设计方案，提高产品质量
制造支持	Creo提供了全面的制造支持，包括数控编程、工艺规划、刀具路径生成等，确保设计的可行性和制造效率
协同设计	Creo支持多人协同设计，允许团队成员在不同的地理位置进行实时沟通和协作，缩短产品开发周期
Creo优势	
参数化设计	Creo以参数化建模著称，适合需要频繁修改设计参数的应用场景，如机械设计和工程领域。参数化设计允许设计师通过改变参数快速调整设计，适合复杂装配和迭代设计
集成化	Creo提供了一整套设计、仿真、制造和数据管理工具，支持从概念到制造的整个产品开发流程
扩展性	Creo拥有丰富的扩展模块，如Creo Parametric、Creo Direct、Creo Simulate等，可以根据需要选择不同的模块进行工作
适用性	Creo适用于需要精确尺寸和参数控制的产品设计，如汽车、电子、消费品等行业

（二）CAE（计算机辅助工程）软件

CAE属于模拟仿真技术，主要通过构造准确描述研究对象的某一过程或者属性的数学模型，并利用合适的求解方式，设置合理的边界条件和初始条件，得到研究对象的某一过程或属性的求解结果，进而预测可能产生的问题和发展趋势，提出科学、合理的对策、建议和方法。CAE软件的出现，极大程度地缩短了产品的研发周期。

1. COMSOL

COMSOL Multiphysics是COMSOL公司于1998年发布的旗舰产品，提供多个辅助工具，为工程人员提供了验证、优化设计和仿真app部署的一体化解决方案，进一步提升了仿真平台的功能应用（图3.5～图3.7）。COMSOL拥有30余个针对不同应用领域的专业模块，涵盖力学、电磁场、流体、传热、化工、MEMS、声学等，以及一系列与第三方软件的接口软件，其中包含常用CAD软件、MATLAB和Excel等的同步链接产品，使得COMSOL软件能够与主流CAD软件工具无缝集成。COMSOL产品主要面向技术型企业、研发中心、国家实验室以及高等院校的广大工程师和科研人员。通过模拟真实世界中的多物理场现象，帮助工程师开发出更好的技术和产品。其功能概览见表3.3。

COMSOL

图3.5　COMSOL计算机辅助软件

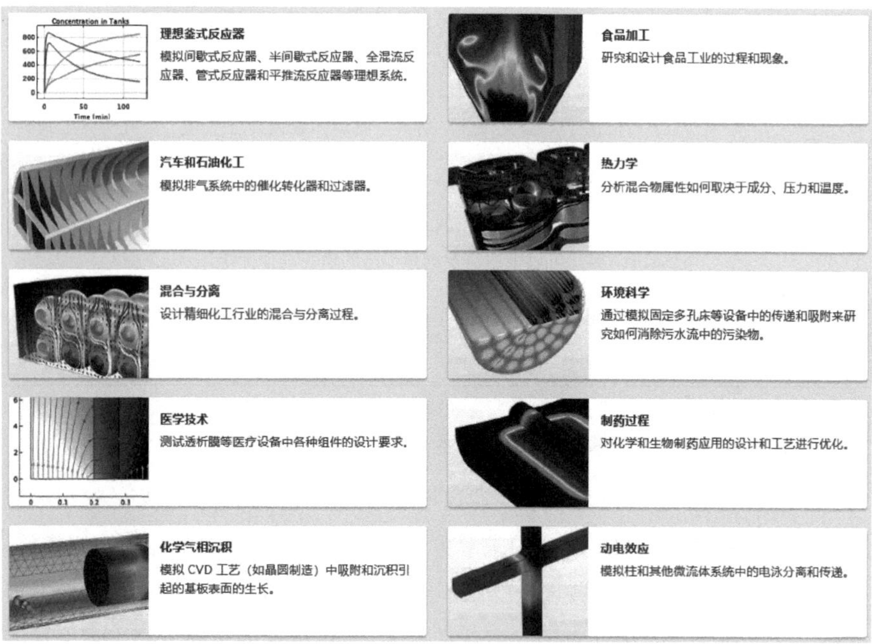

图3.6　COMSOL界面展示

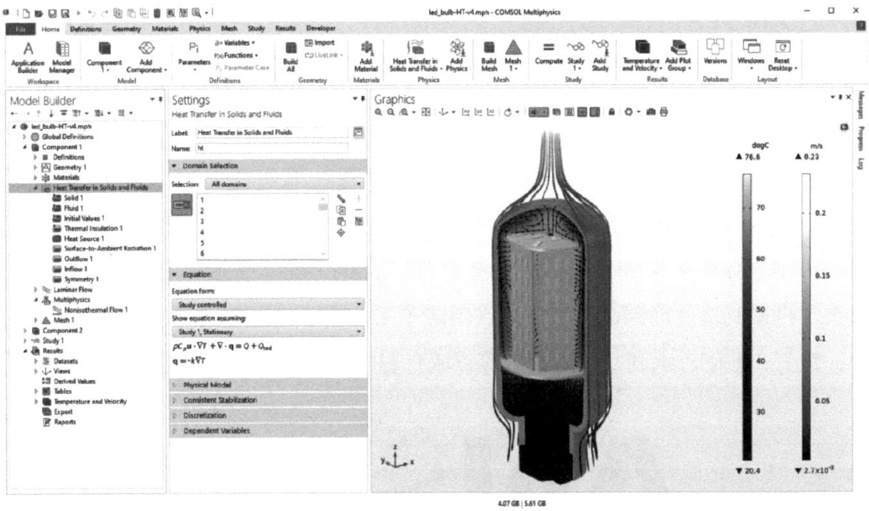

图3.7　COMSOL界面展示

表3.3　COMSOL功能概览

软件功能	
多物理场耦合仿真	COMSOL Multiphysics提供了大量的物理场模拟功能，包括多物理场功能。通过添加针对特定应用的模块，用户能够利用电气、机械、流体流动和化工等应用领域的专业工具来增强模拟能力。软件内置了多种物理场接口，如结构分析、层流、声压、稀物质传递、静电、电流、传热和焦耳热等，用户可以根据需要选择并定义物理场之间的相互关系
方程定义与求解	对于没有预定义物理场选项的仿真，用户可以通过定义方程来根据第一性原理进行仿真。软件自带的偏微分方程（PDE）模板支持用户轻松模拟二阶线性或非线性方程组，并可以通过叠加方程来求解高阶微分方程。用户还可以进一步将基于方程的工具与COMSOL Multiphysics预置的物理场或任意附加模块组合，进行全耦合和定制化分析
建模与分析	软件提供了图形化的有限元仿真界面，基于模型树的流程化操作界面提高了用户的建模分析效率。内置丰富的模型库和详细说明文档，用户可轻松选择并进行必要的修改。支持全面导入主流CAD文件或双向同步建模，方便用户进行复杂的几何建模。自动或手动进行结构化/非结构化网格剖分，支持移动网格、自适应网格，确保仿真的精确性
后处理功能	COMSOL Multiphysics提供了强大的后处理功能，包括MATLAB分析、CFD post后处理出图等。用户可以根据需要自定义后处理流程，提取所需的数据和结果，进行进一步的分析和可视化处理

2. ANSYS

ANSYS软件是美国ANSYS公司研制的大型通用有限元分析（FEA）软件，是世界范围内增长最快的计算机辅助工程（CAE）软件，能与多数计算机辅助设计（CAD）软件对接，实现数据的共享和交换，如Creo、NASTRAN、Algor、I-DEAS、AutoCAD等（图3.8、图3.9）。它是集结构、流体、电场、磁场、声场分析于一体的大型通用有限元分析软件。在核工业、铁道、石油化工、航空航天、机械制造、能源、汽车交通、国防军工、电子、土木工程、造船、生物医学、轻工、地矿、水利、日用家电等领域有着广泛的应用。其功能概览见表3.4。

图3.8　ANSYS计算机辅助软件

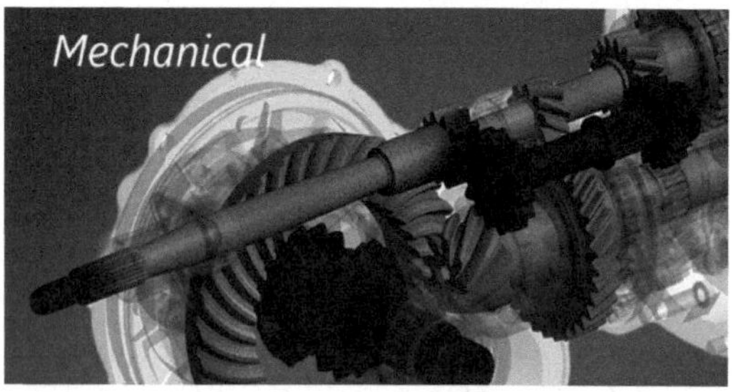

图3.9　ANSYS界面展示

表3.4　ANSYS功能概览

软件功能	
前处理模块	提供了一个强大的实体建模及网格划分工具，用户可以方便地构造有限元模型
分析计算模块	包括结构分析（可进行线性分析、非线性分析和高度非线性分析）、流体动力学分析、电磁场分析、声场分析、压电分析以及多物理场的耦合分析，可模拟多种物理介质的相互作用，具有灵敏度分析及优化分析能力
后处理模块	可将计算结果以彩色等值线显示、梯度显示、矢量显示、粒子流迹显示、立体切片显示、透明及半透明显示（可看到结构内部）等图形方式显示出来，也可将计算结果以图表、曲线形式显示或输出

3.Abaqus

Abaqus是一套功能强大的工程模拟有限元软件，其解决问题的范围涵盖从相对简单的线性分析到许多复杂的非线性问题（图3.10、图3.11）。Abaqus包括一个丰富的、可模拟任意几何形状的单元库。它拥有各种类型的材料模型库，可以模拟典型工程材料的性能，其中包括金属、橡胶、高分子材料、复合材料、钢筋混凝土、可压缩超弹性泡沫材料以及土壤和岩石等地质材料。作为通用的模拟工具，Abaqus除了能解决大量结构（应力/位移）问题，还可以模拟其他工程领域的许多问题，例如热传导、质量扩散、热电耦合分析、声学分析、岩土力学分析（流体渗透/应力耦合分析）及压电介质分析。其功能概览见表3.5。

图3.10　Abaqus计算机辅助软件

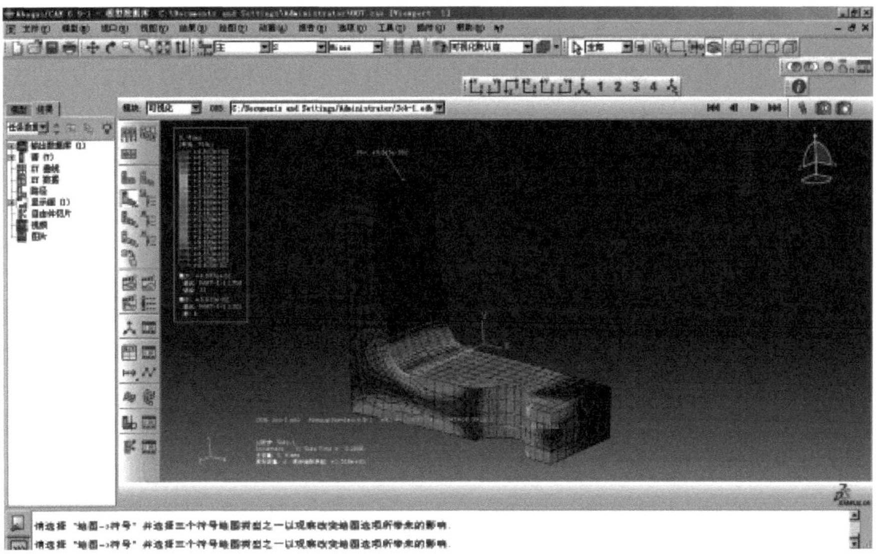

图3.11　Abaqus界面展示

表3.5　Abaqus功能概览

软件功能	
建模与网格划分	Abaqus提供了丰富的建模工具和功能，支持复杂几何形状的创建和编辑。同时，它采用了智能网格划分技术，能够根据模型的几何形状和分析需求自动生成高质量的网格
材料模拟	支持复杂材料的建模，包括金属、复合材料、橡胶等。它能够模拟这些材料的非线性行为，如塑性、超弹性、黏弹性等
分析类型	支持多种分析类型，包括静态分析、动态分析、热分析、疲劳分析等。这些分析类型涵盖了工程领域中的大部分问题，能够满足用户的不同需求
多物理场耦合分析	支持多种物理场的耦合分析，如结构-热、结构-流体、热-流体等。这使得用户可以更加准确地模拟复杂的工程问题，深入了解不同物理场之间的相互作用和影响
后处理功能	Abaqus提供了强大的后处理功能，用户可以通过多种方式展示分析结果，如云图、等值线图、动画等。这些可视化效果使得用户能够更加直观地理解分析结果，发现模型中的潜在问题和优化方向

（三）CAM（计算机辅助制造）软件

计算机辅助制造(computer aided manufacturing，CAM)是指利用计算机系统对机床等生产设备进行管理与控制。例如，在产品的制造过程中，用计算机控制机器的运行，处理生产过程中所需的数据，控制和处理材料的流动以及对产品进行检测等。CAM技术可以提高产品质量，降低成本，缩短生产周期，提高生产率和改善劳动条件。

1.UG

UG（Unigraphics NX）是Siemens PLM Software公司出品的一个产品工程解决方案，它为用户的产品设计及加工过程提供了数字化造型和验证手段（图3.12、图3.13）。Unigraphics NX针对用户的虚拟产品设计和工艺设计需求，以及各种工业化需求，提供了经过实践验证的解决方案。其功能概览见表3.6。

图3.12　UG计算机辅助软件

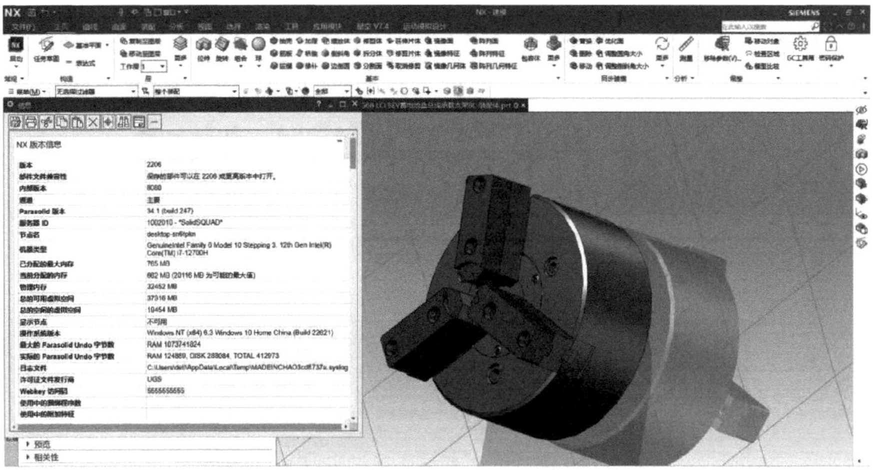

图3.13　UG界面展示

表3.6　UG功能概览

软件功能	
三维建模	UG支持高级的三维建模功能，能够创建复杂的形状和几何体，方便用户进行产品设计和机械加工仿真
数控编程	用户可以通过UG软件轻松进行数控编程，优化切削路径，从而提升加工效率和产品质量。UG的CAM模块支持多轴加工，提供了多种加工策略和算法，帮助用户优化切削路径，提高材料去除率，减少加工时间，并延长刀具寿命
仿真分析	UG具有强大的仿真能力，能够对产品及其开发过程进行数字化仿真、确认和优化。通过仿真功能，用户可以在实际加工之前预见并修正潜在的错误，提高安全性和可靠性
数据集成	UG软件支持与其他企业系统的整合，如ERP、PDM等，使得工程数据管理更为高效

2. Alias

Alias，Autodesk Alias（前称为Alias StudioTools）的简称，是Autodesk公司旗下的计算机辅助工业设计软件，支持从平面创意草图绘制到高级曲面的构建（图3.14、图3.15）。有着极高的自由度，可以对构建的曲面、曲线上的点进行细致雕琢，提供极高质量的造型曲面。在汽车、船舶、摩托车、飞机、运动器材和时尚用品等高端造型设计领域中广泛运用。其功能概览见表3.7。

图3.14 Alias计算机辅助软件

图3.15 Alias界面展示

表3.7 Alias功能概览

软件功能	
草图绘制	Alias软件支持直接的草图绘制，也提供图片载入功能，方便设计师通过草图直接正向构建可视化模型
建模功能	Alias软件具有强大的建模功能，包括曲线建模、直接建模和编辑等。设计师可以使用这些工具创建复杂的三维模型，并进行点的细致雕琢
曲面设计	Alias软件提供了丰富的曲面设计工具，包括实时评估、诊断上色、动态曲面评估等。这些工具可以帮助设计师对构建的曲面进行精确的控制和优化
可视化工具	Alias软件支持简单的贴图材质渲染，同时可以无缝对接其他可视化软件（如Vred），进行系统的可视化渲染，制作商用级别效果图

（四）CAD/CAE/CAM软件对比

见表3.8。

表3.8　软件对比

软件类型		主要功能
CAD	SolidWorks	3D建模与装配 工程图生成 仿真分析 数据管理协作
	Creo（Pro/E）	3D参数化建模 工程分析与仿真 数据管理与可视化 制造支持
CAE	COMSOL	多物理场耦合仿真 方程定义与求解 建模与分析 后处理模块
	ANSYS	有限元前处理 多物理介质分析 后处理模块
	Abaqus	建模与网格划分 材料模拟 多物理场耦合分析 后处理模块
CAM	UG	三维建模 数控编程 仿真分析 数据集成
	Alias	草图绘制 复杂三维建模 曲面设计 可视化渲染

（五）平面类软件及专业趋向性强的软件

1. 工业设计

工业设计平面类软件概览见表3.9。

表3.9　工业设计平面类软件概览

软件		主要功能
Photoshop（PS）		图像编辑修复 图层合成管理 色彩精细调整 视频编辑处理
Illustrator（AI）		矢量图形设计 复杂路径编辑 排版与文字处理 图形效果应用
CorelDRAW(CDR)		矢量图形绘制 文本高级排版 图像效果处理 多格式输出导入

2.交互设计

交互设计平面类软件概览见表3.10。

表3.10　交互设计平面类软件概览

软件		主要功能
Figma		UI/UX设计创作 实时团队协作编辑 原型交互制作 组件系统复用
Sketch		矢量图形设计 UI/UX设计创作 插件扩展功能 实时团队协作 多格式导出优化
Adobe XD		UI/UX设计创作 交互式原型制作 实时团队协作

3.视觉传达设计

视觉传达设计平面类软件概览见表3.11。

表3.11　视觉传达设计平面类软件概览

软件		主要功能
InDesign		复杂版面排版 交互式文档制作 多页面管理
Affinity Designer		矢量图形设计 像素图编辑处理 实时效果预览 多格式兼容导出
Axure RP		原型设计创建 交互逻辑定义 流程图绘制 团队协作标注 规格文档生成

4.服装设计

服装设计平面类软件概览见表3.12。

表3.12　服装设计平面类软件概览

软件		主要功能
Marvelous Designer		三维服装设计 布料动态模拟 材质纹理编辑 多层布料设计
CLO Standalone		三维服装设计 布料物理模拟 材质纹理模拟 实时设计调整
Style3D		三维服装仿真设计 AI辅助创意生成 面料数字化管理 样衣虚拟展示

5.动画设计

动画设计平面类软件概览见表3.13。

表3.13 动画设计平面类软件概览

软件		主要功能
Adobe Character Animator		实时角色动画捕捉 角色创建与自定义 面部表情与身体动作追踪 自动唇形同步与语音动画 多角色互动与协作动画
Autodesk Maya		三维建模与编辑 角色动画与绑定 高级渲染与材质编辑 特效与模拟技术 后期处理与合成
3DS Max		三维建模与编辑 渲染引擎 动画与特效制作 材质纹理编辑 灯光与摄影机模拟 动力学与布料模拟

6.室内设计

室内设计平面类软件概览见表3.14。

表3.14 室内设计平面类软件概览

软件		主要功能
AutoCAD		二维绘图与编辑 三维建模与渲染 标注与文字注释 图层管理与属性设置 数据交换与文件输出

续表

软件		主要功能
SketchUp		3D建模与编辑 可视化与渲染 插件扩展与应用 协作与共享 材质与灯光调整
Revit		三维建模与编辑 参数化设计 协同合作 数据管理与分析 可视化效果

二、创新思维与设计理念

（一）色彩理论

在设计中，颜色的运用堪称最为主观且关键的因素之一。不同的文化、习惯乃至个人偏好，可能导致同一种颜色激发某人一种特定反应，而在另一人身上则引发截然相反的效果。

色彩理论融合了科学与艺术的精髓，对于设计师而言，深入理解颜色对大众普遍产生的影响，是一项极具价值的专业技能。

1.原色（色彩的加减法）

原色指所有颜色的基本色，基本色是不能通过其他色彩的混合调配得出的。

① 色光的三原色(RGB)：红色、绿色、蓝色，用于计算机、电视等屏幕显示；在Photoshop中，采用色彩的加法，在黑色背景基础上着色100%R、100%G、100%B，并将图层模式改为线性减淡（添加），让不同的色光混合得越来越亮。可以发现，三种原色相加后混合为不同的色彩，中心为白色，如图3.16所示。

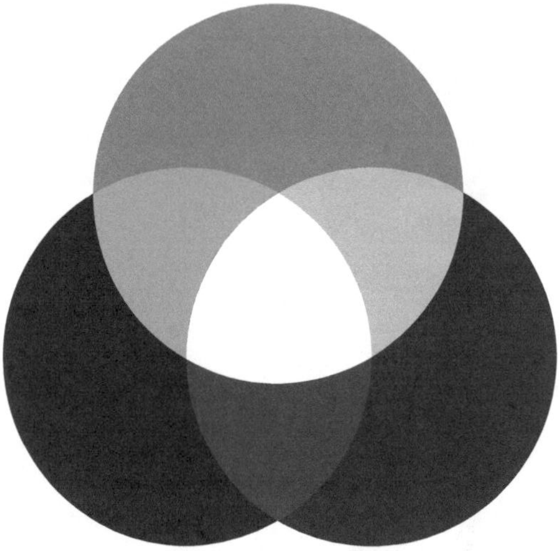

图3.16　色光的三原色

② 色彩的三原色(CMY)：品红、黄、青，即我们常说的“红黄蓝”。主要指彩色印刷物所用的色彩模式，这种方式采用色彩的减法理论进行混色。在Photoshop中，采用色彩的减法，在白色背景基础上着色100%C、100%M、100%Y，并改为正片叠底模式，三原色混合则越来越暗，三种原色相加后混合为不同的色彩，中心变为黑色，如图3.17所示。

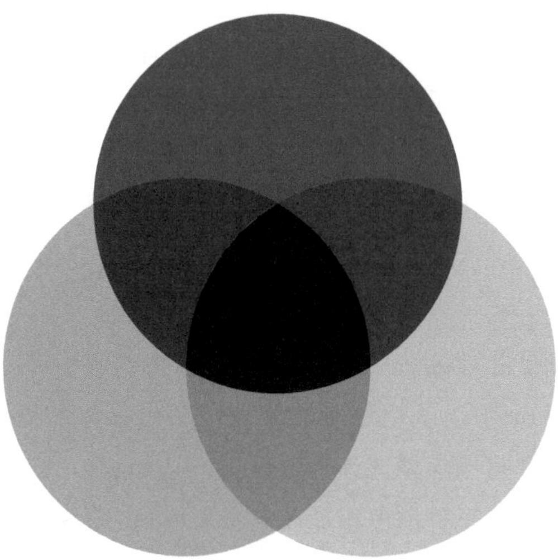

图3.17　色彩的三原色

2.两种色环

图3.18（a）的色环实际来源于原色的色彩加法，三个主色分别为RGB；而图3.18（b）的色环实际来源为色彩减法，三个主色分别为CMY。

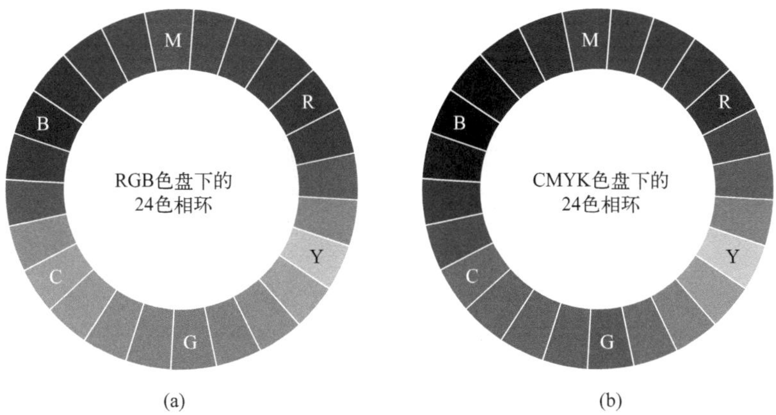

图3.18　两种24色相环

而主色与主色之间的颜色，以黄色为例，在RGB色系中，黄色即为R和G两种主色等比例通过加法原则混合而成，这种两两混合而成的中间颜色，我们称为二次间色。与黄色相邻的其他两种颜色如橙色和草绿色，以橙色为例，它由黄色和红色等比例混合而成，这种由含有二次色混合而成的颜色，称为三次间色。通过原色、二次间色、三次间色的组合，即形成了基本十二色色环，更多色的色环则以此类推。

3.色彩的三个属性：色相、明度、饱和度

色彩的三个基本属性是色相、明度和饱和度。计算机调色不需要买一堆颜料，而是通过这三个基本属性控制不同的颜色走向。

（1）色相

色相相当于色彩的名字，用以区别各种不同的色彩。色相是色彩的首要特征，人眼区分色彩的最佳方式就是通过色相实现的。如图3.19是色彩减法构成的CMYK色环。

（2）明度

明度，指色彩的明亮程度。从图3.20可以明显地看出左边的圆比较暗，

明度偏低，右边的圆比较亮，明度偏高。灰度模式下，明度最高的颜色是白色，明度最低的颜色是黑色。明度会表现在黑、白、灰及各种色彩中。

不同的色彩体系中，对明度色阶级数的定义也不一样，比如：美国孟塞尔色彩体系、德国奥斯特瓦尔德色彩体系和日本色研配色体系中对明度色阶级数的定义均不同。

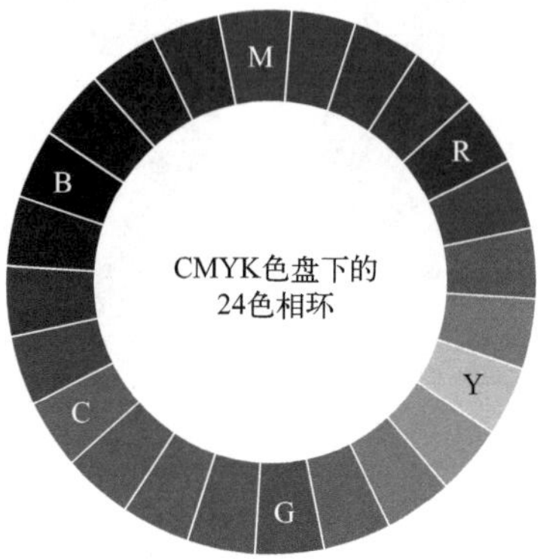

图3.19 24色相环

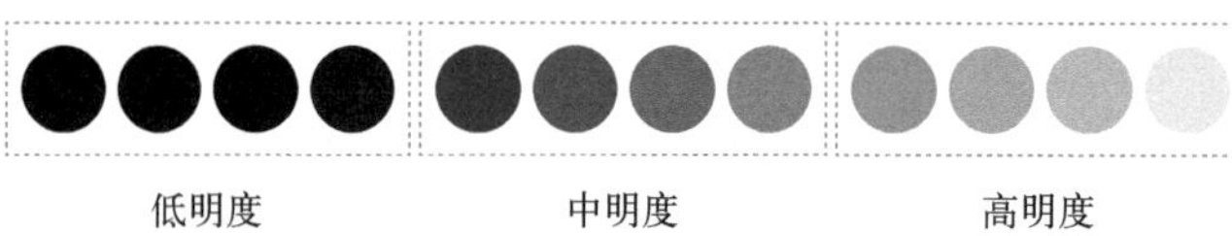

图3.20 低、中、高明度

（3）饱和度

饱和度，指色彩的鲜艳程度，也称作纯度。如图3.21，左边圆中的绿色含量较多，饱和度高，右边的圆中绿色含量较少，饱和度低。当某种色彩中所含的色彩成分多时，其色彩就呈现饱和（色觉强）、鲜明效果，给人的视觉印象会更强烈。反之，当某种色彩中所含的消色成分多时，色彩便呈现不饱和（色觉弱、灰度大）状态，色彩会显得暗淡，视觉效果也随之减弱。

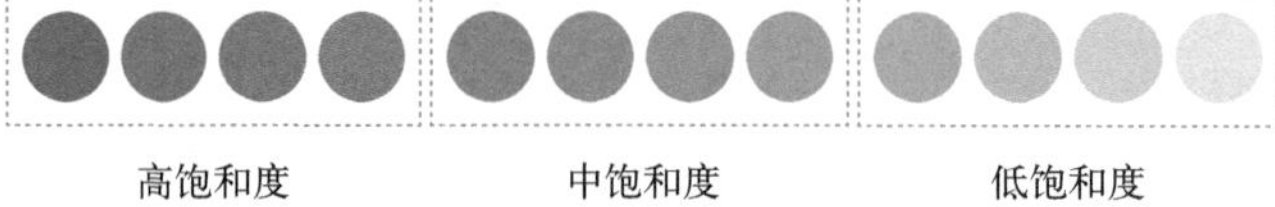

图3.21 高、中、低饱和度

（二）排版原理

1.字体选择

在进行字体选择时，需要考虑到设计的风格和品牌形象，同时也需要考虑到字体的可读性和易于理解性，以及字体的版权和授权问题（图3.22）。

2.空间运用

通过合理分配和利用排版元素之间的空间，来达到排版整齐、平衡、美观、易于阅读和理解的效果。在进行空间运用时需要注意保持一致的排版风格和品牌形象，同时注意排版元素之间的比例、间距和对齐方式，以保持整体的平衡和和谐（图3.23）。

图3.22　字体选择的应用

图3.23　空间运用的应用

3.对齐方式

对齐是设计中非常重要的一种技巧，通过将不同元素在某一方向上保持一致的位置关系，可以让设计显得整洁有序。常见的对齐方式包括左对齐、右对齐、水平对齐和垂直对齐等（图3.24）。

4.简洁性

简洁性排版通常采用大量留白、简单明了的字体和颜色，以及清晰的对齐方式来实现。它能够有效地传达信息，提高设计的可读性和美感（图3.25）。

图3.24　对齐方式的应用

图3.25　简洁性的应用

5.比例与缩放

通过合理的比例和缩放来调整排版元素的大小和比例，以达到设计整体平衡、美观和易于阅读的效果。在进行比例与缩放时，需要注意保持整体的比例和平衡，避免出现排版元素之间大小不一致、比例失衡的情况（图3.26）。

6.对比度

对比度排版是一种注重排版元素之间对比度的设计风格。通过使用大量对比强烈的排版元素，如颜色、字体、大小等，来突出重点信息，增强设计的视觉吸引力和效果。对比度排版可以使设计更加醒目、易于阅读和记忆（图3.27）。

图3.26　比例与缩放的应用

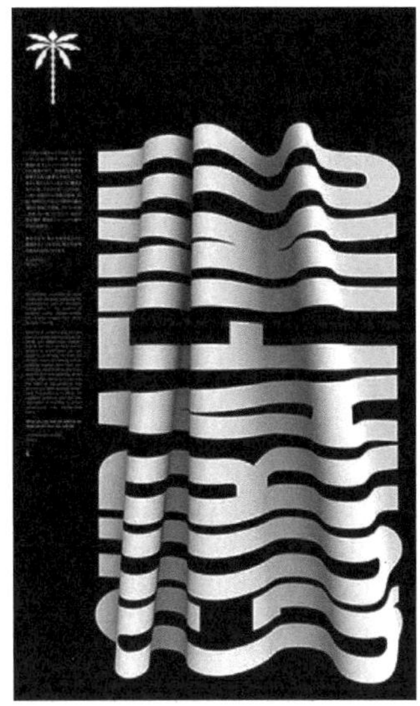

图3.27　对比度的应用

7.重复性

重复性排版可以提高设计的美感、可读性和品牌识别度。在进行重复性排版时，需要注意保持一致的排版元素和样式，例如字体、颜色、对齐方式等（图3.28）。

图3.28　重复性的应用

（三）用户研究方法论

用户研究是指通过系统性的方法和技术，对用户的需求、行为、态度和反馈进行深入的调查和分析，以便更好地理解用户，优化产品、服务或系统的设计和交互体验的过程。用户研究旨在帮助产品经理、开发人员和决策者更好地理解他们的目标用户，以便做出更有针对性的设计和业务决策，以提高用户满意度、产品质量和商业成功率。

1. 用户研究方法的三个维度分析

（1）研究内容的维度：研究用户态度（attitudinal user research）和研究用户行为（behavioural user research）

简单说就是对比“用户怎么说”和“用户怎么做”。用户态度研究被广泛应用于市场调研，其目的是理解或评估用户对于某个产品的态度，从定性的角度收集用户的想法、感觉、需求、态度和动机。

由于自觉意识（self-consciousness）的存在，人们会在意其他人对自己的看法，不想被其他人看穿，所以人们会说谎；由于羊群行为（herd behaviour）的存在，人们倾向于从众，展示共性并隐藏个性，而这往往也是通过说谎或只说部分真相的方式表现。

这就导致我们在做态度研究的时候，如何降低谎言出现的概率、如何识别谎言、如何修正谎言，以及如何让参与者说出全部的想法，就显得非常重要。但是往往在商业实践中，某些产品经理或用户研究人员会认为“用户说的都是真话”。更荒谬的是，还会根据用户说的话去做决策。

用户行为研究主要应用于可用性研究，其目的是通过用户与服务/应用/网站等之间的量化交互数据，理解或评估用户的真实行为。常用研究方法举例如下。

① 卡片分类法（card sorting）。

提供用户对于某些信息的心智模型（mental model），从而得出这些信息在产品中展示的最佳架构（best information architecture），比如展示位置、表达文案、信息分类和聚类等，帮助设计者做决策。

常见问题：卡片中展示的信息本身是有误的；参与者不是产品的真实用户，而是产品设计人员；依据分类后结果做设计的时候，没有考虑人因学

(human factors)因素；只考虑了用户分类的结果而忽视了用户是基于怎样的心智模型才这样分类的。

② 统计调查（survey）。

对于用户自己上报的信息做评估和分类，帮助追踪或定位产品中的重要问题，比如产品bug、某些服务问题或某些不合理的产品设计等比较明显的问题。

常见问题：线上的调查问卷应该有且仅有一个目标，即提高响应率(response rate)。低响应率可能会产生误导性的发现，因为它们是基于高度忠诚的用户的偏见样本而不是大多数用户；为了让更多人完成，问卷应该问题少、回答所需时间短、问题简单、需要通过可用性测试；实践中，要避免调查膨胀(survey bloat)的问题，即不同团队的成员都想在同一份调查问卷中问他们各自关心的问题，从而导致整个问卷非常臃肿，进而导致问卷没有结果或得到错误的结果。

③ 焦点小组（focus group）。

探索一组用户优先考虑意识（top-of-mind awareness），了解用户对于品牌和产品的第一想法。可以用于探索用户需求或对于系统的改进意见，但不能用于可用性测试，不能用于测试UI等。

常见问题：正常配置为1个主持人，6～9个用户，2小时，一般要做多组试验。很多团队做焦点小组往往人数过多，且只做一组试验。用户说的和用户做的是有差异的，所以观察用户是焦点小组的重要辅助手段。主持人播放示例（demo），好于让各个用户实操，因为焦点小组要探索群体意见而非个人意见；但是看demo与实操还是不同的，因为看demo的话用户不需要想下一步要干什么。小心“滑窗口还是滑内容(windowing and scrolling)”类问题，比如用户在看一份很长的文件，从上往下一行一行地看，这时候鼠标滚轮是向上滑（滚动窗口）还是向下滑（滚动内容）比较好？实际操作中，多数人习惯于滚动窗口；但是没接触过电脑的人会认为滚动内容的方法比较好。小心“研究员偏见”，即选参与者的时候是带有偏见的，会倾向于某类人；比如如果是通过电子邮件找到的参与者，则这些人对电脑的感兴趣程度会高于平均水平，他们的参与程度（involvement）也会更高。

④ A/B test。

对比不同方案的优劣，这个是大家比较熟悉的研究方法。

优势：真实使用环境中的真实用户行为；能够测量出很小的差异，比如两种设计方案的数值只差1%，但是这1%在统计学上的显著性可以非常高；有一些设计指南和研究发现并不适用于某些特定群体，可以通过A/B test方法找到适合自己用户的设计方法；便宜。

限制与误用：A/B test最大的限制在于，我们只知道用户的行为具体是怎样的，但是不知道用户的行为为什么是这样的，因为缺少了对用户真实行为的观察；且很难判断这种行为对于整体商业价值来说是好事还是坏事。现如今，A/B test已经成为了一些产品经理的背锅侠了，“我也不知道哪个方案好，我们A/B test一下吧！”

⑤ 眼动追踪(eyetracking)。

了解用户如何在视觉上与产品的设计进行交互，简单说就是知道用户在使用不同功能、获取不同信息的时候，眼睛在看哪儿。

常见问题：其实最常见的问题就是从业者忽略了眼动试验，业界的刻板偏见是眼动试验成本高、效果差。但是其实现在眼动设备并不贵，条件限制的话找公司的同事做测试也可以。如果预算实在有限，可以看这个报告*How People Read Online Report*。报告非常详尽地论述了很多变量（比如文化、文字、排版等）对于视觉动线的影响。

（2）研究方法的维度：质化研究和量化研究

质化研究(qualitative research)用于回答Why & How的问题：为什么要解决某个问题？如何解决此问题？

特点：基于对用户的直接观察，得出用户的行为或态度的数据；通常研究人员在直接观察用户行为的时候，有机会向用户问问题，从ABCS的角度探索用户行为，并了解用户做某些事情的真实动机，把冰冷的数据和真实的人情联系起来。

量化研究(quantitative research)用于回答How many & How much的问题。

特点：基于数据、量表和分析工具等间接的方法，得出用户的行为或态度的数据；容易收集到大量数据，容易做数据分析，容易发现某些实验中非常细微的数据差异。

（3）使用背景的维度

① 自然状态或接近自然状态使用。

没有人工干预；且用户处于真实的生活/工作等环境中，而非实验室环境。一般在这种状态下，可以最小化“研究本身对用户的影响”，从而得出最接近用户真实生活状态的行为或态度数据。

被观察者一定会被观察者影响到，在用户做出选择或者判断时，很容易因被观察与否而影响结果。

田野调查、民族志等质化研究中不可避免地发生观察者偏差(observation biases)，学术界也在想办法解决这个问题，即如何让被观察者处于自然状态或接近自然的状态，但这是非常困难的。

② 用户在按照脚本使用产品。

用户：处于被观察的状态；通常不处于自己平时生活的环境中；被要求按照脚本使用产品，不同研究中，脚本的颗粒度不一样。

当我们需要聚焦于产品在某个特定方面的应用，或者产品中某个特定功能的时候，让用户照本宣科地使用产品就会极大地提升效率，比如电商行业再设计后的更简易的下单流程，以及贷款产品的“进件”流程等。脚本的颗粒度可以很精细，也可以很粗糙，取决于研究人员的目的。比如benchmarking study的脚本就写得非常详细，这样才能得出一个完善当前产品的可用性基准。

③ 用户没有在使用产品本身。

往往是一些更宽泛的可用性问题，而非产品定位问题。比如研究用户的心智模型、文化行为（cultural behaviors，是指人类后天习得的行为，比如抽烟；而非与生俱来的行为，比如啼哭）等。

④ 存在多种情况的（hybrid/ combination）。

上述几种情况中某两种或多种混合，比如参与式设计（participatory design)，即用户参与到设计过程中，他们可以重新排列设计元素，从而了解他们是如何解决问题的，以及为什么做出某个决定。其中的部分时间，用户是在“按照脚本使用”的场景中，部分时间是“用户没有在使用产品本身”。

2.不同产品开发阶段的用户研究方法

可以大致把产品开发分为三个阶段：

（1）战略阶段

商品开发的最初阶段，用户需求和商业目标还没有清晰的定义，此阶段的用户研究工作应聚焦于产生新的想法和探索未来的发展机会。

在这个阶段，用户研究的方法是很多样的，常用的有：田野研究（field studies）、日记研究（diary studies）、统计调查（surveys）、数据挖掘（data mining）、数据分析（data analytics）。

（2）执行阶段

此阶段已经大概知道了要做什么事以及如何做，此阶段的目标是不停地改进设计方向。在执行阶段，用户研究的目标是获取更多的信息以辅助研究人员做判断，从而优化设计、降低风险、提升可用性。

在这个阶段，应主要采用质化研究，常见的有：卡片分类（card sorting）、田野研究（field studies）、参与式设计（participatory design）、纸质原型（paper prototype）、可用性研究（usability studies）和期望研究（desirability studies）。

（3）评估阶段

在这个阶段，产品不仅可以正常使用，而且已经有了一定量的用户，可以通过用户数据来评估产品的表现了。这个阶段的用户研究，需要更精细、更有针对性，所以主要应用量化研究的方法，常见的有：可用性基准研究（usability benchmarking）、线上评估（online assessments）、统计调查（surveys）、AB测试（A/B test）。

三、团队协作与项目管理技巧

（一）团队协作技巧

团队协作技巧导图见图3.29。

（二）项目管理技巧

项目管理技巧导图见图3.30。

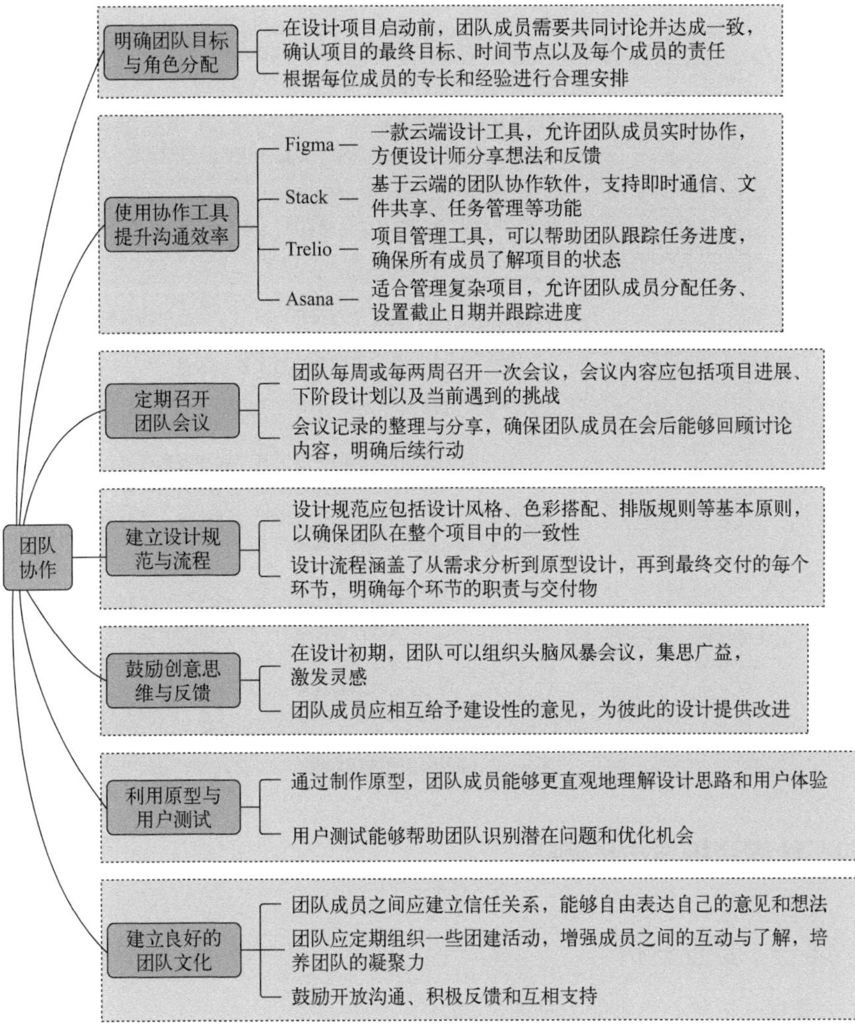

图3.29　团队协作技巧导图

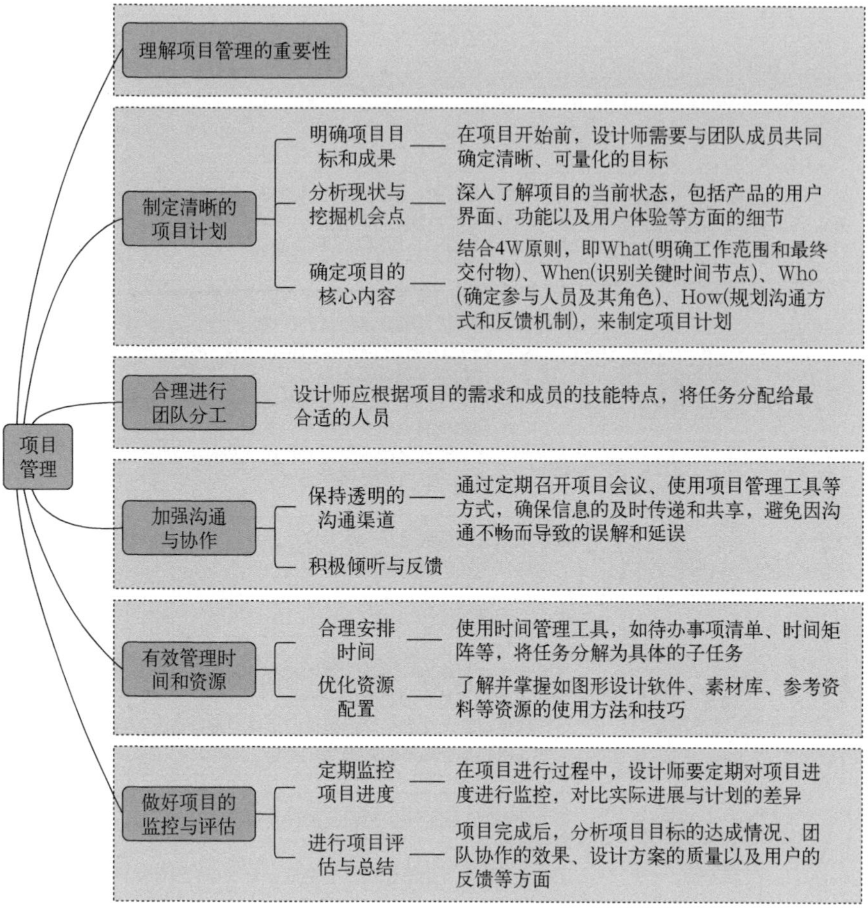

图3.30　项目管理技巧导图

四、数据分析与市场调研

（一）数据分析

数据分析核心思维能力见图3.31。

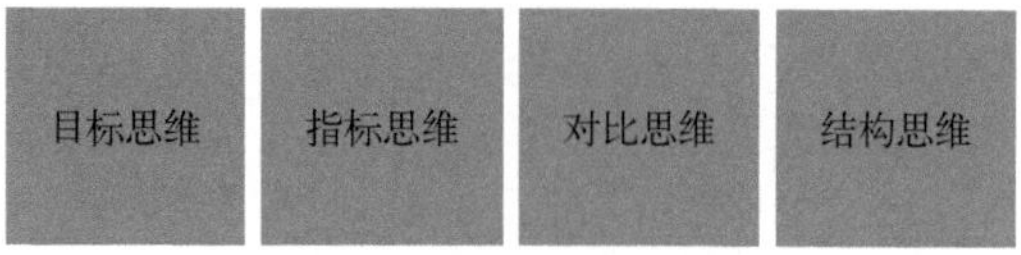

图3.31　数据分析核心思维能力

1. 目标思维

明确的目标，能够保证我们做任何事都不跑偏，高效地完成任务。在工作中，设计师在接到设计需求时，需要明确好项目的目标和愿景，包括提高点击、转化、收入，建立信任，提升满意度等。如果是设计自驱的项目，设计师需要保证项目内部成员和合作方都有统一清晰的目标。

在此基础上，通过OSM模型就可以制定出设计策略和验证方法（图3.32）。OSM模型提醒我们思考现阶段最重要的目标是什么，哪些事项承载这些目标；将公司目标、策略与业务流程快速耦合在一起，最终形成一个清晰、明确的数据采集体系。

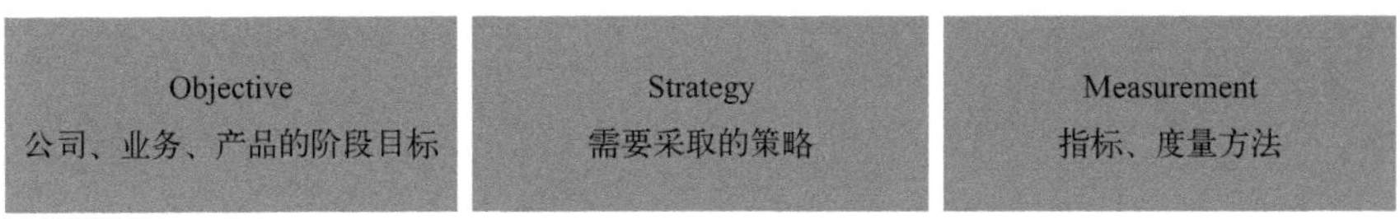

图3.32 OSM模型

2. 指标思维

设计做得好坏，需要有衡量的标准，这时指标就该上场了。对应三种数据类型（用户增长数据、行为数据、业务数据），给大家推荐三个好用的模型，分别是：AARRR模型、UJM+OSM模型、公式模型。

（1）AARRR模型

AARRR漏斗模型是客户生命周期模型，解释了实现用户增长的5个指标，分别是：acquisition（获客）、activation（激活）、retention（留存）、revenue（收入）、referral（自传播）。其因掠夺式的增长方式也被称为海盗模型。如图3.33所示。

（2）UJM+OSM模型

UJM是user journey map的缩写，是设计师在设计一款产品的过程中，必须要去梳理的用户生命旅程。它通常和我们上面提到的OSM模型搭配使用。

（3）公式模型

像收入、转化这些业务目标，通常比较抽象，设计师很难一眼就判断出如何发力，这时候就需要运用公式，将这些目标拆解成具象的指标。

获客 acquisition	DNU(日新登用户数)、注册用户成本、ROI
激活 activation	DAU、WAU、MAU、DAOT(日均使用时长)、DAU/MAU
留存 retention	N日留存
收入 revenue	ARPU(平均用户收入)、ARPPU、PR(付费率)、LTV(用户生命周期价值)
自传播 referral	传播用户数、传播次数、被邀请注册用户数、K因子、NPS分值

图3.33 AARRR模型

LTV就是一个很典型的公式模型。LTV（lifetime value，用户生命周期价值）=LT（平均生命周期）×ARPU（平均用户收入）。它是公司从与用户所有的互动中所得到的全部经济收益的总和。如果用户LT是3个月，ARPU是10元/月，那么LTV = 3×10 = 30元。这个指标决定了获取一个用户我们能接受的最大成本，在获客阶段的CAC如果超过LTV就是不划算的。

3.对比思维

有很多时候，我们的项目暂时还没有一个明确的业务目标，需要设计师从数据里面，洞察出问题和机会点。这时用到的思维就是对比思维。

我们所熟悉的对比，有同比、环比、版本对比等，这些都是对比思维里面非常基本的比大小。比大小所做的工作更多是将数据转化成结论，很难得出一些更深层次的信息。因此需要用到一个高阶的对比方法——穆勒五法。它通过五种归纳方法确定现象的因果联系，分别是求同法、求异法、共用法、共变法、排除法。

（1）求同法

这是异中求同的方法：考察几个出现某一被研究现象的不同场合，如果各个场合除一个条件相同外，其他条件都不同，那么，这个相同条件就是某被研究现象的原因。

（2）求异法

这是同中求异的方法：比较某现象出现的场合和不出现的场合，如果这两个场合除一点不同外，其他情况都相同，那么这个不同点就是这个现象的原因。

（3）共用法

这是把以上两个方法结合使用的方法，如果某被研究现象出现的各个场合（正事例组）只有一个共同的因素，而这个被研究现象不出现的各个场合（负事例组）都没有这个共同因素，那么，这个共同的因素就是某被研究现象的原因。

（4）共变法

在其他条件不变的情况下，如果某一现象发生变化时另一现象也随之发生相应变化，那么，前一现象就是后一现象的原因。

（5）排除法

如果某一复合现象已确定是由某种复合原因引起的，把其中已确认有因果联系的部分减去，那么，剩余部分也必有因果联系。排除法的要求非常苛刻，现象和原因的对应关系必须是明确的。这一点在极度复杂的现实业务场景下很难做到，应用范围有限。

4.结构思维

（1）自上而下做拆解

见图3.34。

（2）自下而上做聚合

如果没有现成的结构，或者找不到分解的角度，可以尝试使用“聚合法”自下而上地提炼结构。

聚合法共分为三步：

第一步　收集信息。在这一步，把做过的项目，一条一条地罗列出来，可以按照时间维度来梳理。

第二步　分类。按项目的业务、类型进行归类。

第三步　概括总结。根据每个分类的特点，给每个部分写一个具备总结功能的标题。

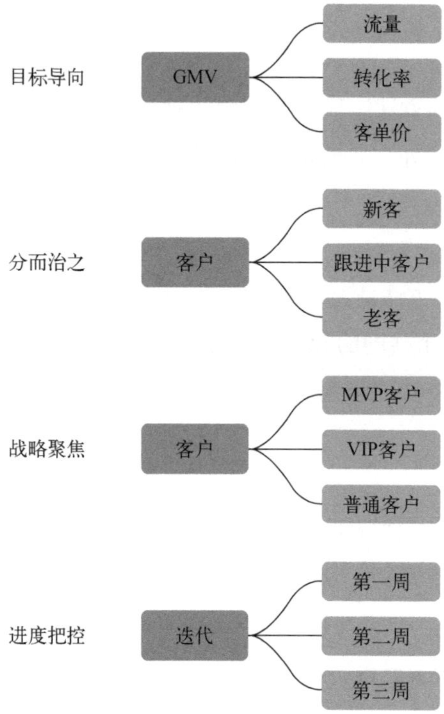

图3.34 自上而下做拆解思维

（二）市场调研

市场调研也称为市场营销调查，指调研者对商品以及行业市场的有关信息数据进行有计划、有组织的系统收集、整理、分析和报告的过程。其具有系统性、客观性、时效性、多样性、不确定性五个特点。产品市场调研的目的在于收集、整理和分析市场信息，为认识市场、掌握规律、预测决策提供可靠的信息支撑。

通过图3.35可以看出，市场调研处于设计前端。市场调研有助于设计师

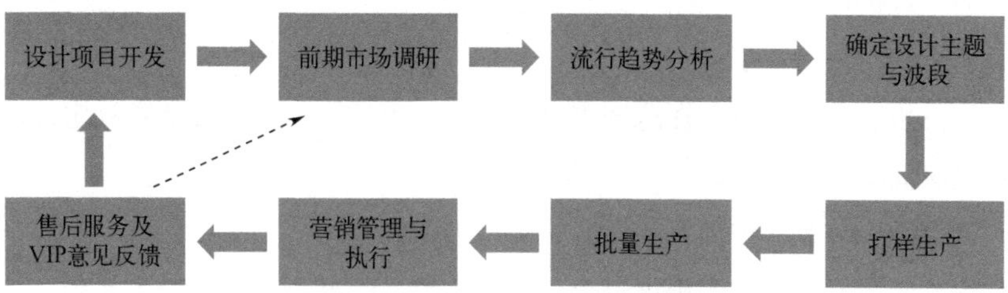

图3.35 设计项目开发闭环图

拓宽视野，系统准确地认识到市场的实际需求，增进对目标消费者的了解，从而设计出更加贴近目标消费者需求的产品，同时也对后期营销环节方案的确定与推广起到指导作用。

1.发掘需求

正确挖掘用户需求是产品成功的起点。我们做设计往往都是由发现用户的需求，进而转化成机会点来不断开展下去的。这就像假如医生不了解病人的病因就盲目用药，会带来很严重的后果一样，设计师如果不了解用户群体的需求，只是一味地强调自己的设计方案有多好，其实都是无用功。所以必须充分、全面、清楚地找到用户群体的需求所在，我们才能对症下药，给客户提供更好的解决方案，同时也为产品设计的成功奠定基础。

产品设计出发点及目标人群定位见表3.15。

表3.15　产品设计出发点及目标人群定位

产品设计出发点之四个需求	
生理需求	是人类最基本的需求，包括呼吸、水、食物、睡眠等。人类的生理需求是推动人类行动的最首要动力，只有生理需求得到满足，才会进一步追求更高层次的需求
安全需求	指人们对人身安全、健康保障、财产安全、工作保障等的一系列需求
社交需求	当底层的生理需求和安全需求得到满足后，人们才会产生友情、亲情及爱情方面的需求，并在社会活动中获得满足
尊重需求	当人们在社交需求上得到满足后，会产生人与人之间的社交活动，在人与人之间的交往中，就产生了更高层次的尊重需求。让个人在生活、工作、学习上得到满足
目标人群的定位	
年轻一代消费人群	对应95后的新生代人群
新中产消费人群	偏重于30岁后的新中产
养老消费人群	偏向于50岁后有养老金的中老年人群

目前的消费群体也可以大致划分为高端消费、品质消费、大众消费三个类型。消费分层也成为消费中的一个显著特点，高端消费群体偏重于享受型消

费，比如旅游、奢侈品、高端产品等；大众消费群体则更加关注家庭日常，他们不会过多地关注品牌，而是更加关注产品使用价值和价格；处在中间的品质消费群体，他们会跟随市场消费趋势进行购买，甚至更愿意去购买新品牌新产品新品类，用以打破原有传统生活中的方方面面，扩大自己与其他人的差异。

2.市场调研

市场调研就是通过实地考察、感受、体验，客观地验证设计问题（通过分析所发现的问题，包括还没转化成设计方向与设计重点的问题）的准确性与可行性，并记录发现的问题与潜在的需求。首先要明确产品的使用场景、功能结构、材料工艺等产品属性。这样不但可以提高产品设计方向的准确度、用户对产品设计的满意度，还能帮助设计师对设计进行有效的分析和深度评价，找到用户在使用环境中的具体需求。

对于设计师来说，不需要战略顾问般全面深入地调研市场，只需集中精力关注这两种有用且高效的调研方法：案头调研与情绪板调研。

（1）案头调研

指的是对现成的资料、报告进行收集、筛选，然后利用已有的数据进行分析研究的调研方法。

在现成的资料中，往往可以发现专业调研机构所制作的报告，其中得出了部分结论，甚至有一部分是可以直接引入到项目当中的。

与完整调研相比，案头调研的优势在于可以很便捷地收集大量数据，而且资料多由专业机构发布，易于使用，对于整个团队来说成本更低、效率更高。但由于这些数据原本是为了其他的使用目的而收集，在时效性和有效性上需要多加判断。

信息分为内部、外部两个空间。内部指的是可以直接索取的资料，包含团队内部和客户内部两部分，团队如果做过相关行业的项目，其中的材料、经验依然有效；客户内部提供的标书、资料、手册也有参考价值。外部互联网本身就是个“二手资料”聚集地，各大事务所和数据分析机构，比如毕马威、普华永道、艾瑞咨询、腾讯研究院等，都会定期把不同领域的分析报告发布在官方网站。

行业的深入分析会以白、蓝、绿等各色皮书（图3.36）进行命名，利用好搜索引擎，基本都可以免费下载使用。

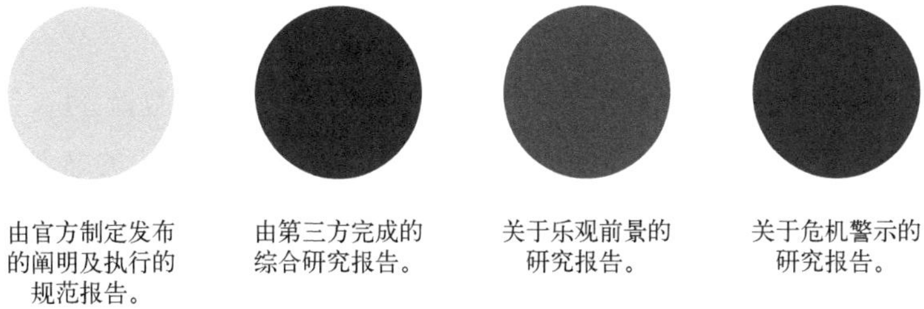

图3.36　各色皮书

（2）情绪板调研

设计影响情绪，情绪影响认知。但情绪是不可视的，情绪板则是由目标情绪逆向推断出的，它将图像、文字、样例等进行整理拼合，目标就是情绪可视化（图3.37）。

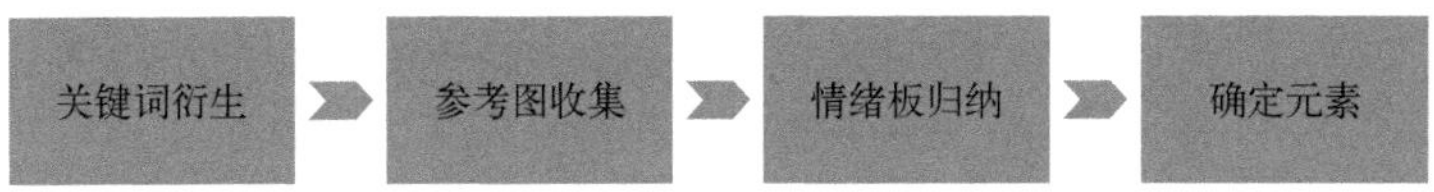

图3.37　情绪板调研图

3.竞品分析

竞品分析的作用是了解一下目前行业内是否已有类似的产品，如果有，现阶段的产品哪些值得借鉴，哪些需要规避？通过分析，我们可以借鉴成功经验，少走弯路。对产品来说，竞品分析有助于：

通过了解竞品优缺点，为制定产品设计方向和功能规划提供参考依据。

通过研究竞品取长补短，有助于帮助产品自身实现超越；通过研究竞品的设计方案，为我们提供思路指导的方案；通过研究竞品也能够提高产品规划设计能力。

① 表格比较法。表格比较法可用于统计竞品功能点，主要适用于功能层面，简单来说就是将各个产品的功能点全盘罗列出，通过比对可以清晰地了解产品功能点上产品间的异同。

② 雷达图分析法。雷达图分析法本身是对产品的特点进行系统分析的一种有效方法。我们可以将它运用到产品体验分析上，用图示化的方式对竞品多个维度的优缺点作出直观的展示。

4. 用户画像

用户画像是我们了解用户的有力途径。通过用户研究和数据分析，设计师可以确定理想用户的身份，并根据这些信息，洞察到真实用户的痛点和需求，使用户更愿意使用/购买你的产品。

消费群体划分概览见表3.16。

表3.16 消费群体划分概览

消费群体划分	
健康消费	健康意识的觉醒，反映了当下人群对健康的关注，一大批关于健康的产品诞生，如元气森林打造的无糖概念、SKG打造的便携式按摩概念、云南白药打造的中药牙膏等，然后健身、长跑、飞盘等户外运动的兴起，也大大强化了大众对健康的关注和消费
追求便捷	城市工作生活的快节奏，也放大了消费者对便捷性的需求。例如小家电进一步完善了各种便捷功能；智能家居的便捷控制也让我们越来越体会到生活的便利，却发现时间越来越紧凑
个性消费	为了让自己与别人不同，个性化消费越来越多，小众品牌受到关注和拥护。同时也有很多小众品牌从聚焦目标客户到扩展目标客户，把小众市场做成大众市场，花西子是一个例子，从国潮美妆出发，一举成为美妆界的黑马
情绪消费	我们发现消费者的日常基本需求早已被满足，甚至在日常基本需求上有所减弱，越来越多的人开始追求情绪价值的产物。一个最常见的例子就是宠物消费，很多城市年轻人把宠物当作精神寄托和陪伴伙伴，在宠物用品方面的消费甚至会高于自己的日常消费

用户画像有以下特征：

包括角色描述和用户行为，这里角色描述是指如名字、年龄、位置、收入、职业等，这类角色描述主要是为了使用户画像更丰富、真实、具象；重点关注的是用户行为，用户行为是其目的、动机、场景、体验、行为、态度等。

用户画像指的并不是真人，而是指真实用户的虚拟代表，并通过类似戏剧表演的方式，来帮助设计师拆分复杂的需求，让设计者可以清楚地看到产品设计过程中什么是必要的，什么是非必要的，并区分哪些功能常用，哪些功能不常用。

用户画像就是根据用户特征、业务场景和用户行为等信息，构建一个标签化的用户模型。简而言之，用户画像就是将典型用户信息标签化。

第四章

简历与作品集制作策略

一、简历撰写要点

（一）简历布局

简历的模块化很重要，模块之间边界清晰有助于HR阅读。模块化的前提是内容逻辑清晰。各模块应形状一致，整体边界对齐。简历当中的字体一般使用宋体或微软雅黑，大小可以适当变化，需有利于HR抓取线索，行距为1.5倍。

选择简历模板的原则：美观而不花哨，简单而有内容，在其中要有核心关键词，建议适当用一些线条、加粗等来区分模块，以突出重点。选择条理清楚、留白适中、重点突出的简历版式，更能赢得HR的青睐。

简历雷区及推荐见表4.1。

表4.1　简历雷区及推荐

表格式	密集文字式	另类式	推荐：左右排版式
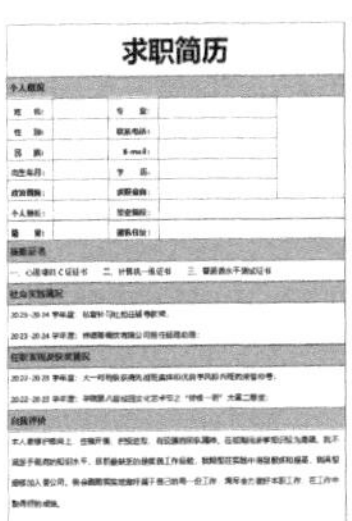			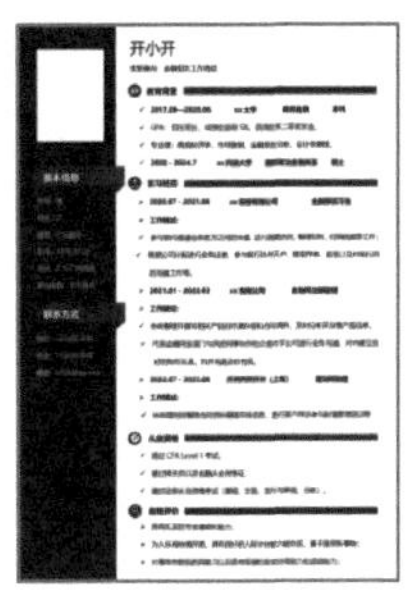

续表

表格式	密集文字式	另类式	推荐：左右排版式
不建议采用表格式模板。看起来千篇一律，且没有重点，给人一种束缚感	虽然重点突出，但是文字很多，看上去不够简洁明了	简历不可一味追求视觉效果，导致信息量不足，无法说明自己是否适合这份工作	目前比较常见的排版方式，重点突出，美观大方，符合视觉浏览习惯

（二）简历基本内容

必要内容：与投递岗位一致的求职意向、简洁的个人信息、教育经历、工作和实习经历，以及技能特长等。附加内容：这部分内容需要根据版面需求添加，包括科研项目、创业项目、兴趣爱好、自我评价等。

（1）个人信息（图4.1）

在简历顶部通常需要写明自己的姓名、邮箱、联系电话等个人信息，并在左侧或右侧附上一张证件照（尽量不要使用艺术照或生活照）。个人信息要准确无误，尤其是联系方式，避免用人单位无法联系到你。要把自身的求职意向说清楚，在此之前要详细了解目标公司的招聘需求，根据需求去让自身的求职意向更加贴合公司的岗位需要。简历当中体现的重点信息应与你所投递的岗位相匹配，不同的企业、岗位关注的重点会有所区别，所以针对不同的岗位应对简历所体现的重点有所调整。让HR能快速地“搜寻”到自己想要的重点。

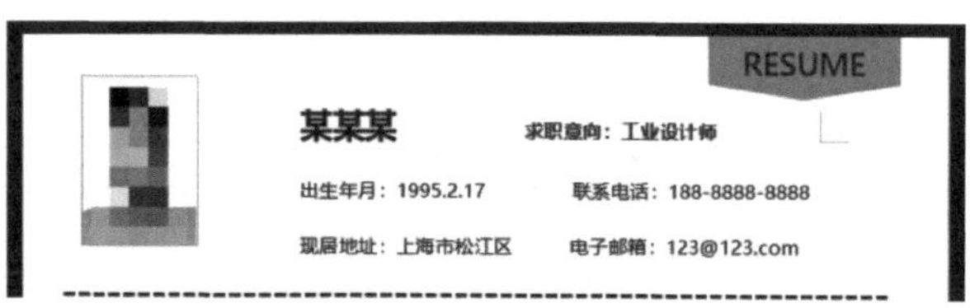

图4.1 简历个人信息部分

（2）教育经历（图4.2）

在浏览简历时，HR往往首先关注的部分是那些能够直观展示求职者个人综合素质、专业技能以及与岗位要求高度匹配的活动或成就。因此，在填写教育经历时，除应写明学校、专业等外，还应精心挑选并突出展示那些影响力大、成果显著且与应聘岗位紧密相关的经历，将那些能够体现个人亮点和专业技能的活动或成就放在简历的最显眼位置。这些亮点可能包括在某个项目中扮演的关键角色、取得的显著成果、获得的奖项或荣誉、发表的专业文章或专利等。这些经历能够直接证明自身能力，让HR一眼就能看出求职者是这个岗位的理想人选。同时，不要忽视简历的整体布局和排版。一个清晰、简洁且重点突出的简历能够吸引HR的注意力，让他们更容易找到你希望他们看到的信息。因此，在撰写简历时，务必注意语言简洁明了、逻辑清晰严谨，并适当使用加粗、斜体或下划线等方式来突出关键信息。

教育背景

2015.6-2019.6　某某大学　工业设计（本科）

主修课程：设计概论、产品手绘表现、产品工程制图、产品模型制作、产品设计程序与方法、产品形态设计、材料与工艺、产品用户界面设计、机械制图与AutoCAD、机械设计基础、CAD/CAM技术基础

图4.2　简历教育背景部分

（3）工作和实习经历（图4.3）

许多公司在招聘时十分看重实习经历，因此需在这方面体现出求职者过往的实习、工作经历。核心要素：实习公司名称、起止时间、地点、工作内容等。

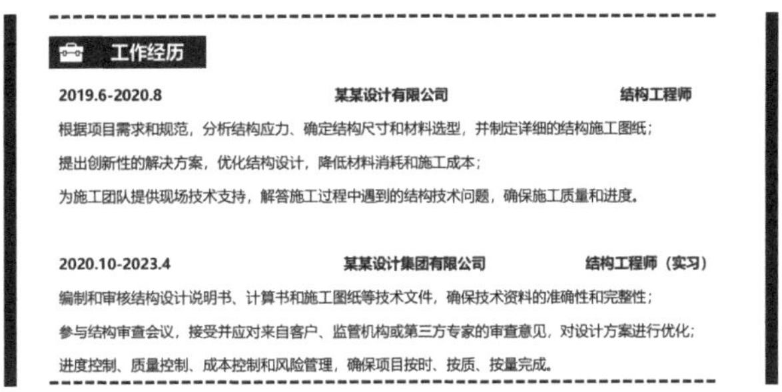
工作经历

2019.6-2020.8　某某设计有限公司　结构工程师

根据项目需求和规范，分析结构应力、确定结构尺寸和材料选型，并制定详细的结构施工图纸；
提出创新性的解决方案，优化结构设计，降低材料消耗和施工成本；
为施工团队提供现场技术支持，解答施工过程中遇到的结构技术问题，确保施工质量和进度。

2020.10-2023.4　某某设计集团有限公司　结构工程师（实习）

编制和审核结构设计说明书、计算书和施工图纸等技术文件，确保技术资料的准确性和完整性；
参与结构审查会议，接受并应对来自客户、监管机构或第三方专家的审查意见，对设计方案进行优化；
进度控制、质量控制、成本控制和风险管理，确保项目按时、按质、按量完成。

图4.3　简历工作经历部分

（4）技能特长及自我评价（图4.4）

除了上述内容，简历的末尾通常还包含个人的技能特长介绍。核心要素：英语水平、计算机水平、专业领域证书、编程能力、专业软件运用、兴趣特长等。其实针对这一部分，很多HR会通过爱好、特长和自我评价，判断一个人的性格特质是否匹配岗位，还有小部分HR只会简单扫一眼。所以，我们的目标是不扣分，并且让HR眼睛停住，觉得你很好，甚至对你刮目相看。此处需要符合岗位需求、岗位气质和个人特质。

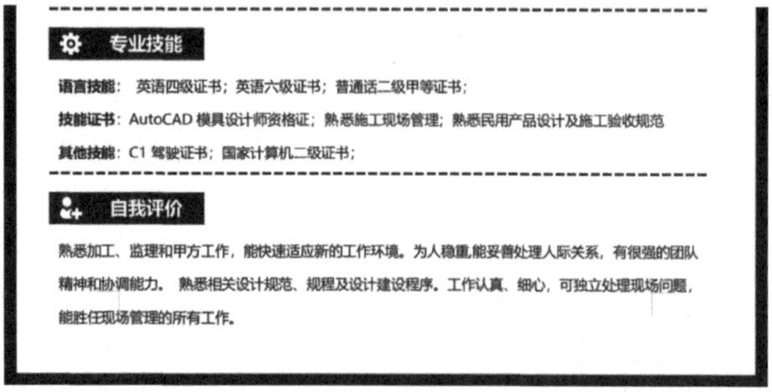

专业技能

语言技能： 英语四级证书；英语六级证书；普通话二级甲等证书；

技能证书：AutoCAD 模具设计师资格证；熟悉施工现场管理；熟悉民用产品设计及施工验收规范

其他技能：C1 驾驶证书；国家计算机二级证书；

自我评价

熟悉加工、监理和甲方工作，能快速适应新的工作环境。为人稳重,能妥善处理人际关系，有很强的团队精神和协调能力。 熟悉相关设计规范、规程及设计建设程序。工作认真、细心，可独立处理现场问题，能胜任现场管理的所有工作。

图4.4　简历技能特长及自我评价部分

二、突出核心竞争力

（一）专业方面的知识和技能

图4.5是某招聘网站的截图，在画面左上角是招聘工业设计师，其薪资已经标注出，招聘的地点、需要的工作年限和学历要求都在最显著的位置，并且福利待遇已经显示在画面的右上角，其中我们最需要关注的是这个岗位所需要的职责和职位要求，首先我们要明确这个岗位的关键词是“婴童用品”“耐消品”“母婴”“工业设计”“儿童玩具”，然后要详细阅读岗位职责，该岗位需要一个懂得产品设计前端和设计流程的全能型人才。为了更突出我们对这个岗位的适配度，需要在简历上体现自身能力的专业性，在制作简历过程中需要将自身专业方面的知识和技能与所招聘岗位对应起来，应当注意以下几点。

（1）读懂岗位描述，确定关键词

在阅读招聘信息时，应特别注意职位描述中的工作内容和对应聘者的资格要求。这些描述中包含了职位的关键责任和所需的技能、经验。识别这些关键词后，可以在简历中强调这些点，使其与职位要求直接相关。

（2）深挖自身经历，做好条件匹配

在撰写简历前，先列出自己相关的技能和经验。这包括教育背景、工作经验、项目经历和专业技能。然后与职位要求进行对比，确保简历中的内容与应聘职位紧密相关。强调那些最能体现职位所需技能和经验的部分。

（3）准备对应简历，突出自身优势

根据应聘的职位不同，准备不同版本的简历。例如，如果申请的是设计岗位，应强调自己的专业能力和实体设计经验；如果申请的是技术岗位，则突出技术技能和项目经验。确保简历内容直接对应职位需求。

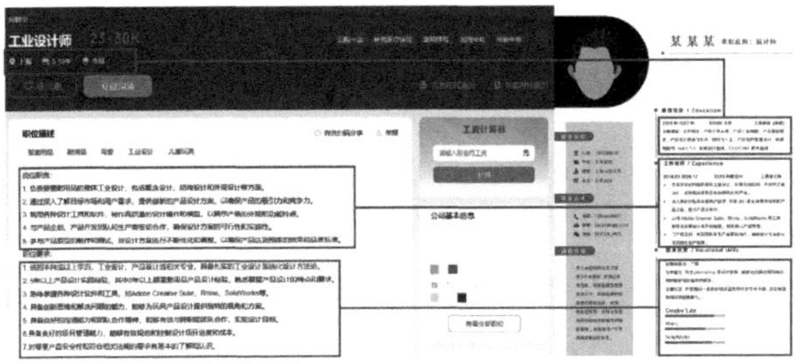

图4.5　简历与招聘信息对应图

（二）综合软技能

（1）明确与职位匹配的软技能

简历不是一味列举所有你擅长的软技能，而是需要精准匹配岗位要求。首先，仔细阅读职位描述，找出用人单位最看重的软技能。例如，若是应聘一个客户经理岗位，可能沟通能力和客户服务能力是最重要的；如果是应聘团队协作密集的岗位，团队协作能力和解决问题的能力就格外重要。

表现自己的软技能并非单纯地在简历中写“沟通能力强”或“具有良好团队合作精神”，如此是无法让HR留下深刻印象的，需要通过具体的例子来说明。涉及沟通能力时，可以讲自己参与学校某某项目并担任负责人，与不同专业的同学进行沟通协调，项目顺利完成。涉及团队协作能力时，描述自己在大学组织的某个活动中，加入团队并作出贡献，与其他组员共同完成任务，提高了团队的工作效率。关键是要通过具体的事例来证明你的软技能，简单空洞的描述不能引起HR的兴趣。

（2）突出学习能力和适应能力

很多岗位要求的并非专业能力本身，而是快速学习和适应的能力。此时，通过列举你在学习过程中如何迅速掌握新知识、解决复杂问题的事例来突出这方面的优势。比如在大学期间，通过自学Python编程语言，成功开发了一个数据分析工具，获得了教授的高度评价。使用实例既体现了学习能力，也突出了自己的优势。

（3）展示解决问题的能力

企业可能会更多关注你的潜力以及应对挑战的能力。描述你如何在大学期间解决一些复杂问题或者在困难情境中依然坚持完成目标，能够展示你的核心竞争力。例如："在参与某个学校项目时，面对突如其来的技术问题，我主动学习相关解决方案，并成功与团队共同完成了项目。"

对于应届生来说，软技能和核心优势在简历中的展现是至关重要的。通过具体的事例和量化的成果来证明你的能力，而不是简单地列举技能，可以大大提升你简历的竞争力。同时，结合你在学校里的实践经历，如项目管理、团队协作、领导力等，都能够让你在没有丰富工作经验的情况下，依然脱颖而出。记住，简历的目标是引起招聘人员的兴趣，让他们愿意进一步了解你，因此，无论是软技能还是核心优势，务必用具体的、可量化的方式展示出来。通过细心地准备和优化，你也能在求职过程中走得更远。

（三）持续的学习能力（个人潜力）

学校经历往往展示了你的个人潜力。不要小看你在校园里积累的每一段经历，无论是学术研究、社团活动、志愿服务还是实习经验，都能为你提供展示自己能力的机会。

务必在简历中提及你在校期间参与过的与所申请岗位相关的学术项目或研究。尽可能将项目的核心内容、你在其中的贡献以及成果展示出来。例如你参与过的数据分析、文献调研、报告撰写等，都会展示你具备总结归纳的能力。若你曾经担任过学生会或社团的领导职务，这些可以展示你的领导能力、组织能力和团队合作精神。在简历中可以具体描述你在这些活动中管理了多少人、组织了哪些活动、取得了哪些成就等。志愿者经历能够展示你的责任感、社交能力和团队精神。即便是兼职或志愿者工作，也能为你加分，尤其是与你求职的领域相关时。对于应届生来说，学习能力和适应力往往比经验更重要。招聘经理希望看到你能够迅速适应新环境、掌握新技能，并在职场中不断成长。因此，在简历中展示你快速学习的能力和不断进步的态度，也是展示你潜力的关键。

简历不仅仅是你过往经历的简单罗列，它是展示你未来潜力和价值的一个窗口。对于应届生来说，可能没有丰富的工作经验，但通过明确的职业目标、相关的校内经历、突出的技能、量化的成果和学习能力，你同样可以在简历中展示出自己的巨大潜力。记住，招聘经理在看简历时，不仅仅是在看你过去做了什么，更是在看你未来能做什么。通过量身定制的简历，充分展示你的潜力和价值，你将会赢得更多的面试机会，为未来的职场之路铺平道路。

三、作品集策划与设计

（一）结构布局

1.定选题并深入调研

首先我们需要决定好选题，确定我们的作品集主题是什么（图4.6）。一般来说，这是一个比较宽泛的概念，选题往往都会跟我们现在的一些热点话题、热点现象相关。在确定好选题后，我们需要继续深入调研，查找相关资料，了解设计背景、设计对象、针对的用户群体，以及具体解决的痛点是哪些，要解决的HMW（我们可以怎样）是什么。这一步非常考验找资料或者找有用信息的能力。

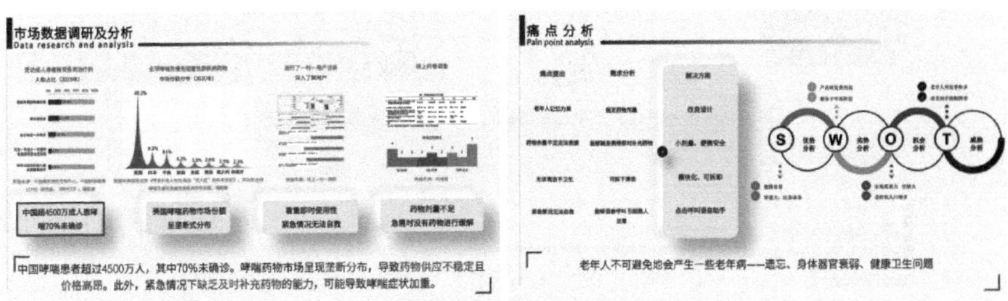

图4.6　作品集选题调研

根据以上提出的HMW（包含针对的用户+解决什么问题），小组进行头脑风暴，提出设计方案，并探讨是否解决了问题，造型是否符合目标用户的审美，是否具有良好的可用性、易用性等，之后确定最终的设计解决方案。

2.建模渲染并完成排版

根据最终的设计方案，完成建模渲染，在建模渲染之前，可以在设计网站上（例如站酷、花瓣、普象、Pinterest等网站）找找相关产品的场景图、渲染风格（配色、渲染角度、渲染场景）等参考。

完成相关内容的排版，按照顺序，完成设计背景、用户分析（用户访谈、用户旅程图）、竞品分析、技术分析、产品使用场景图、产品细节图、故事板等。

其中，产品使用场景图、产品细节图、故事板这些内容都是对产品使用方式的表达，对于故事板可以在设计网站上找一找相关的参考，再去制作自己的故事板。

作品集产品形态推演见图4.7。

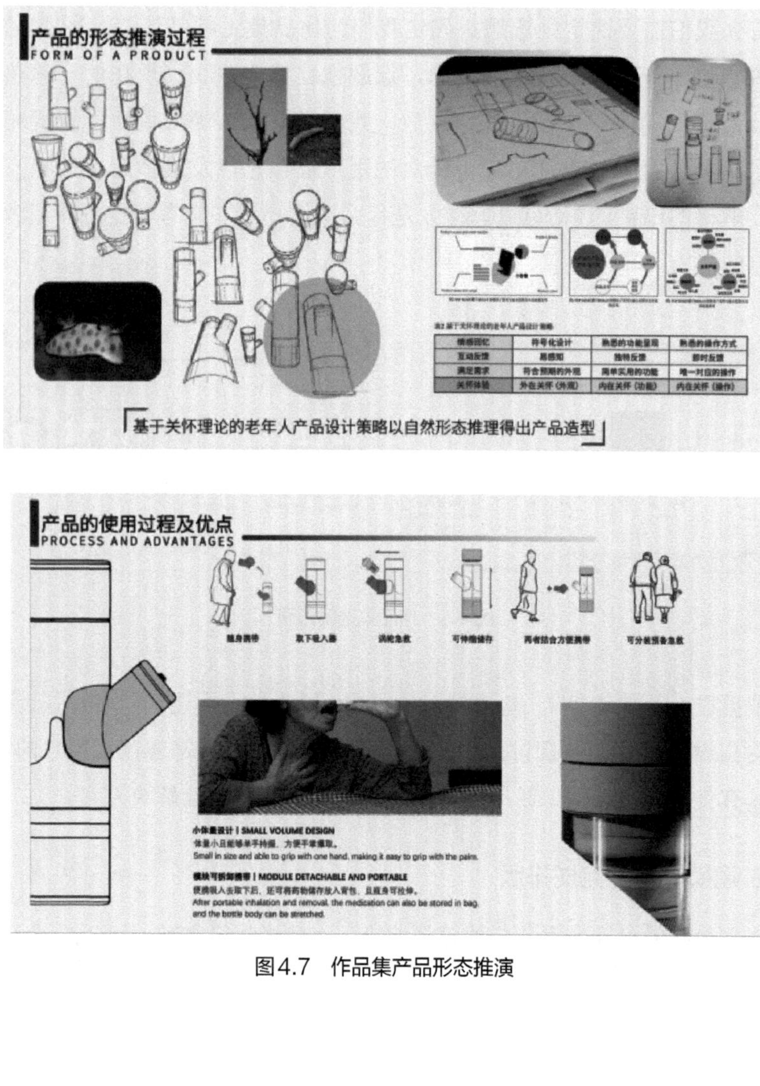

图4.7 作品集产品形态推演

（二）案例选择（与所招聘岗位对比，然后再选择作品集案例）

根据不同的企业招聘要求，我们需要随时调整展示的案例，务必使其抓住招聘经理的眼球。让他们意识到：这位学生与我们公司的方向一致！以下为作品集案例范例。

EXO suit是一款步行训练设备，它帮助有行走障碍的患者在平地上行走和爬楼梯，并帮助他们进行康复训练（图4.8～图4.10）。

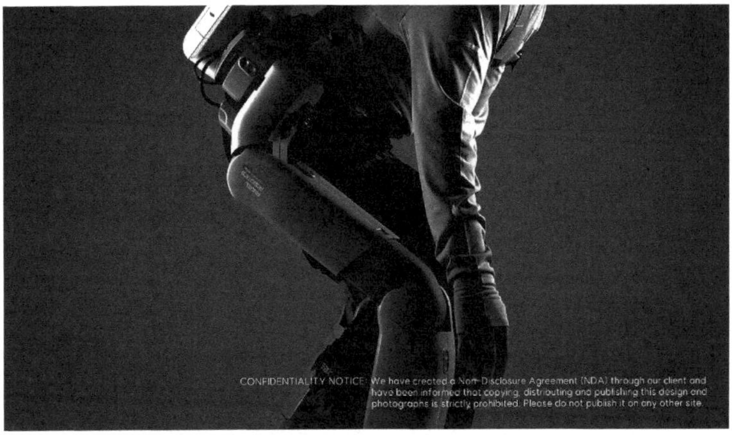

图4.8　EXO suit可穿戴机器人

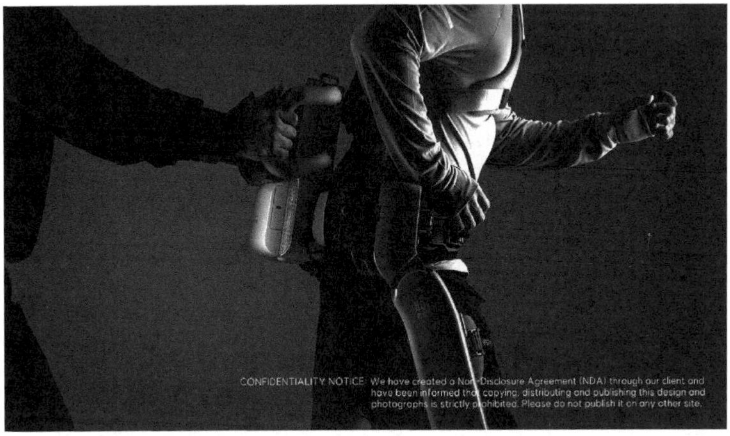

图4.9　EXO suit可穿戴机器人产品细节1

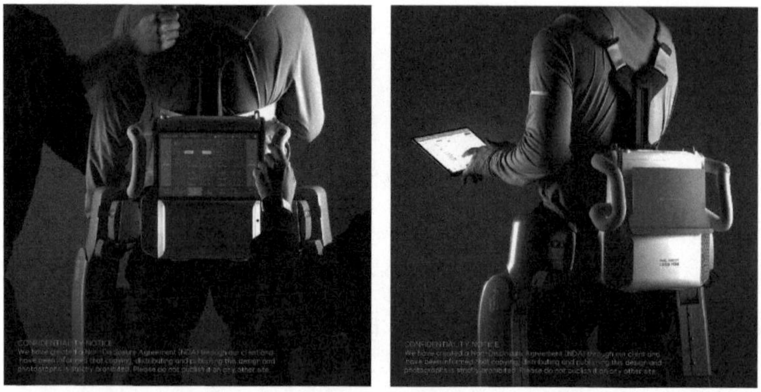

图4.10 EXO suit可穿戴机器人产品细节2

Docs Valve是一款由结构性心脏病医生团队主导设计、工程技术人员密切配合研发的世界级原创的人工介入瓣膜，满足狭窄和反流的双重适应证需求。Docs Valve设计独特，安全有效，而且解决了手术过程需全麻、依赖起搏支持等临床痛点问题，其操作理念是对过去二十年来TAVR技术路径的一个重大突破和颠覆。如图4.11～图4.13所示。

无刷电磁制动电动轮椅，产品设计以简约为主，以简为美。整体以约120°的钝角为设计语言，呈现平行四边形的几何美。增圆减尖，使产品更加亲和，前仰后低的人机设计，防止用户身体前倾，提高体验感和舒适感。如图4.14～图4.16所示。

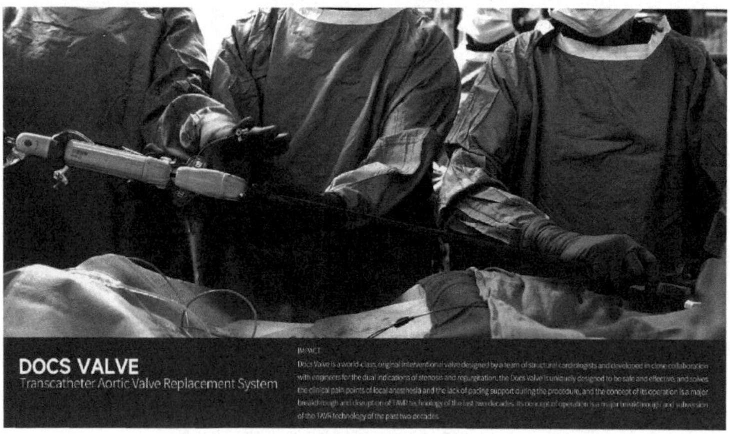

图4.11 Docs Valve

图4.12 Docs Valve产品细节1

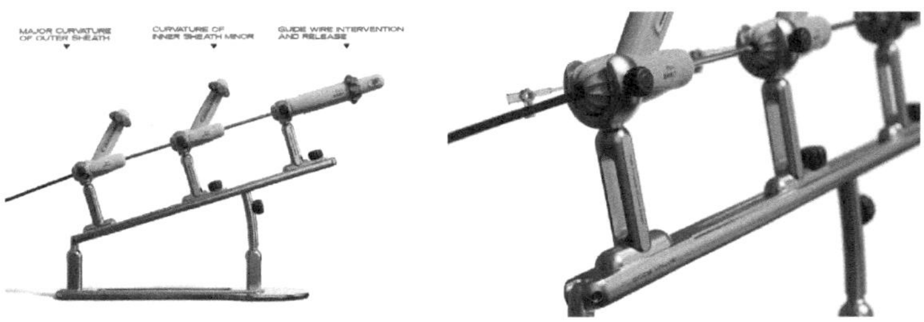

图4.13 Docs Valve产品细节2

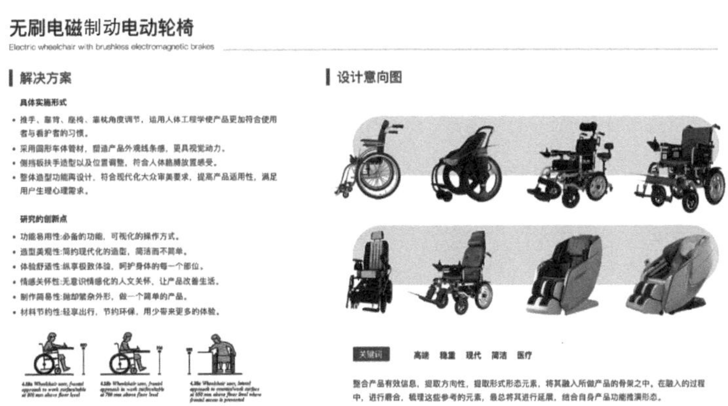

图4.14 无刷电磁制动电动轮椅

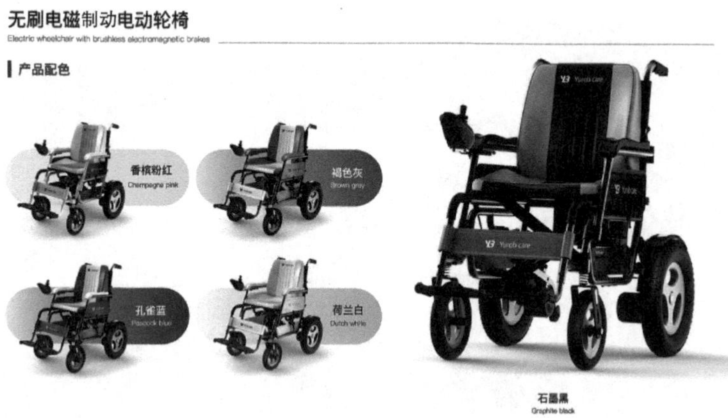

图4.15　无刷电磁制动电动轮椅产品配色

图4.16　无刷电磁制动电动轮椅产品细节

盆底肌刺激理疗仪，通过生物电流刺激盆底肌达到紧致收缩的康复效果，主要应用于女性产后康复、盆底肌治疗康复日常（图4.17～图4.19）。

图4.17　盆底肌刺激理疗仪

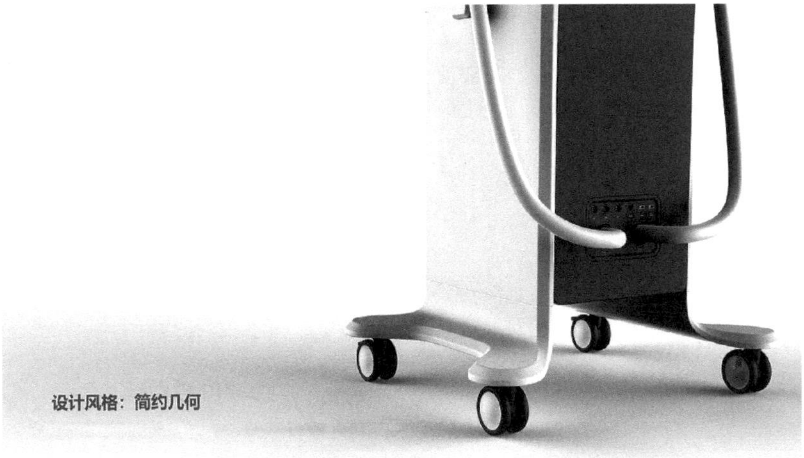

图4.18　盆底肌刺激理疗仪产品细节1

图4.19　盆底肌刺激理疗仪产品细节2

双头艾灸仪具有方便智能、设计人性化的特点。与传统的艾灸方法相比，双头艾灸仪不仅热量足、渗透力好，而且其大面积的药性散发口，大大提升了热量渗透的效率和效果。同时，使用过程中没有明火的安全隐患，没有呛鼻的烟味，智能芯片可控温控时。另外，双头艾灸仪还可实现360°自由转动调节，艾灸模式自由选择，满足全身穴位的艾灸需求，周到照顾全身各部位（图4.20～图4.22）。

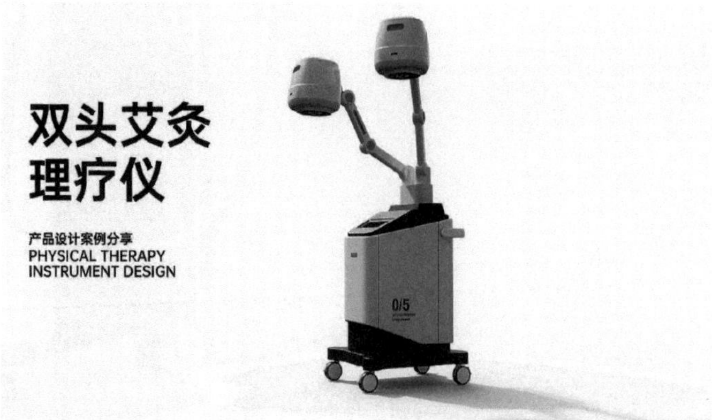

图4.20 双头艾灸理疗仪

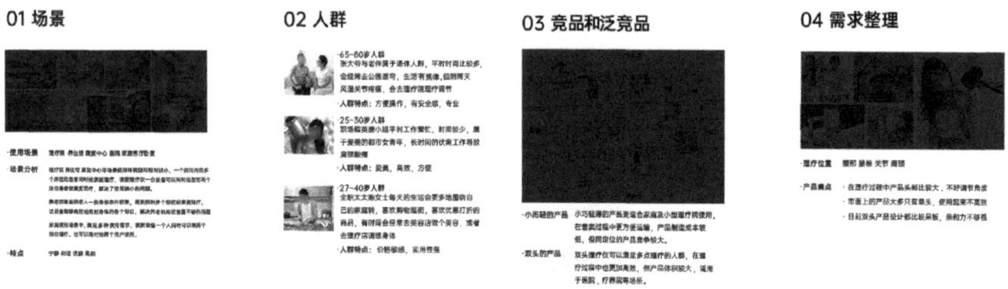

图4.21 双头艾灸理疗仪产品细节1

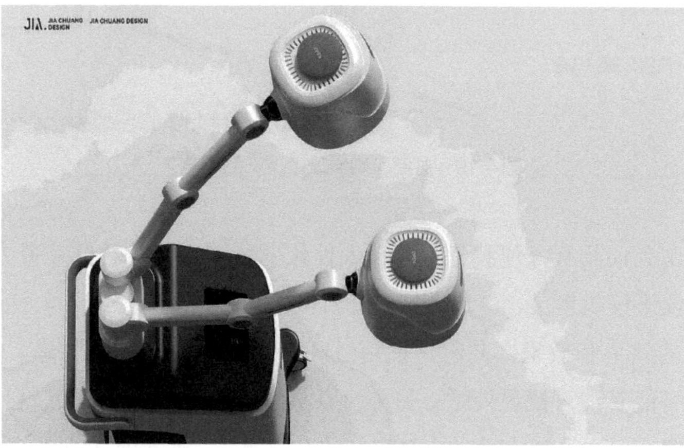

图4.22 双头艾灸理疗仪产品细节2

四、作品集展示在线平台

作品集平台见表4.2。

表4.2 作品集平台汇总

平台名称	用户体验	视觉设计	主要功能
Behance	流畅且直观，适合设计师展示作品	强调作品的视觉冲击力	Adobe旗下，与Adobe创意软件深度集成，提供强大的作品管理和展示工具，支持设计师建立个人品牌，发现行业趋势
Pinterest	瀑布流浏览，易于发现和保存灵感	根据用户兴趣推荐内容	以图片为中心，用户可以通过“pin”功能保存和分类自己感兴趣的图片，形成个性化的灵感板，非常适合寻找设计灵感和家居装饰想法
花瓣网	本地化且易用，适合中文用户寻找设计素材	涵盖多种设计风格和素材	提供大量免费商用素材，支持用户上传和分享自己的设计作品和素材，形成设计师社区，促进设计交流和资源共享
Product Hunt	专注于新产品，易于发现和讨论新兴科技产品	突出产品亮点和用户评价	每天上线新产品，用户可以通过投票和评论参与产品讨论，帮助创业者、开发者和设计师推广产品，获取用户反馈
Car Body Design	专注于汽车设计，适合汽车设计师和爱好者	展示汽车设计的各个方面	提供汽车（包括概念车、改装车等）设计案例，支持用户上传自己的汽车设计作品，形成汽车设计社区，促进汽车设计交流和创新
NDC（日本设计中心）	国际化且专业，提供日本设计资源和咨询服务	强调简洁、自然和功能性	专注于日本设计，提供设计咨询、设计教育、设计展览等资源，帮助用户进一步了解日本设计文化
Designspiration	简洁且直观，适合设计师寻找设计灵感	根据设计风格和颜色分类	提供大量高质量的设计灵感图片，用户可以通过关键词搜索或浏览分类来发现设计灵感，支持用户上传自己的设计作品，形成具有良好氛围的设计社区

续表

平台名称	用户体验	视觉设计	主要功能
Baubauhaus	强调实用性和美学结合，适合喜欢包豪斯（Bauhaus）风格的用户	Bauhaus风格，简洁、功能性强且富有艺术感	提供受Bauhaus风格影响的设计作品和资源，强调实用性和美学的结合，适合喜欢Bauhaus风格的设计师和爱好者寻找灵感和学习
gooood	专注于建筑和室内设计，适合建筑师和室内设计师	展示建筑和室内设计的各个方面	提供建筑和室内设计案例、设计竞赛、设计师访谈等内容，支持用户上传自己的设计作品，形成建筑和室内设计社区，促进设计交流和合作
Core77	专注于工业设计和产品设计，适合工业设计师和产品开发人员	展示工业设计和产品设计的创新成果	提供工业设计、产品设计、交互设计等资源，包括设计案例、设计教程、设计竞赛等内容，支持用户上传自己的设计作品，形成工业设计师社区，促进设计创新和职业发展
站酷	本地化且多元化，适合中文用户寻找设计灵感和学习资源	涵盖多种设计风格和领域	提供设计作品展示、设计教程、设计资讯等内容，支持用户上传自己的设计作品和教程，形成设计师社区，促进设计交流和学习。同时，站酷还举办设计竞赛和线下活动，为设计师提供展示才华和结交同行的机会
图钉墙	专为设计学科打造的展示型平台和资源整合平台	支持多种格式的媒体展示，如图片、视频、PDF等	包括教师创建作业夹、学生上传课程作业、学生作业展示、教师上传教学内容、教师评分机制以及用户评价机制等。这些功能共同构成了一个完整的教学资源库

1.Behance

Behance是Adobe旗下极具影响力的一个设计师交流平台。在其网站上，展示着海量卓越的设计作品，琳琅满目，令人目不暇接。

这些作品的门类丰富多样，涵盖：UI设计领域中充满创新理念的界面呈现，平面设计中风格各异、独具匠心的视觉表达，logo设计里简洁而富有内涵的标识符号，海报设计中引人入胜、极具冲击力的画面，电商设计中吸引消费者目光的精美展示，插画设计中充满想象力和艺术感染力的图像创作，摄影作品中捕捉到的精彩瞬间和独特视角，广告设计中富有创意和感染力的宣传画面，动画设计中生动有趣的角色和场景，时尚设计中引领潮流的服装和造型，产品设计中兼具实用性与美观性的创新产品，游戏设计中引人入胜的虚拟世界。

国内外的顶尖设计公司都会选择在这里分享他们的最新作品，以展示其卓越的设计实力和创新能力。它涉及的领域非常广，包括时尚、插图、工业设计、建筑、摄影、美术、广告等。它也是目前设计师使用频率最高的作品发布平台之一。如图4.23所示。

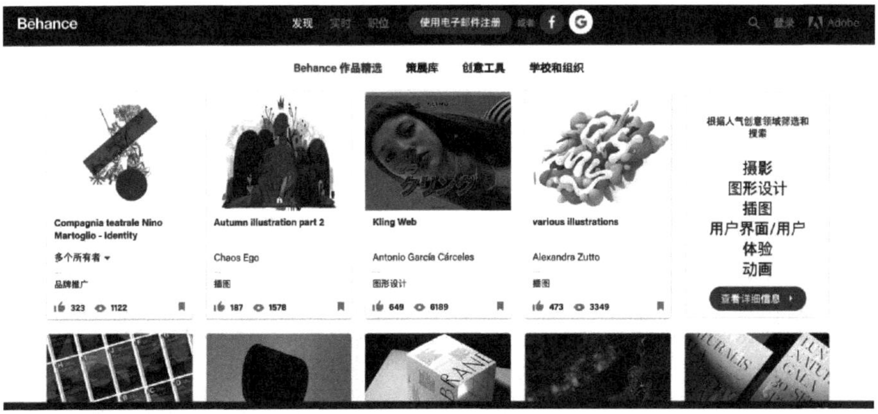

图4.23 Behance网站

2.Pinterest

Pinterest是一个热门的社交网站，其特点之一是以瀑布流的形式展示图片内容，用户无须翻页，新的图片会自动加载在页面顶端。用户可以按主题分类添加和管理自己的图片收藏，并与好友分享。

Pinterest，全称为Pinterest, Inc.，通常被称为“P图”，它是一个通过图像、视频和链接进行信息分享和收藏的社交媒体平台。Pinterest的核心功能围绕Pin（钉住）和Board（看板）展开。用户可以“Pin”任何他们在互联网上找到的图片或视频，分类摆放在个人的“看板”上。每个Pin可包含图片、视频、网页链接等，Pin内容可以直接从网站、博客中保存，也可以自行上传。

在Pinterest中，用户通过图片搜索可以发现类似的内容。这种可视化搜索不仅增强了用户的交互体验，还扩大了Pinterest作为灵感发现平台的作用。该平台亦拥有类似于Instagram的故事功能，允许用户分享多个动态图片或视频，适合展示某个创意项目的过程。平台还专为电子商务设计了特色功能——Shopping Pins，允许用户直接在Pins上看到商品的价格、链接等详细信息，以便用户直接购买。用户还可以对他人发布的内容进行点赞、保存和评论，形成社交互动。

Pinterest不仅仅是个人用户寻找灵感的平台，也是企业营销的工具。由于平台的视觉导向，它非常适合产品展示。通过视觉内容推广、广告定向以及电商集成，Pinterest帮助企业以获取吸引力的方式触达目标客户，提升品牌认知和销售转化。Pinterest是零售、时尚、家居设计等行业进行品牌推广的理想平台。如图4.24所示。

图4.24 Pinterest网站

3. 花瓣网

花瓣网（图4.25）是一家“类Pinterest”网站，是一家基于兴趣的社交分享网站，网站为用户提供了一个简单的采集工具，帮助用户将自己喜欢的图片重新组织和收藏。花瓣网本质上来说是一个图片资源网站，任何人都能在上面下载和上传有用的素材，正因为如此，我们搜索到的素材才会各式各样。

想要正确使用花瓣网进行头脑风暴，就要妥善使用顶部的标签。我们可以根据自己所在的行业选择合适的标签，再通过搜索就能更加精确地找到想要的素材了。可是如果想要的素材不在标签里面怎么办？答案是找画板。通常，我们寻找素材的时候都是需要一系列相似的素材，比如搜索“苹果”，你会得到各种各样的苹果，但是你想要的可能是十张不同水果的图，而苹果只是你搜索的第一张。此时你会发现花瓣网的每一个图片左上角都有采集两个字，点击采集，这张图片就能进入自己的画板，没错还是画板，但是采集的意义在于，你永远知道你自己的需求是什么。

设计师平时要看大量的素材案例，尤其在推导产品外观的时候，好的素材能让你的设计质量更上一层楼，无论是外观还是细节。作为一个新人设计师，每天都应该做的一件事就是看别人的作品，好的作品就采集，不好的就略过，每天30分钟，坚持一年，你的画板就会有很多好用的素材。同时要学会分类，为什么要做好分类？分类的过程能让你在大脑中把做产品从一个整体的思考过渡到对每一个细节的思考，从而提升你的细节把控能力。进一步让细节之间和谐，最后让你的设计作品成为一个能够经得起推敲的成熟产品。

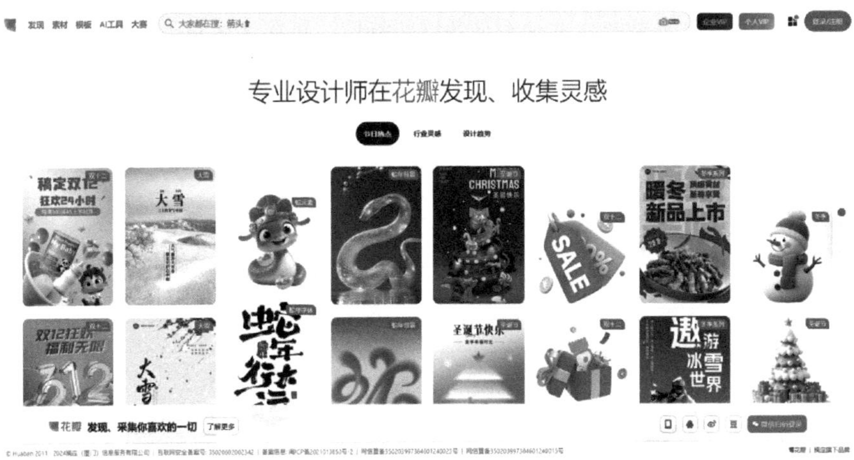

图4.25　花瓣网网站截图

4.Product Hunt

Product Hunt（以下简称“PH”）是一个类似于GitHub的社区，用于发布产品，获得基础用户流量，所以一般形象地称之为应用商店（图4.26）。在里面有很多外国用户，他们可以通过付费使用你发布的产品，因此，你的产品需要使用英文或者全球化的语言。PH是一个月活超过200万的社区网站，已经是一个非常活跃的网站了。对于做出海产品的团队来讲，产品发布到PH并拿一个不错的排名，已经成为了一个必选动作，而不是可选动作。无论发布的产品是否能到每日排行榜的前列，在PH发布总会给你的产品带来一个高质量和高权重的外链。PH经过十多年的发展，在谷歌搜索中具备非常不错的域名权重。在PH上发布产品，需要把产品的链接地址放到发布页面，这样就会给你的产品带来一个外链。而大家都知道谷歌SEO中高品质的外链对于网站SEO具有非常好的价值，所以发布到PH能够带来非常好的收益。

当前有非常多的科技媒体或者Newsletter都在关注PH上的每日排名、每周排名等。如果产品在PH发布后能拿到日榜的第一或者周榜的高排名，就有可能会被科技媒体或者Newsletter报道。这种报道会大幅度增加产品的知名度，并带来后续的潜在客户。当然因为这些报道也会在不同网站和媒体传播，因此又有了新的增加网站外链的机会。如果你的产品是面向产品经理、创业者、市场人员或者有一定ToC属性的，在PH上发布并且提供一定的促销是有可能带来直接的客户转化的。比如My Map和Trickle都在发布当天就有了直接付费的客户。不过如果产品本身不具备这些特性，直接通过PH完成客户转化的难度还是比较高的。与前面所述好处一样，如果产品用户画像本身符合PH的这些目标人群的画像，那么在发布后是有可能获得一定的产品反馈的。

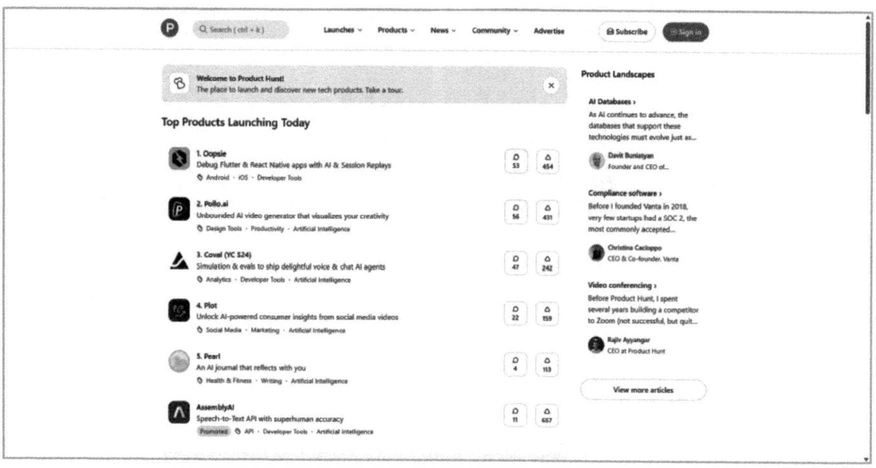

图4.26　Product Hunt网站

5.Car Body Design

汽车车型设计(Car Body Design)是一个由Marco Traverso于2004年创建的网站，是汽车和工业设计领域的权威网站之一，每月拥有200万的访问量，目前由Line22 SRL公司运营，如果想要了解有关于汽车方面的设计不妨收藏该网站（图4.27）。这个网站提供了丰富的汽车设计资源，包括设计灵感、最新设计的车型展示以及汽车设计相关的讨论。虽然网站的更新可能不是非常频繁，但它仍然是一个值得设计师和汽车爱好者关注的平台，因为它提供了一个集中获取汽车车身设计信息的地方。

图4.27　Car Body Design网站

6.NDC（日本设计中心）

NDC（日本设计中心）是由日本设计界的原研哉等一众领军人物所创立的广告与设计制作公司。其网站呈现了自1959年起的大量设计成果，涵盖网页设计、平面广告、画册、电影、包装设计、VI设计以及书籍设计等领域（图4.28）。该公司尤为注重创新和简约，借由独特的设计来传达深刻信息。在国际设计领域，它享有极高的声誉，其作品受到全球的关注与认可。此公司拥有由顶尖设计师构成的专业团队，具备丰富的经验以及卓越的创意能力。它与众多知名企业和品牌建立了长期的合作关系，为之提供优质的设计服务。

其作品多次荣获国内外设计奖项，成为行业的典范。它还积极投身于社会公益项目之中，通过设计为社会贡献力量。其客户群体涵盖了各个行业，能够提供量身定制的设计解决方案。它持续进行设计研究与创新，紧跟时代潮流，引领设计趋势。树立起了高品质、高水准的品牌形象，成为了设计行业的标杆。此外，还开展设计培训和教育活动，培育优秀的设计人才。

图4.28 NDC网站截图

7. Designspiration

Designspiration是一个广受欢迎的设计灵感分享平台（图4.29）。其不但具备强大的颜色搜索功能，且能依据颜色筛选出丰富多样的灵感图片，助力设计师更为高效地收集创意灵感。此网站的内容极为丰富，涵盖了诸如网页设计、建筑设计、图标图形、3D设计、平面设计等众多类型的设计作品分享。该平台聚集了全球诸多优秀设计师，构建成了一个满溢活力与创新的设计社区。设计师们能够在此相互交流、分享经验与见解，激发彼此的创作热情。此外，Designspiration亦提供了详尽的作品分类与标签，以便用户迅速找到自己感兴趣的设计作品。平台的界面简洁直观，操作便捷迅速，为用户提供了优良的使用体验。它还会定时推出一些专题活动和设计挑战，激励设计师们积极参与，展示自身的才华。与此同时，网站也会对优秀的设计作品予以推荐和展示，为设计师们提供更多的曝光机会。Designspiration持续更新和优化其内容与功能，以满足设计师们日益增长的需求，成为了设计师们获取灵感和提升设计水平的关键平台。

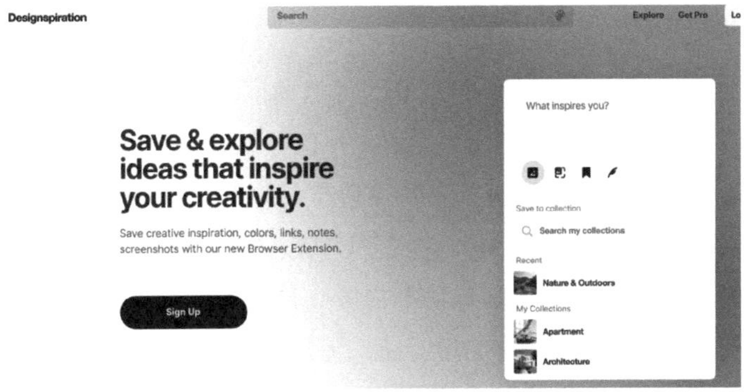

图4.29 Designspiration网站截图

8.包豪斯（Baubauhaus）

包豪斯倡导“形式追随功能”，强调设计应首先满足功能和实用性的要求，摒弃多余的装饰性元素（图4.30）。同时追求简洁与纯粹的设计风格，认为通过基本的形状与简洁的线条，无需多余细节就能实现最大的美学效果。此外，还主张使用真实、本质的材料来打造设计作品，凸显材料自身的美感，使设计作品更加真实、耐用。旨在通过丰富的内容让设计师能在视觉上得到启发和学习。随便找一个设计作品，你可以点赞表示你的喜爱，或者点击进入详情，可以看到同类型的作品推荐，也可以跳转到设计作品的源地址。假设你比较喜欢海报设计作品，你会寻找到对于颜色、版式的大胆创新，不再是传统的死板、同质化，可以学到很多设计手法和字体搭配等，是值得设计师经常踏足的“设计图书馆”。

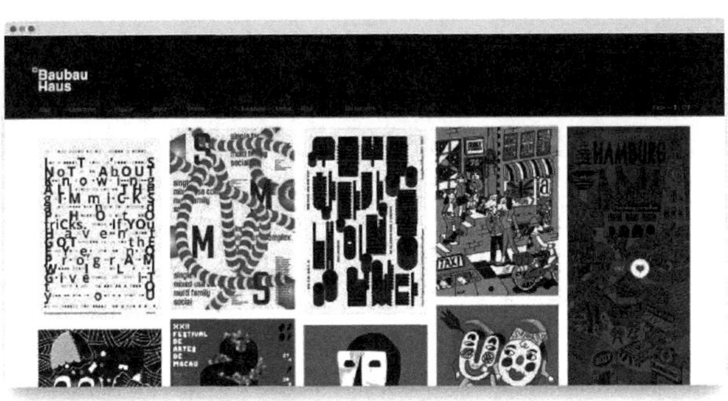

图4.30 Baubauhaus网站截图

9. gooood

gooood作为国内享有盛誉且影响力深远的网站，在设计领域占据着重要的地位（图4.31）。在这个平台上，用户不仅可以轻松查找到除室内设计之外的丰富作品，包括如诗如画的景观、独具匠心的建筑以及充满创意的艺术等，还可以轻松获得丰富的访谈和专辑类资讯，其中涵盖了设计师精心策划的品牌宣传，以及深入透彻的设计师专访等内容。同时，该网站的用户体验堪称一流，界面设计简洁明了，操作简便快捷，无须复杂的步骤即可轻松浏览各类精彩内容。网站对于作品与资讯的审核极为严格，以确保其内容质量高人一等，始终保持着高品质和专业性。

这里汇聚了海量的优秀设计师和相关企业，为用户提供了广阔的交流与合作空间，使得各种创新思维和精彩创意在这里得以碰撞和交融。社区的互动异常活跃，用户们可以积极地交流互动，尽情分享彼此的宝贵经验和独特见解，形成了一个充满活力和创造力的设计师社区。案例分析详尽透彻，助力用户更好地理解和学习，从而提升自己的设计水平。它能够及时发布行业内的最新动态和趋势，为设计师们提供源源不断的创作灵感和明确的发展方向。此外，网站还会不定期地举办各种精彩纷呈的设计竞赛和线上研讨会等活动，为设计师们提供了更多交流和成长的机会。值得一提的是，该网站支持多平台访问，除了传统的网页版，还拥有便捷的移动端应用，方便用户随时随地访问，让设计灵感无处不在，时刻陪伴在设计师们的身边。

图4.31　gooood网站截图

10. Core77

Core77始建于1995年，是一个专注于介绍全球工业设计行业信息的网站，拥有全球各地的工业设计粉丝（图4.32）。

其举办的Core77 Design Awards（Core77设计奖）是美国著名的设计大奖之一，用以表彰设计行业中卓越的、具备洞察力的设计师，学生与专业设计师在此同台竞争，具有极高的国际认可度。竞赛主题繁多，包含应用程序和平台、品牌与标识、建筑环境、商业设备、消费科技、社会影响设计、新兴技术、健康与保健、居家生活、运动与户外、可持续发展、玩具与游戏、运输等22个奖项类别，可供同学们尽情发挥。获奖没有捷径，做过一手调研的同学都会明白，实地考察才是真正打入“敌人”（即用户）内部最好的方式。

如果学生想冲刺Core77，即使是偏思辨的设计，也建议大家掌握一手资料，通过反复的测试与调研才能更好地打动目标群体。比如从Core77历年获奖的案例作品中，都能看出获奖者们在调研上下了不少功夫。

拿最近思辨设计的获奖作品*SENSETOPIA*来说，设计师Laila Snevele深入调研剖析了当前的食品生产格局，批判性地审视了加工食品对我们人类身体的破坏，导致过敏、食品不耐受和体重极端等问题；发现我们的大脑感官的灵敏度无法适应解读工业食品中的化学添加剂之类的不健康成分；凭借对人工智能与机器人技术的敏锐洞察，提出了一个未来根据需求定制感官的概念，设计了一套智能可穿戴设备来增强感官，检测食物中的过敏原及成分，从而开拓新的感官视野。

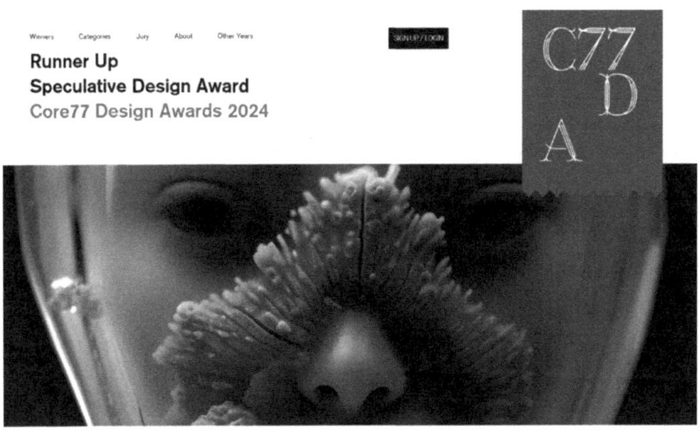

图4.32 Core77网站截图

第五章

当前社会经济环境对设计行业的影响

客观说，工业设计就业现状不乐观：人才找不到合适的工作机会，企业招不到合适的设计人才。工业设计专业学生，一部分毕业即转行，一部分继续读研，继续深造，准确说是先避开就业。但是，工业设计人才的缺口，依然存在。

当下工业设计专业的现状是：工业设计专业的大学生在当时选择专业时，初期并不了解这个专业到底是干什么的，甚至有人到了学专业课时，才发现，居然还要学素描速写。尤其是很多院校，把工业设计分到了机械学院，很多学生直到毕业都不了解工业设计的灵魂是什么，怎么才能算是优秀的工业设计师，所以就更别说工业设计毕业后能怎么就业的问题。这些问题，在不同的高等院校，或多或少、或深或浅地都存在着。很多在校生很焦虑，尤其是即将毕业的大三大四的学生，不知道自己的工作在哪里，毕业后的第一份工作到底是什么样子。导致这个现象的主要原因如下：

在十几年前，国内各类产品市场需求旺盛，市场空白较大，急需大量设计人才去设计，尤其是绘图人才。许多高校盲目地扩招，不管是否具有相应条件，纷纷设立了工业设计专业，这导致近些年来，社会上设计人员很多，虽然一定程度上推动了国家经济的发展，但现实情况是，工业设计人员非常多，但水平大多数都不太好，甚至很差。人才的过剩和人员质量的低下，使得就业形势不容乐观。2016年以后，国家发文要求很多高校撤销工业设计或者产品设计专业。

目前，仍有工业设计专业的高校，对工业设计专业如何培养设计人才，没有一个切实可行的主张。工业设计专业依然还要学习高等数学、微积分、线性代数之类的学科，其实这些课程对于从事工业设计而言，确实意义不大，而且大家都是为了完成学校任务而学习。大二阶段，学生开始接触专业课，专业课的设立本身没有问题，但是学生往往不知道这些课程的实际用途，即这些知识在社会中的具体价值何在，模糊的学习目标导致学习效率大打折扣，许多学生对专业课产生排斥心理，缺乏明确的学习动力，因此，建议在大一阶段，让学生尽早与社会接触，了解这个专业在社会上的需求是什么，甚至在企业实习一年半载。大学的老师大多缺乏实际的产品开发经验，与社会接触机会较少，更多时间忙在了撰写论文、报告以及职称评定上，使得学生难以获得高质量的教学。

工业设计专业的课程，必须有设计企业的参与，企业的工业设计总监去授课，教学效果会显著提高，因为企业更了解工业设计的现在和未来更需要什么样的人才。

现如今工业设计专业，出来的设计人员依然是学生，始终停留在“学生”阶段，连本像样的作品集都拿不出来。大家始终认为高等学府培养的设计人才，毕业后薪资理应达到万元左右，但是实际情况是薪资水平始终难以启齿。

如果你正在学工业设计专业，或者是已经毕业即将考研或者已经就业的，是否觉得对这个专业失望无助？本书会给出建设性的建议，也就是切实可行的发展方向。工业设计专业现状的局限，不代表这个行业前景不好，因为人才总会找到自己的用武之地。

一、AI与设计行业

人工智能（artificial intelligence，简称AI）的快速发展正在全面重塑设计实践。其中，生成式人工智能特别被大众广泛关注。这一创新型AI技术涵盖语言、图像、音频等多个内容生成领域，逐渐拥有替代传统人工劳动的潜力。

目前，生成式AI凭借出色的内容生成能力和用户友好性，在商业环境中获得了广泛应用，多个知名品牌开始利用生成式AI进行产品设计，如钟薛高的新款雪糕“Sa’Saa”以及王老吉的新产品包装等（图5.1）。然而，在社交媒体上，这些突破性的尝试并未完全获得正面评价，反而引发了设计师一系列的质疑与不满。随着生成式AI公众关注度与认知度的提升，生成式的人工智能对设计行业的冲击与机遇成为话题焦点。

图5.1 钟薛高雪糕、王老吉新包装

目前，对AIGC（生成式人工智能）这一概念的界定，尚无统一规范的定义。国内产学研各界对于AIGC的理解是“继专业生成内容(professional generated content,PGC)和用户生成内容(user generated content,UGC)之后，利用人工智能技术自动生成内容的新型生产方式”。在国际上对应的术语是“人工智能合成媒体(AI-generated media或synthetic media)”，其定义是“通过人工智能算法对数据或媒体进行生产、操控和修改的统称”。

2022年9月，中国信息通信研究院与京东探索研究院联合发布了《人工智能生成内容（AIGC）白皮书》。在该文件中，AIGC被界定为一个兼具多重属性的概念：它既是按照内容创作者视角分类的一种内容类型，又是一种独特的生产手段，同时亦被视为一套服务于内容自动化生成的技术集合。

综上所述，我们认为AIGC既是从内容生产者视角进行分类的一类内容，又是一种内容生产方式，还是用于内容自动化生成的一类技术集合。

二、设计领域人工智能的主要用途及其工具介绍

AIGC爆发式增长，各类AI软件应运而生，衍生出不少的设计行业AI软件，并且涵盖设计师工作的各个领域。到现在，人工智能已经成为了设计领域一个重要的工具，它可以帮助设计师们更高效地完成工作，同时也为他们带来了更多的创意，让设计更加灵活、更加多样化。

（一）AI类工具概览

（1）设计调研类AI工具

人工智能能通过分析和利用大数据来进行数据驱动的设计。设计师可以利用人工智能技术对设计过程进行数据分析，收集用户反馈和使用数据，通过分析这些数据来获取用户需求和市场趋势，为设计提供参考和决策依据。这种数据驱动的设计方法能够增强设计的用户导向性，并提高设计最终的用户满意度。此类AI一般为聊天式AI产品。用户通过询问获得调研数据以及对数据进行分析。AI聊天逻辑如图5.2所示。

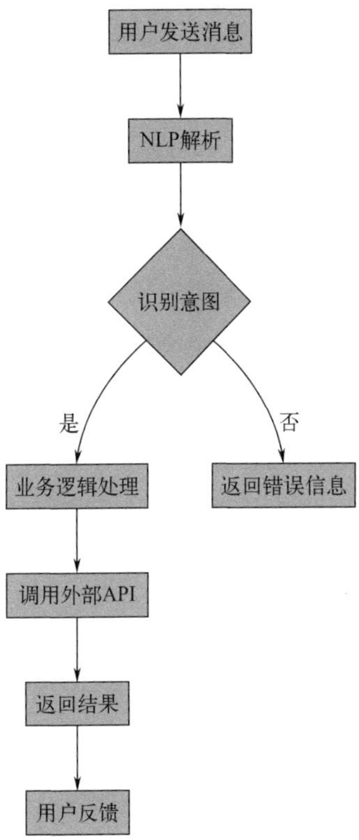

图5.2　AI聊天逻辑

（2）草图设计与处理类AI工具

在设计行业中，图像输出与处理是人工智能应用的重要领域之一。通过采用深度学习和神经网络算法，人工智能可以高效准确地识别和分析设计中的图像元素，从而帮助设计师更好地理解和处理设计需求。例如，人工智能可以自动检测图像中的颜色、纹理、形状等要素，并根据设计目标提供相应的建议和调整方案。这使得设计师可以更加快速地进行图像编辑和优化。

近年来，文生图和图生图的技术已实现大幅的进步，海外的Stable Diffusion、Midjourney已经能够提供较高质量的图像，国内的万兴科技的万兴爱画、百度的文心一格也已投入商用（图5.3）。

图5.3 部分AI文件生成图

（3）三维模型生成与处理类AI软件

由于3D内容包含的信息更复杂，创建一个3D模型涉及美术、建模、动画制作、编程等多种能力，专业人士可能需要花费数天时间、上万元才能完成。为了提高生产效率、降低制作成本，创造更有想象力的内容资产，近两年来，谷歌、英伟达、Unity、Adobe、OpenAI等大公司都先后发布了文字/图像生成3D的AI模型，从DreamFusion、Magic3D到Neuralangelo，再到Adobe Substance 3D、Ziva Real-Time 2.0、Shap-E，3D内容的生成质量和速度都有所提高，有机会应用至游戏、影视、XR、广告、建筑、电商等多个行业（图5.4）。

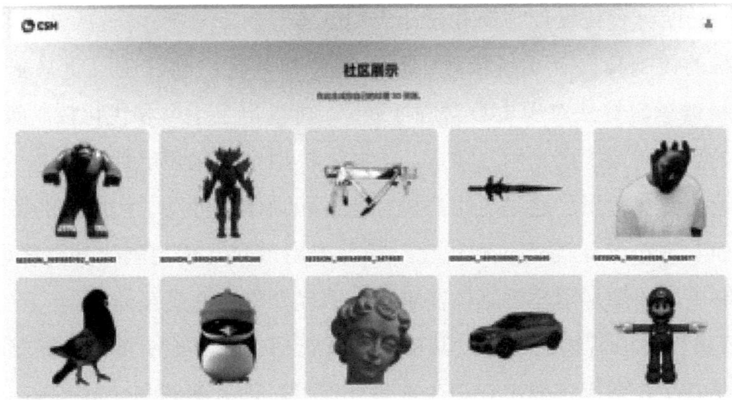

图5.4　3D模型生成

（4）渲染AI工具

“渲染AI工具”是指利用人工智能技术来优化三维模型，赋予其材质与打光的工具。这些工具通常用于设计、建筑、游戏开发等领域。AI工具通过深度学习算法，可以显著缩短渲染时间，提高效率。

同时根据用户输入的参数或设计意图，自动生成高质量的渲染图，减少手动调整的需求。或将一种艺术风格应用于渲染图像，使得图像呈现出不同的视觉风格，适用于艺术创作和视觉设计。智能优化：通过分析渲染场景中的元素，AI工具可以智能优化光照、材质和构图等，使得渲染结果更加真实和美观（图5.5）。

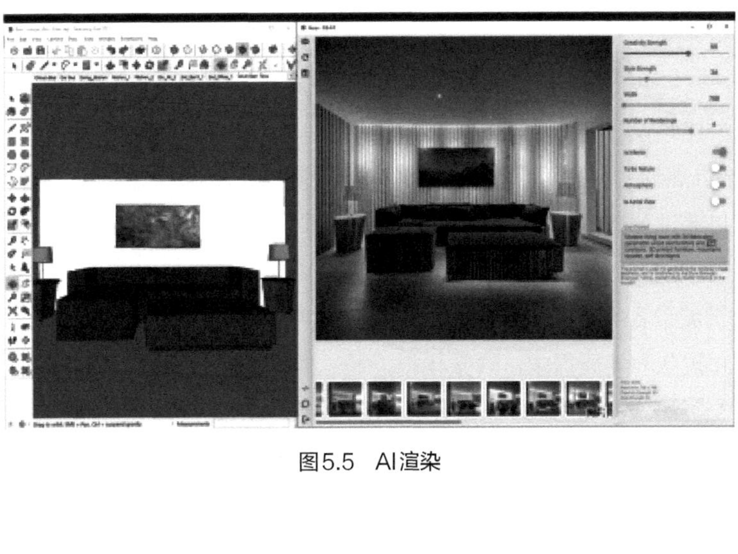
图5.5　AI渲染

（5）辅助可视化设计与交互设计类AI工具

传统的控制与交互系统依赖于预设的控制策略，难以适应动态变化。而AI通过机器学习算法对历史数据进行训练，可以自主学习和优化控制策略，从而更加灵活、高效地满足用户需求。同时，模型个性化和定制化将进一步提升智能座舱的交互效果。通过对用户进行建模和画像，可以了解用户的特征和偏好，进而实现个性化的适应和优化。模型的用户交互和定制化功能将使AI大模型能够更好地满足用户的具体需求，从而提升整体的交互体验。

图5.6为虚拟博物馆设计，其接入生成式AI工具平台，可根据提取的文化或设计要素在云端服务器上快速生成设计原型、创意案例和文创产品，并提供即时实验与设计修改功能，以提高学习的参与度和应用性。

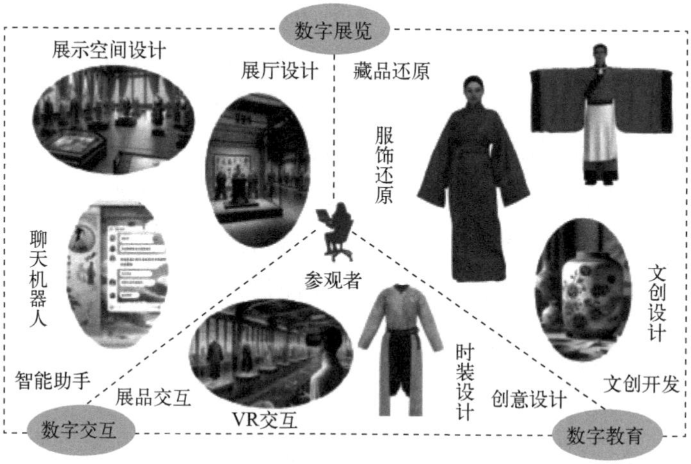

图5.6 虚拟博物馆设计

（6）建筑设计类AI工具

“城市规划AI工具”是利用人工智能技术来辅助城市规划和管理的工具。它们可以通过分析数据、预测趋势和模拟不同场景来提高城市规划的效率和质量。具体来说，这些工具可能包括以下几个方面：数据分析与建模，利用AI技术分析城市各类数据（如人口密度、交通流量、环境数据等），帮助规划者了解城市现状和发展需求；情景模拟，通过模拟不同的规划方案（如新建基础设施、交通路线变化等），评估其对城市发展的影响，帮助决策者选择最佳方案。AI建筑设计展示如图5.7所示。

（7）辅助生成AI大模型类软件

模型训练和部署是AI大模型应用中的主要挑战之一。训练和部署AI大模型需要大量的多模态数据，包括语音、图像、视频和手势等。数据的获取和处理是一个复杂的过程。模型的设计和优化是确保模型能够有效处理不同模态的数据并在多种交互场景中展现优异性能的关键。现在大部分领域都缺乏精确的AI模型，因此辅助AI大模型类软件（如图5.8所示）显得尤为重要。

图5.7　AI建筑设计展示图

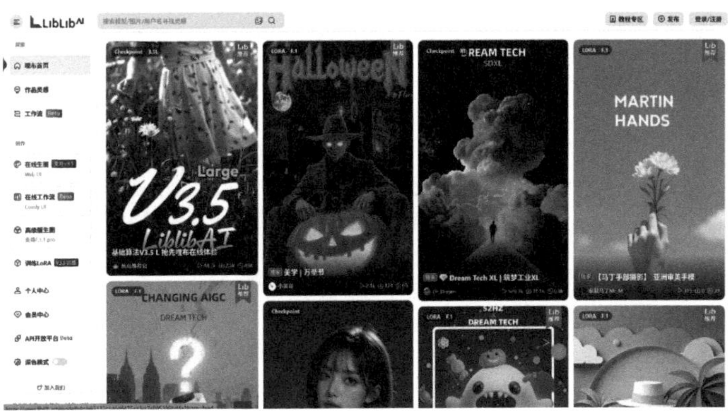

图5.8　哩布哩布AI创作平台

由此将软件分类并集成为一张表格，见表5.1。

表5.1 AI产品（软件）整合

类别	产品	核心能力	设计场景	推荐指数
设计调研类AI工具	ChatGPT	文生文	文学创作、商业文案创作、数理逻辑推算	★★★★★
	文心一言	文生文	文学创作、商业文案创作、数理逻辑推算、中文理解、多模态生成	★★★★
草图设计类AI工具	Stable Diffusion	文生图	灵感、改图、修复、找素材、场景设计等	★★★★★
	Midjourney	文生图	灵感、找素材、场景设计	★★★★★
	Jasper AI	文生文+图	偏运营，营销领域类的素材撰写，图文都配齐	★★★★
	D-ID	文生图、图生图	二维数字角色的生成	★★★★
	Mokker	图生图	抠图算法+SD Inpainting以及一些合成算法的结合	★
	稿定AI	文生图、图生图	集成图片生成、文本生成、排版等多种能力的AI工具	★★★★★
	Vega AI	文生图	基于SD做了一层国产包装，操作体验比较流畅	★★★★
	Scribble Diffusion	图生图	在线画线稿，生成图片，基于SD	★
	文心一格	文生图	国产Midjourney	★★★
	Dall·E	文生图	出自OpenAI文生图大模型，可控度和能力弱于SD	★★★★★
三维模型生成类AI软件	Shap-E	文生3D、图生3D	它可以使用文本或图像作为输入来生成一系列3D对象	★★★★
	Genie	文生3D	Genie是一个可以通过文本生成3D模型的AI神器，由Luma AI推出。支持调节模型的样式和材质	★★★★
	Meshy	文生3D、图生3D	文本生成贴图纹理、文本生成3D模型以及图片生成3D模型	★★★★★

续表

类别	产品	核心能力	设计场景	推荐指数
渲染AI工具	RenderNet	图生图	RenderNet是一款AI渲染软件，专门用于生成一致且逼真的角色图像，使其成为游戏开发、视觉叙事和营销等行业的宝贵工具	★★★★
	Mnml	图生图	将手绘或数字草图转换为照片级渲染，从单个草图中解锁各种设计变化。此功能为设计过程提供了无与伦比的灵活性	★★★★★
	Archvizz	3D渲染	可以创建逼真而独特的材质、纹理和表面处理，利用先进的AI算法，Archvizz AI可以优化渲染设置、缩短渲染时间，并以最少的用户干预生成高质量、逼真的图像	★★★★★
辅助可视化设计与交互设计类AI工具	Galileo	图生高保真	支持通过文本/图像生成高保真的UI设计，还可以导入Figma中做进一步的编辑	★★★★
	Framer	直接生成高保真	Framer是一款非常全能的UI/UX设计平台，支持界面设计、图层编辑、动画交互、多人协作、网站发布等多种功能	★★★★★
	Creatie	直接生成高保真	Creatie是一款免费的一站式UI/UX原型设计工具，支持界面设计、原型预览、多人协作、AI生成等功能	★★★
建筑方案设计AI工具	Architechtures	文生建筑方案	利用AI的尖端力量，分析场地条件、气候动态、预算限制和客户愿望。凭借丰富的知识，它推出了一系列设计方案，完美地协调形式和功能，同时将建筑愿景变为现实	★★★★★

续表

类别	产品	核心能力	设计场景	推荐指数
建筑方案设计AI工具	ArkDesign	AI直接优化方案	该智能平台可瞬间优化建筑设计，让你能够快速做出明智的决策	★★★★★
	BricsCAD BIM	2D草图转换为详细的3D模型；标注尺寸；识别错误	BIM将建筑物的架构、工程和施工封装在3D模型中，从而实现项目的整体视图。BricsCAD BIM通过引入AI来增强BIM的功能，建立创新与实用性的联系	
辅助AI大模型类软件	GitHub Copilot	编码寻求图像	通过搜集图像进行大模型生成	
	Tabby			

（二）AI在设计工作中的运用现状

1. AI在设计从业者中的普及程度

2024年3月25日—4月15日，D5联合资深行业媒体“青年建筑”发起了设计行业AI应用趋势调研，在参与调研的1770位受访者中，48.4%来自私营工作室和事务所，35.3%来自国有或民营设计院，14.9%为个人自由职业。调研内容如下。

（1）在设计工作中的使用程度

62.1%的受访者已经在项目中使用AI辅助设计，其中36.4%的受访者正在探索如何在项目中落地AI，可见AI正在快速融入设计工作流程中（图5.9）。

（2）使用AI工具的程度在企业中的占比

结合受访者所在的企业规模来看，中大型的设计企业对AI的应用和探索程度要高于小型工作室和个体从业者，并且企业规模越大，AI应用率越高（图5.10）。员工人数超过30人的企业（以国有设计院、民营设计院为主）的AI应用比例，对比规模在30人以下的小型企业（主要为私营工作室/事务所）超出了11个百分点。

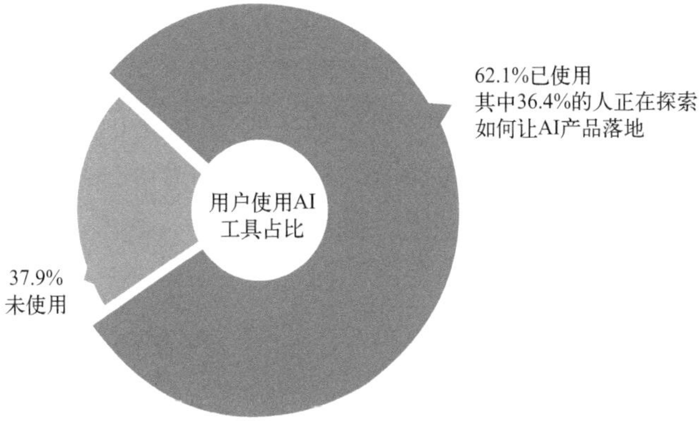

图5.9　用户使用AI工具占比

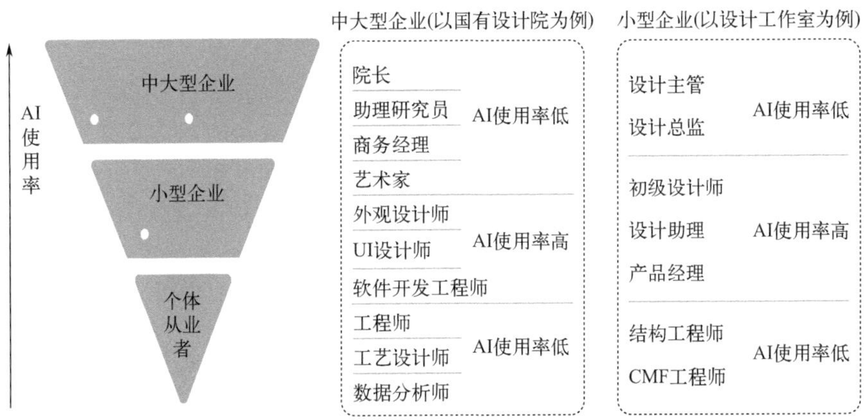

图5.10　AI使用率

2.不同领域设计师AI应用程度

（1）不同领域AI的主要运用功能程度

由调查可知，图像生成类工具使用程度最高，文本生成类工具使用程度次之，三维模型生成类工具使用程度最低（图5.11）。这是因为图像是最直观的、运用最广的设计创意表现方式，且现有软件算法较为成熟。而三维模型生成类软件并不成熟，且生成的模型面较差，难以更改，因此其在工业设计及建筑设计这类三维设计领域中使用程度较低，但对于平面设计，生成IP形象或辅助模型是非常有用的。文本生成类软件可以用于分析用户、输出创意等，并且可以训练其生成提示词复制AI设计。

（2）AI工具在设计不同阶段的运用程度

当前，人工智能普遍应用在项目的早期设计阶段，并且随着项目阶段的推移，AI应用率递减，已在项目中应用AI的409名受访者中89.9%选择将AI应用在初步方案阶段。在接受认知调查的1100名受访者中，67.7%的受访者认为初步方案是最需要AI参与的设计阶段（图5.12）。

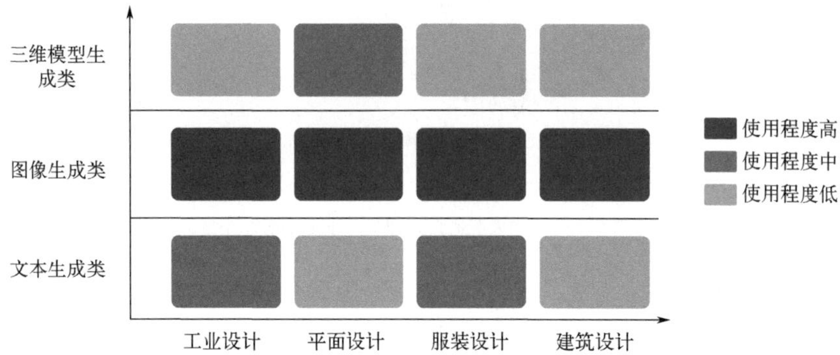

图5.11 不同领域AI使用程度

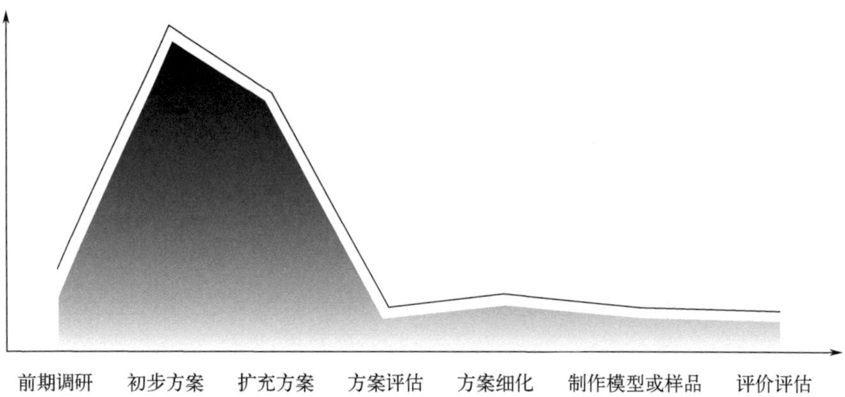

图5.12 设计流程中AI的参与度

由此可见AI具体应用案例大多在理念构思和意向参考阶段。前期的理念构思、意向参考阶段，是设计过程中最具开放性、探索性的时期。AI的发散性可以在该阶段为设计师提供多样化的参考，探索方案的更多可能性，让设计师将更多的时间投入到分析性的工作中。设计流程AI运用程度见图5.13。

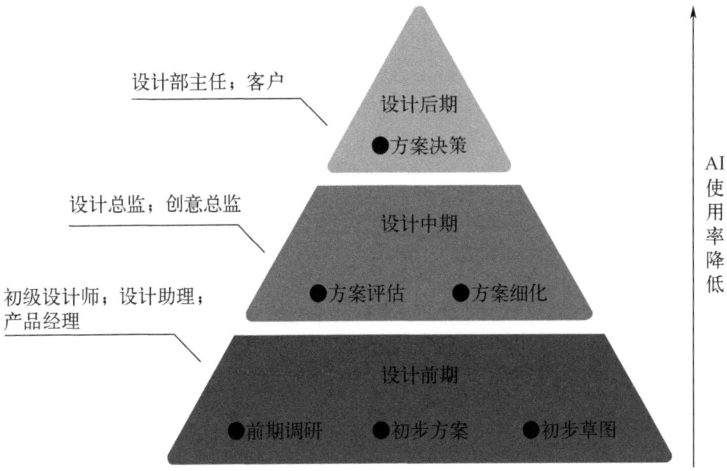

图5.13　设计流程AI运用程度

三、设计师使用AI工具时的主要痛点

1.AI模型缺失与训练成本

由于AI的底层逻辑是运用算法通过大模型对输入的数据进行处理，因此AI软件针对不同领域的算法以及大模型都不尽相同。这就意味着一个在某个特定领域（如医疗）训练的模型，可能在另一个领域（如金融）表现不佳，因为它缺乏相关的数据和知识背景。

模型的可解释性和可信赖性是AI大模型应用的另一个重要挑战。AI大模型的内部机制和逻辑必须具备透明度，以便用户能够理解模型的决策过程。模型的外部表现和效果也需经过详细评估，确保其输出的质量和效果符合预期。这些因素直接影响到模型在多模态交互中的有效性和用户信任度。

AI大模型构建示意见图5.14。

2.AI难以准确生成所需内容

调研中，85.4%的受访者认为AI工具的精准控制远未达到要求，68.3%认为输出成果不稳定，50.4%认为生成质量还不够（图5.15）。这三项数据揭示了当前AI工具在设计行业中的核心痛点。

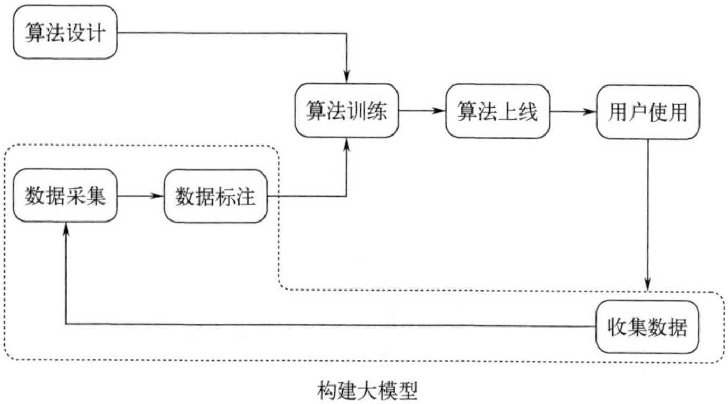

图5.14 AI大模型构建示意

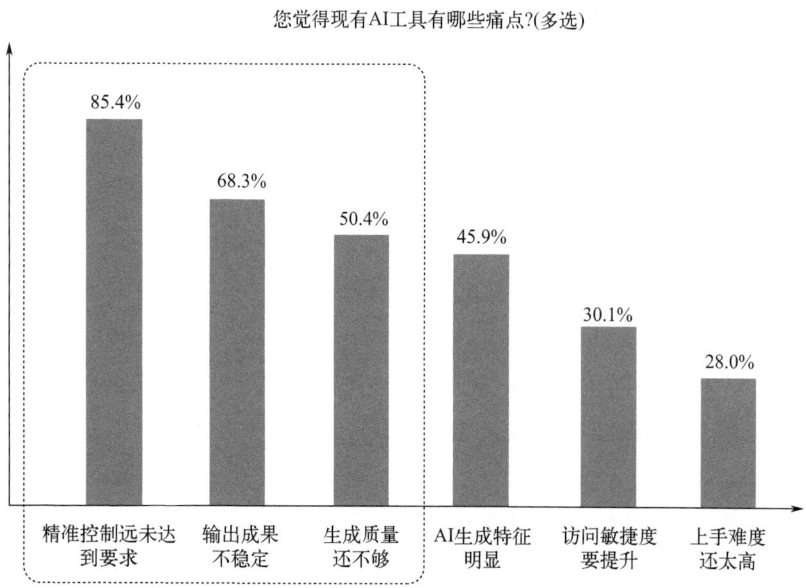

图5.15 AI工具使用痛点概览

在实际使用中发现，AI往往对于具象的需求表现得更好，而对于抽象需求表现得较差（图5.16）。

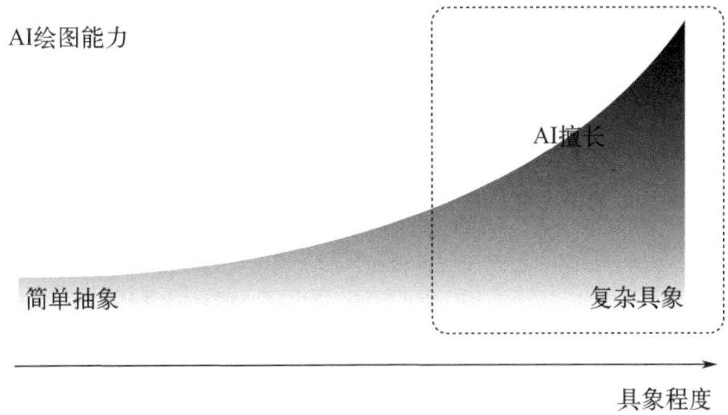

图5.16　AI绘图

四、AI对设计领域的影响与冲击

从科技领域的突破到艺术领域的争论，AI相关话题在2022年达到井喷式增长。然而，在AI绘画受到高度瞩目的同时，也需要客观审视其局限和问题，由此更好地把握AI绘画的发展方向。不同时代的设计见图5.17。

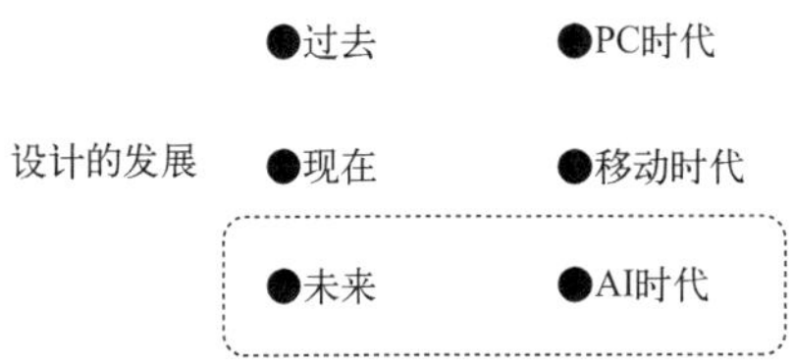

图5.17　不同时代的设计

1.AI设计对于设计师的影响

（1）AI对初级设计师的影响

不可否认的是，AI让设计越来越低门槛。只需要一个软件以及几个提示词，似乎就可以生成相对不错的方案。事实上对于要求没那么高的设计任务，AI已经能够出色地完成。这意味着低价值重复的工作会逐步被取代，进而考验设计师的核心竞争力。单纯的画图、拼接素材越来越难以支撑设计师足够的竞争力。

AI对于初级设计师的影响在于，这类设计师往往把自己定义为“外观设计师”。而这类劳动往往容易被拥有更多资源库、更强的算法的人工智能所代替。初级设计师如果只停留在设计的基础价值，却没有设计的核心竞争力，那么AI在视觉设计中的优势将会更大。设计的基础价值见图5.18。

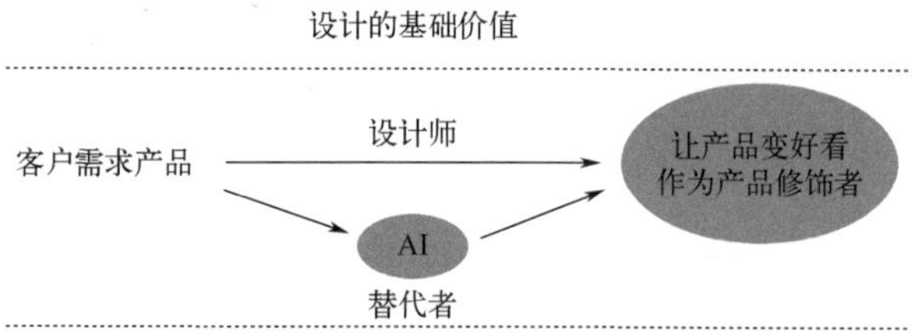

图5.18 设计的基础价值

（2）AI对中高级设计师的影响

在AI参与设计后，专业能力处于低端水平的人群将减少。而对于中高级设计师来说，无论如何称呼这一代生成式AI输出的作品，设计师们的共识是：它们对于设计师来说都还太初级，并不能成为最终的方案。几乎所有受访的设计师都认为，它是未来的大势所趋，应该以开放的态度“拥抱”技术。对于高级设计师来说AI做出的概念为“牺牲概念”（sacrificial concepts）——更正式的称呼是“炮灰方案”，这些只需要输入一些关键词就能产生的概念不会是最终结果，更多是用在前期调研中。

而对于高级设计师的核心价值——体验驱动产品、设计放大业务价值影响力，AI无法替代（图5.19）。当设计不仅仅局限于视觉，而是增加其逻辑以及感性层面的内容时，设计的可替代性就减小了。

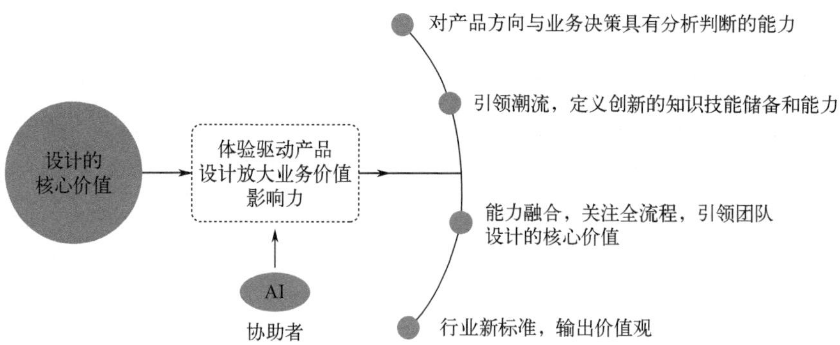

图5.19 设计的核心价值

2.AI设计对于消费者的影响

（1）完全的AI设计导致消费者对产品的消极态度

纵观过往研究，消费者对AI技术的态度一直是营销学领域重点关注的问题。大量研究表明，个体对算法及其衍生技术存在显著的负面态度，这种现象被称为算法厌恶。其一，基于AI的机械化特征，AI的情感缺失和非个性化服务会引发消费者的厌恶感。其二，从身份认同的角度看，AI的类人性可能威胁消费者的人类身份认知，引发消极情绪。

因此大量研究发现，当品牌推出以AI为主导的设计产品时，消费者对该AI主导设计产品的购买意愿会降低。具体来说，相较于人类设计师所设计的产品，AI主导设计的产品被认为是通过自动化技术完成的，不需要投入过多的人力资源或智力资源，因而消费者对品牌为产品设计所付出的努力感知较低。

（2）AI参与程度对于消费者评价的影响

消费者对“协助者”与“替代者”形象的人工智能产品评价可能存在差异。如前文所述，人工智能对消费者的替代意味着剥离消费者对产品的参与和掌控，引发消费者的身份认同威胁，进而可能降低消费者评价。而“协助者”则代表着人工智能与消费者之间的协作关系，强调了人工智能的工具化辅助性作用，降低消费者的威胁感，提高消费者的评价。从现有研究来看，当人们与人工智能合作时，会对人工智能产品产生更积极的态度；在消费者能够与人工智能共同参与产品使用过程时也会给出更高的产品评价。如图5.20所示。

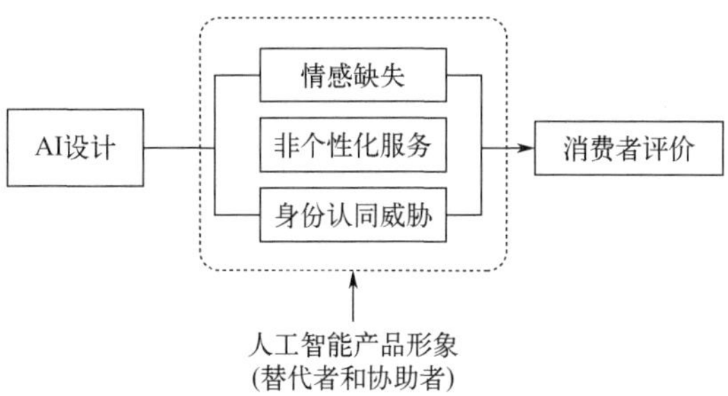

图5.20　AI影响消费者评价

3.AI对整个设计行业的冲击

（1）主体性问题

如果承认AI绘画作品是一种智力成果，那么其创作主体究竟是人还是其他？就目前阶段而言，AI绘画是人工智能依靠数据和算法获得的一种相对符合人类审美的创作能力。但AI绘画整个生产过程都需要人的介入，AI并不可能像人类一样具备生物性机能，形成独立思考的能力。

（2）艺术性问题

AI绘画为每个个体提供了生成绘画作品的权利，但这种生成更像一种工业化生产，与艺术的精准度或者说独创性相违背。从创作方式来看，AI是提取其他绘画作品的共性信息进行拼凑，而艺术家创作则在共性信息中寻求突破，所以AI绘画艺术的独创性有待提高。

（3）创新性问题

AI绘画会对传统创作者产生一些负面影响，例如，它可能使得传统创作者失去了自己原有的个人风格和特色，或者使得他们陷入了对AI绘画所带来的虚假或浮夸的绘画风格浪潮的盲目追逐。这些负面影响可能导致传统创作者迷失了自己原本的创作目的和意义，或者使得他们失去了创作的动力和信心。

（4）版权性问题

版权是所有数字内容生产绕不开的议题，而AI绘画又将该问题进一步放大。首先，一幅AI绘画作品的生成至少与三部分人群相关：使用AI绘画软件的用户、AI绘画软件的设计者以及软件投资商、开发商。三者皆对绘画作品作出了一定贡献，因此作品的最终归属权存在模糊地带。其次，AI背后的学习素材并非凭空而来，为了让绘画达到高水准需要不断扩充素材库。那么，使用这些素材是否属于侵权？再次，AI绘画作品必然综合了多种绘画元素，而对于前人的借鉴是否能够被法律保护同样处在灰色地带。

（5）伦理性问题

AI绘画还引发了道德伦理争议。人的意志在技术支持下获得了前所未有的放大，而技术本身不具备价值评判机制。对于门槛低、制作简单、成果真假难辨的AI绘画，必然会出现挑战世俗伦理的图像内容。比如，部分用户利用AI绘画软件进行色情图片制作，渲染挑战认知极限的图片内容进行牟利。

（6）消费性问题

AI绘画可以为艺术市场提供更多、更丰富、更多样化的艺术作品，从而满足不同层次、不同需求、不同偏好的消费者。AI绘画也可以为艺术市场带来更多、更便捷、更低成本的艺术交易方式，从而促进艺术市场的发展和繁荣。然而，AI绘画也可能对艺术市场和消费者产生一些负面影响，例如它可能使得艺术市场出现更多的艺术作品的仿制和盗用，从而损害了艺术作品的原创性和价值；它也可能使得消费者对于艺术作品的评价和接受出现更多的误解和偏见，从而影响了艺术作品的传播和影响力。

AI对设计的冲击如图5.21所示。

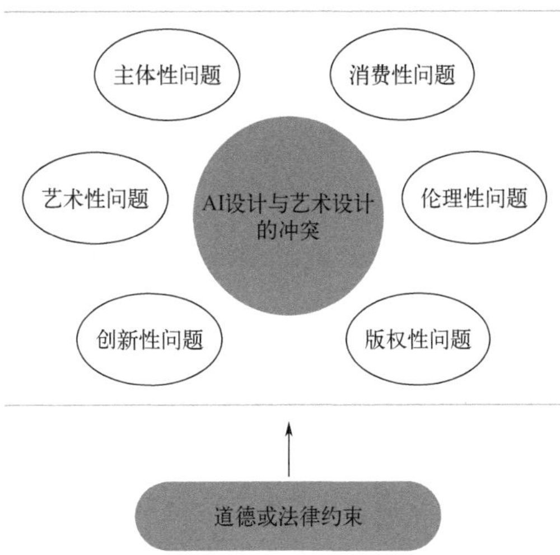

图5.21　AI对设计的冲击

五、AI背景下对于设计师的新要求与机遇

AI绘画极大地降低了艺术领域的从业门槛，并突出表现为创作者的涌现和创作能力的提升。技术赋权视角下，人人都可成为艺术家。随着AI绘画软件的完善和普及，人们只需下载AI绘画软件，输入文本指令，调整绘画风格，就能轻松获得一幅作品（图5.22）。只需要一段文字、一张图片，就能够快速完成设计。那么AI真的能完全取代设计师吗？AI背景下设计师要如何应对AI带来的危机？

图5.22 使用AI生成的图像

1.AI背景下对设计师的新要求

（1）决策成为设计师的重要工作内容

AI的本质是由输入到输出。即AI在算法上为设计提供了更多的可能性。通过机器学习和大数据分析，AI可以生成大量创意和灵感，使得设计师可以在更广阔的范围内探索和尝试。但AI并不能作为决策者，只是作为输出的工具。而设计师需要判断设计中要解决的问题或达到的目标是什么、需要聚焦于设计的什么层次、设计有哪些可行方案等。

由图5.23可以发现，越高层次的决策者使用AI工具的程度越低。这说明AI无法取代设计师的决策工作，设计师需要对AI生成的方案进行条件与成本预估，并且进行分析与思考，选出方案中的当前最优解，并且快速进入设计实施阶段。设计师要通过自己的经验做出成功的决策，帮助设计公司减少试错成本。显然此时AI工具更多的是一种创新的工具和方法，它让我们有更多时间专注于思考、测试概念和探索，而不是简单地制作。

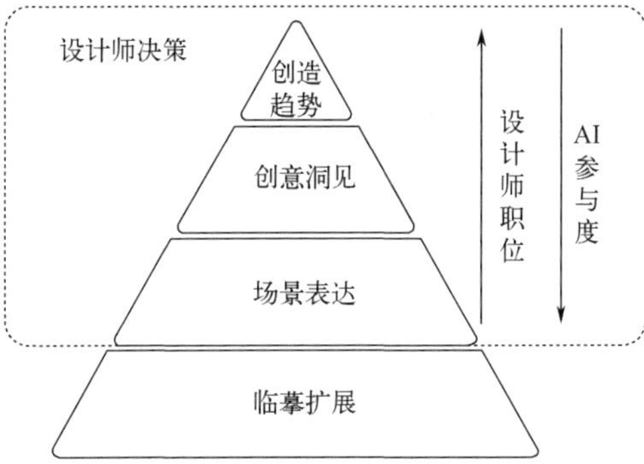

图5.23 决策含量越高的流程，AI使用率越低

（2）细致化、专业能力要求更高

想要做出良好的决策，就必须有扎实的专业基础。某种程度上讲，AI只是将设计中低端需求优化掉，而更细致的如设计学、美学、心理学、社会学、材料工艺学、色彩学、人机工程学、市场学等需要专业背景知识的内容，只能依靠设计师自身的专业能力来对AI生成的内容进行优化。虽然AI可以提供一些自动生成的设计元素或建议，但最终的创意、决策和表达仍然取决于人类设计师的能力。人类设计师可以通过使用AI工具来快速生成、操控和调整设计元素，从而释放更多时间和精力专注于创造性的思考和表达。企业更愿意以同样的人力成本换取更多后端细化设计师。

此类设计师的职业路线可能出现3种走向，且进程将被加快：一是努力提升自己的综合知识体系，能参与设计前期的定义工作；二是调整心态，更加精进已掌握的设计技能和产品开发知识点，更高效地细化设计概念方案；三是转移职场领域和路线，寻求新的职业道路。

设计师需要掌握的内容见图5.24。

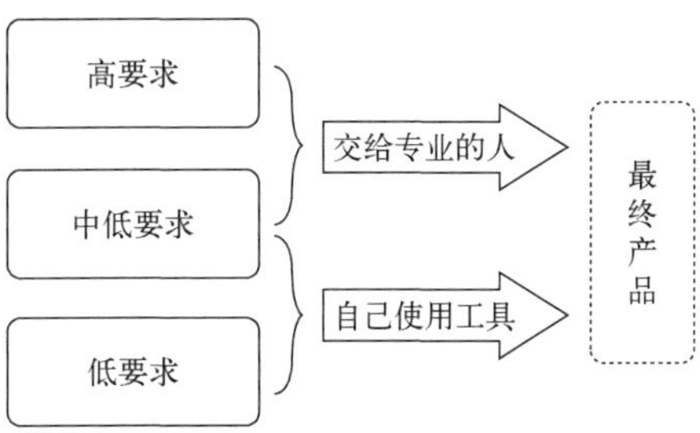

图5.24 设计师需要掌握的内容

（3）创造性的、理性的、以人为本的设计思考将更加重要

如果你想使用人工智能快速呈现新形状、颜色或饰面，它可能是一种有用的实验工具；然而设计师并不是美术生，我们所需要的并非博人眼球的形态，而是体验驱动产品、放大品牌影响力的设计，这正需要设计师创造性的、理性的、以人为本的设计。

全新的技能需要学习新的设计方法、新的表达形式——但我们所做的事情的核心是为使用者服务，这一事实不会改变。如果将设计的根本目的从“外观上的突出”转移到“服务消费者”，那么对于尖端的设计机构和创新顾问来说，人工智能可以简化流程，提高竞争力，产生更好的结果。如果这种情况发生——不以牺牲设计的商业价值为代价——那么这对整个行业来说可能是一件积极的事情。

AI介入设计思考如图5.25所示。

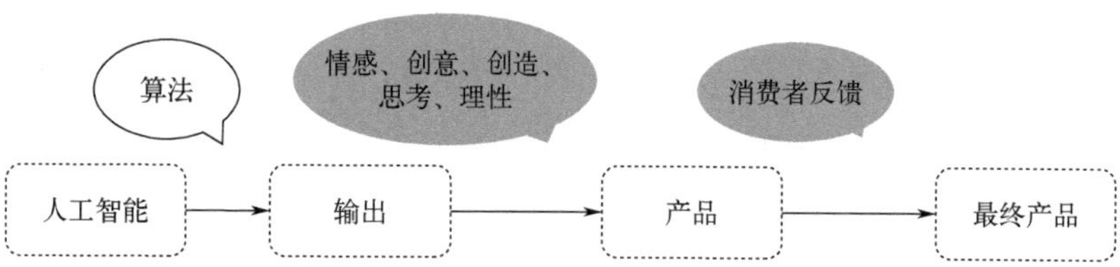

图5.25　AI介入设计思考

2.AI背景下设计师的新机遇

应用于设计的人工智能是一种工具——它是令人兴奋的、新颖的、引人注目的——但归根结底它只是一种工具。有一天，它将成为每个设计软件中的一个按钮，使我们能够轻松地完成今天难以手动完成的某些操作。

（1）新技术带来的新岗位

AI技术可以提供更快速、更精确的建模工具。通过深度学习和计算机视觉技术，AI可以自动识别和重建物体、场景和纹理，使设计师能够更高效地创建各种复杂的图片及模型。

然而作为一个工具，在实际应用中仍然需要对平台进行调试。现在一部分企业已经要求招聘熟练使用AI工具的设计师。企业需要既能熟练掌握人工智能的基本原理和应用技巧，又能将其应用于自己的设计工作中的设计师，以提高创作效率和创意质量。经验丰富的AI设计师能更精确、更迅速地输出企业

所需要的内容。同时各行业也在招聘程序员以训练专门的AI大模型。

（2）个人能力更加突出

从效率上来讲，人工智能大大减少了设计师从想法到执行的延迟。几乎所有的设计师都同意，AIGC工具可以作为自己在工作中的辅助，除了提供灵感，还能做资料收集等。当一位工业设计师能够与机器协同，更智能、更高效地工作时，其已经可以承担一个小型团队的任务了。

对于设计师来说，很明显的点在于当AI替代了其重复的工作内容时，设计师所要求的根本能力，如专业能力、学习能力以及决策能力等，都被放大了。对于高级设计师而言，AI在生产端的增益是指数级的，从而使效率实现了跨越式的提升。基于当前的发展速度，工具越来越便捷，效率增益还在不断扩大且没有收缩的迹象，这表明生产过程的体验已经不可逆了。如图5.26所示。

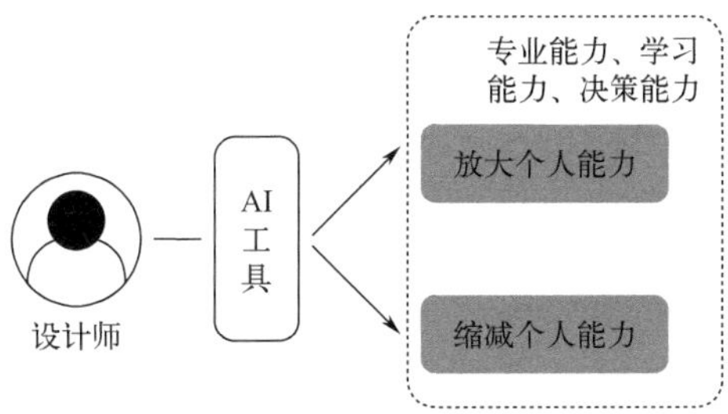

图5.26　设计师使用AI工具

（3）设计结果更有创造性

随着人工智能不断介入并深刻影响到设计领域，一个显著的变化就是设计师效率的提升和劳动力的解放。人工智能已经能够协助设计师，使作品达到令人惊羡的设计效果。其强大的功能为设计师描绘出一幅令人向往的未来景象：设计师的工作会变得难以想象地轻松，设计结果也将变得更具创造性。

六、设计类专业人才市场需求现状分析

1.技能与教育背景

在传统的设计企业中，学历在本科或以上的员工一般超过70%，部分设计

类岗位甚至超过95%，与高科技企业相当，高于互联网企业。人力资源管理一直是设计企业管理的重点和难点，有些设计企业甚至认为管理的核心是人力资源管理。

设计学是年轻的交叉学科，亟需加强基础理论研究，建立完善的理论体系，为设计学学科完善提供理论支撑，同时加大与其他学科的交流，促进学科之间的交叉研究，服务于新文科、新工科、新医科、新农科建设。同时，要加强设计基本规范研究，构建科学合理的融自然、人文价值观念于一体的设计价值标准，处理好与市场消费、生态环境、文化发展之间的关系。

如图5.27所示为清华美院信息艺术设计交叉学科研究生项目的培养模式。

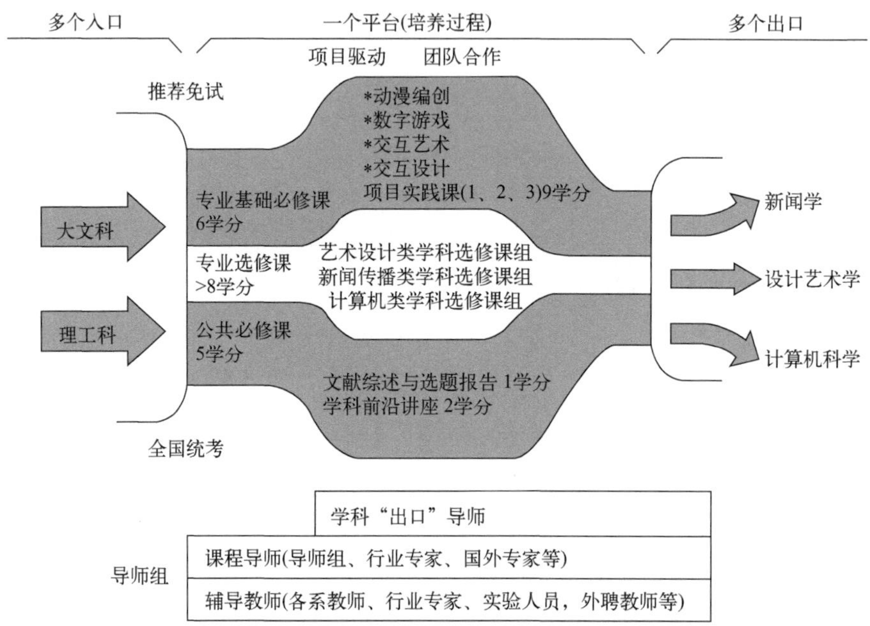

图5.27 清华美院信息艺术设计交叉学科研究生项目的培养模式

创意经济时代，设计作为增强国家创新能力的重要路径，已经成为众多国家的战略选择与产业政策构成要素，其核心目的是以设计驱动创新，增强本国产品在国际竞争市场上的差异化，以此提升国家总体竞争力。以世界经济论坛出版的《全球竞争力报告》的数据为例，在以国家设计水平与国家竞争力为坐标的数据中，国家设计水平较高的国家，其国家竞争力排名均处于世界前列。以设计为驱动力的国家创新能力直接关系到国家综合竞争力。

在创新型国家战略引导下，国家及地方出台了一系列与设计相关的政策，大力发展工业设计，推动文化创意和设计服务与相关产业融合发展。2014年，国务院出台《关于推进文化创意和设计服务与相关产业融合发展的若干意见》，推进设计与相关产业融合发展，更好地为经济结构调整、产业转型升级服务。2018年，工业和信息化部与住房城乡建设部相继出台《设计扶贫三年行动计划（2018—2020年）》和《住房城乡建设部关于开展引导和支持设计下乡工作的通知》，设计融入脱贫扶贫、乡村振兴等国家战略。2019年，工业和信息化部、国家发展和改革委员会、教育部和财政部等十三部委联合发布《制造业设计能力提升专项行动计划（2019—2022年）》，充分发掘了提升设计能力对于设计理念植入、科技成果转化、制造短板解决等方面的作用。各个地区也出台了一系列设计政策，例如，2021年，山东省发布《山东省加快工业设计产业高质量发展指导意见》；2022年，广东省出台《工业设计赋能广东行动方案（2022—2025年）》；2023年，河南省出台《支持设计产业高质量发展若干政策措施》等。

2.设计师所需具备的核心软技能

作为一名准设计师，不仅仅需要熟练掌握专业技能，还需要能够应对工作场景中层出不穷的挑战。在这个交织的技能图谱中，精准的草图绘制、对Adobe套件的熟练运用以及对设计原则与元素的深刻理解，往往是设计师之间热议的话题；然而，软技能的重要性却时常被设计师们所忽视。

软技能是促进团队合作与交流的基石。鉴于在设计工作场景中协作占据着重要的地位，设计师应将软技能的培养作为职业生涯中的首要任务之一。让我们一起深入探讨设计师应当如何培养那些重要的软技能。

与非设计师人群良好沟通（图5.28）。作为一名设计师，最关键的在于如何将你的构思想法有效地传达给整个团队。这个团队中不可避免地会包含非设计领域的成员，因此，能够清晰而简洁地表达你的想法显得尤为关键。如俗语所言，“一张图片胜过千言万语”，视觉沟通的力量不容小觑，它在某些情况下甚至可能比口头表达更为重要。将语言与视觉元素巧妙结合在一起，能够确保团队成员们对项目有统一的理解。设计师绝不能在潜意识中认为客户能够完全理解专业性表达。适当地详尽沟通是避免误解和混淆的有效途径。能够将复杂的设计理念转化为简洁明了的表达，让非设计师的团队成员也能领会其中的精髓，这不仅是一项宝贵的职业技能，更是设计师工作当中不可或缺的组成部分。这种有效的沟通技巧，是确保项目顺利开展的关键。

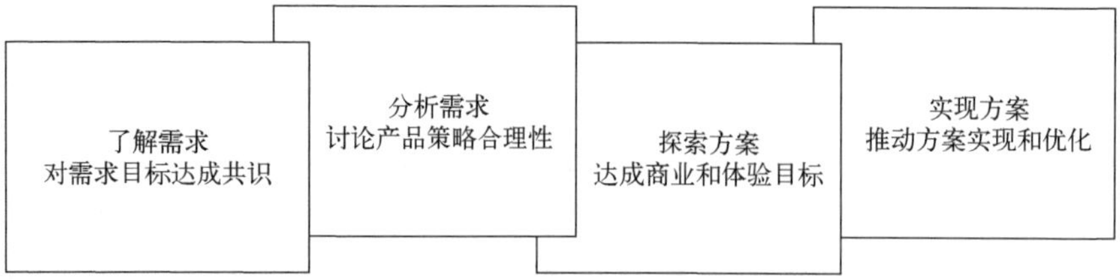

图5.28 设计过程中的沟通

同理心，不仅是一种性格特征，对于设计师而言，它更是以人为本设计理念的核心。拥有同理心的设计师能够深刻洞察客户的需求，从客户的视角出发，思考每一个设计细节。在众多场合中，客户可能难以精确表述自己的需求，此时，设计师的职责就是借助细腻的观察与深刻的同理心，发掘并解决那些客户尚未察觉的问题。优秀的设计师擅长通过产品或服务激发用户的情感共鸣，从而打造出令人印象深刻的用户体验。那些能够讲述有深度、触动人心的故事的企业，常常能在激烈的市场竞争中独占鳌头。设计不仅是连接物质的桥梁，更是情感交流的纽带，将人们紧密相连。在这一过程中，情感能够建立重要的联系，它是贯穿始终的黏合剂，让设计更具温度和力量。

时间管理技能。在设计师的职业生涯中，面对层出不穷的截止日期和并行推进的多项目挑战是常态。在这些项目中，每一个都可能处于设计流程的不同环节，管理起来颇具复杂性。因此，维持清晰的思路和有序的工作流程，以及执行有效的时间管理策略，是保证工作效率和高产出的关键。这样不仅能够节约宝贵时间，更能在进行资料检索和文件整理时，实现更为高效的工作状态。

学会倾听，对于设计师而言，不仅是一项基本技能，更是一种必须精通的艺术。采用3F倾听（图5.29）可将效率翻倍，即倾听事实，关注到用户的情绪并把握住对方真的想要什么和真正的意图是什么。这意味着要超越表面的言语，去洞察话语背后的更深层次意义。倾听的意义，在于听见之后的理解与感悟；设计师需要具备的，是一种深刻且全面的倾听能力，这对于职业发展起到关键性的作用。这种能力使我们能够洞察用户的隐性需求，体会他们的真实感受。在设计过程的每一步，每一次真挚的倾听都能推动我们向更完美的解决方案靠近。

图5.29　3F倾听

给予和接受反馈。设计流程本质上是一个迭代的过程，其中涵盖了多轮的反馈与改进，这一环节对于确保产品的持续完善与优化起到至关重要的作用；在设计团队内部，合作的基础在于批评，尤其是建设性批评的交换。只有当团队中的每位成员都能以开放的心态提供并接纳具有建设性的反馈时，这种批评机制才能发挥其应有的效用；设计师们才能相互依靠，彼此信任与携手共进，在不断的交流与学习当中，共同提升各自的设计技能。

演讲的能力。艺术设计的精髓，在于精准而有力地传达设计理念。相较于日常团队交流，演讲作为一种更为正式的表达途径，它不仅要求视觉上的吸引力，更强调内容的逻辑性和条理性，以此全面展现设计背后的思考轨迹。这一过程中，图像、图表与精练的文字巧妙融合，才能达到专业化的信息传递效果。

团队合作在设计领域内扮演着举足轻重的角色，是设计师们必须掌握的关键技能。设计师需要学会在团队中互相配合，共享创意灵感，协作解决问题。一个融洽的合作氛围，能够让团队成员的贡献得到应有的尊重与认可，进而凝聚成一股不可小觑的创造力量，推动设计项目的成功落地。在一个优秀的团队中可采用DISC四维分析法，结合项目组实际情况，可以将团队成员大致分为四类性格、四种行为导向，如图5.30所示。

每个人的性格中都兼具了多种类型和行为导向，只是所占百分比因人而异。对不同性格类型的人，采取的沟通方式也不尽相同，相对来说，谨慎型与保守型的人更亲和，沟通成本也低一些。没有一种特定的方式适用于各种场景和关系，对某些人有效的方法也许会对另一些人无效甚至造成伤害。

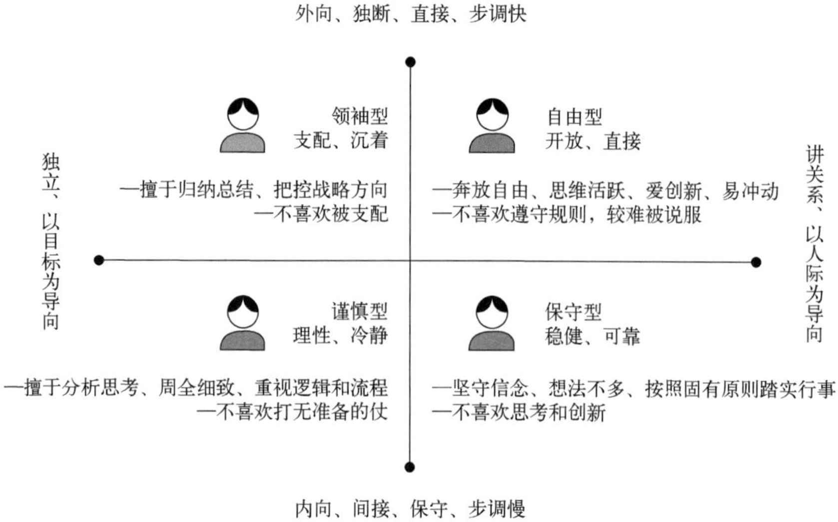

图5.30 DISC四维分析法

在探索问题的核心本质时，需要拥有质疑一切的心态，设计师往往会连续不断地追问“为什么？”，这一连串的质疑成为了他们洞察问题、达成目标、明确真正受益者的有力工具。在设计师的知识宝库中，“好奇心”占据着举足轻重的地位，它是驱动他们不断前行的内在动力。应对身边的产品保持一种深入研究问题的剖析态度，勇于提出如“制造工艺究竟如何？”或“设计背后蕴含着怎样的理念与思考？”等关键性的问题。批判性思维，作为设计师手中的一把锐利武器，可以助力穿透表象，深入挖掘问题的本质，进而找到更加精准有效的解决方案。

设计师的每一天都充满了不可预知的变数，项目方向或许会陡然转变，截止日期也可能突如其来地调整，随之而来的是压力的无形增大。成为一名真正灵活多变的设计师，就意味着要具备在任何变化与挑战面前都能游刃有余的能力，在工作场景下依然能够保持稳定的心态，井然有序地进行下去，让创意与效率在改变中依旧能够稳健前行。在设计这条充满变数的道路上，想法或许会发生改变，尝试可能会搁浅，计划也未必总能如愿。但请记住，坚持不懈才是击败失败的秘密武器。每一次不畏艰难的尝试，都是在为成功铺路。

对于设计师而言，学会不断调整对“失败”的看法和应对策略是至关重要的一步。无论是何种挑战，我们都能以更加从容不迫的态度去应对。记住，每一次努力都不会白费，只要坚持下去，成功必将在不远处等待着我们。总之，基于设计学交叉学科属性，培养设计策略研究和管理型人才，既不是培养工科的工程师，也不是培养艺术家，而是培养具有扎实的理论功底和多重跨界交叉知识储备，以及明显的综合、多元、交叉特点的“交叉型”设计师。

3. 设计师的市场分布及收入

已有数据显示我国设计师从业人数1700万（图5.31），截至2018年底，我国企业保有量已超过3000万家，平均每家企业拥有不到0.6个设计师，设计师一职市场潜力仍然巨大。

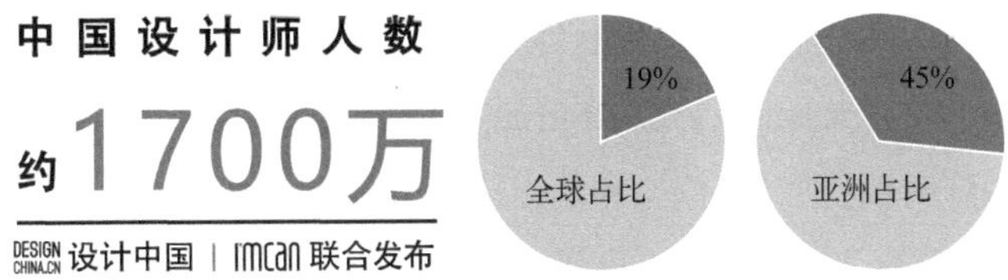

图5.31　中国设计师人数及其占比

中国设计师主要分布行业：建筑设计、室内设计、工业设计、服装设计、产品设计、平面设计、网站设计（图5.32）。设计师主要分布在经济发达地区、沿海区域及省会城市，北上广深是设计师的主要就业地。

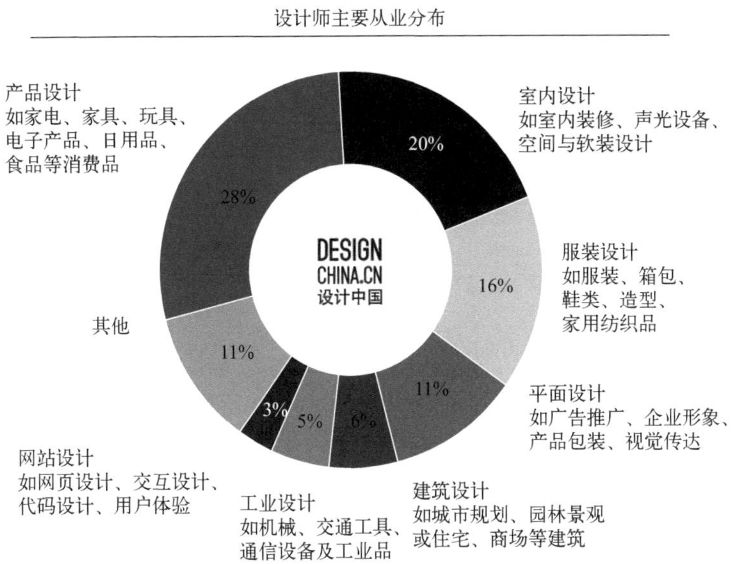

图5.32　设计师从业分布

城市，一个在做职业选择时会被反复衡量的因素，是否已经形成了各自的设计偏好或其他与设计师息息相关的特点？有研究者对城市地点、收入、设计职业以及大家为什么会选择待在某个城市做设计等问题进行了调查，结果显示：绝大多数人都是基于离家近这个原因而做出了职业选择。

但令人印象深刻的是，北京的设计从业者还是不约而同地认为这座城市有着较强的人文气息，虽然同时也存在着较强的审核限制；上海还是大多数人觉得前卫的地方，虽然也有观点提到，是前卫的人来了上海而不是这座城市的设计本就前卫……

以下，是来自不同城市，不同年龄，甚至不同收入的设计从业者们的生存报告，我们选取了回答中较为典型的大城市和小城市，包含北上广深，以及佛山和济南。

还查找了不同行业、不同工种的设计师的薪资水平情况，以下数据统计依赖于各平台发布的公开薪酬，实际情况视个人而定，仅供参考。

① 平面设计/电商美工。

平均工资：7400元（图5.33）。

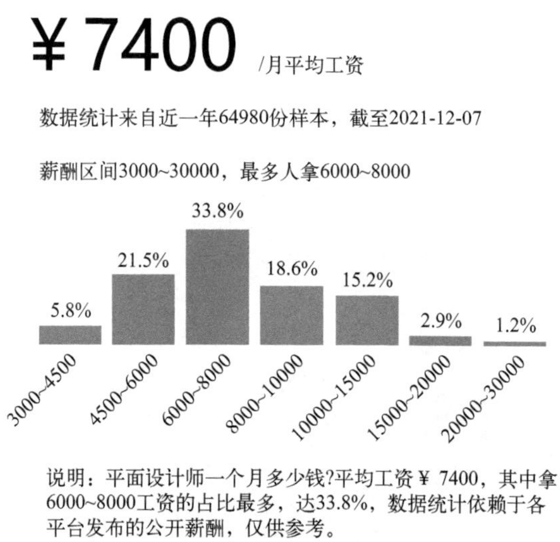

图5.33 平面设计师平均工资参考

在国内，平面设计被普遍认为就是设计菜单、名片、宣传单和海报这些。还出现了电商美工这个岗位，岗位职责就是抠图、美图，优化一下详情页。

这个岗位只需要掌握PS和AI再懂视觉传达就可以胜任了。所以工资普遍在6000～8000元。

如果定位在品牌设计的话，工资普遍在10000～20000元（图5.34）。

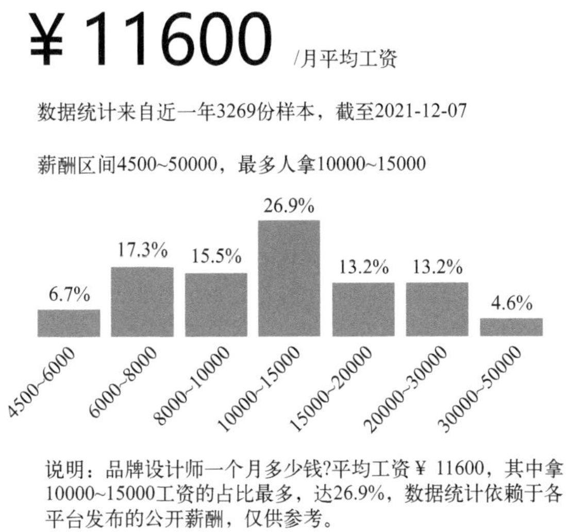

图5.34　品牌设计师平均工资参考

② UI设计师。

平均工资：12000元（图5.35）。

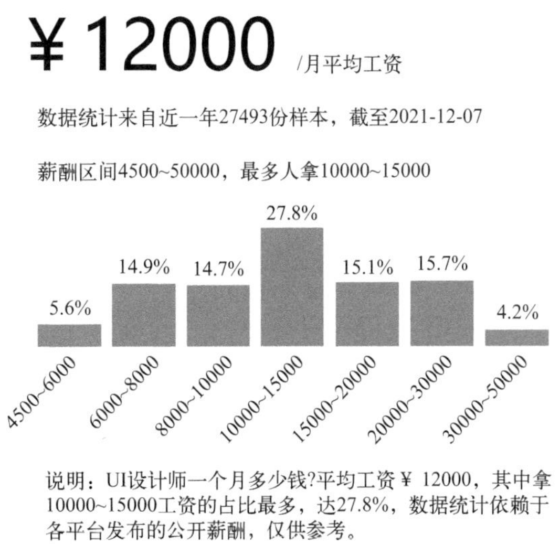

图5.35　UI设计师平均工资参考

视觉传达/UI设计师的工资普遍比平面设计高出许多。

一般要求也比较多，要求会品牌设计、包装设计并了解各种材料的印刷工艺。或者要求会Sketch、Cinema 4D等主流软件。需要较高的审美和丰富的想象力。

③ 房地产相关设计师，包括建筑设计、室内设计、环境设计等。

平均工资：9700元（图5.36）。

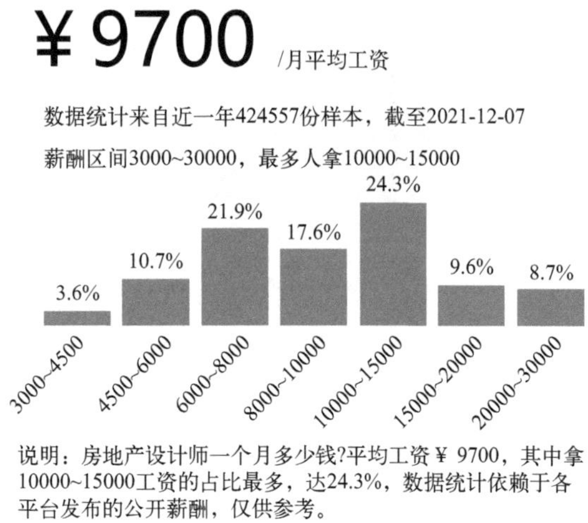

图5.36 房地产设计师平均工资参考

④ 建筑设计师。

平均工资：11800元（图5.37）。

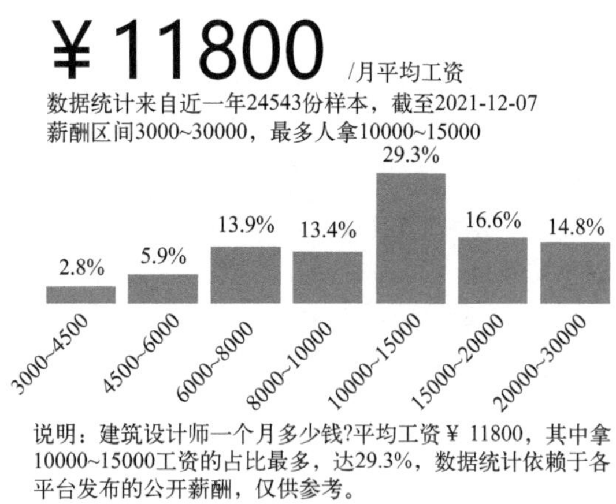

图5.37 建筑设计师平均工资参考

⑤ 规划设计师。

平均工资10500元（图5.38）。

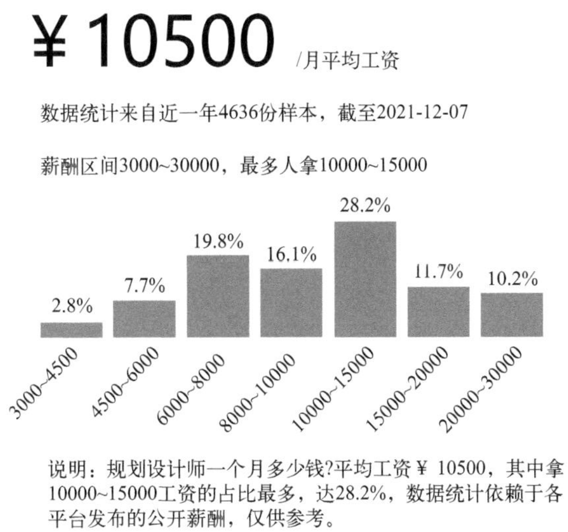

图5.38　规划设计师平均工资参考

⑥ 园林设计师。

平均工资：9100元（图5.39）。

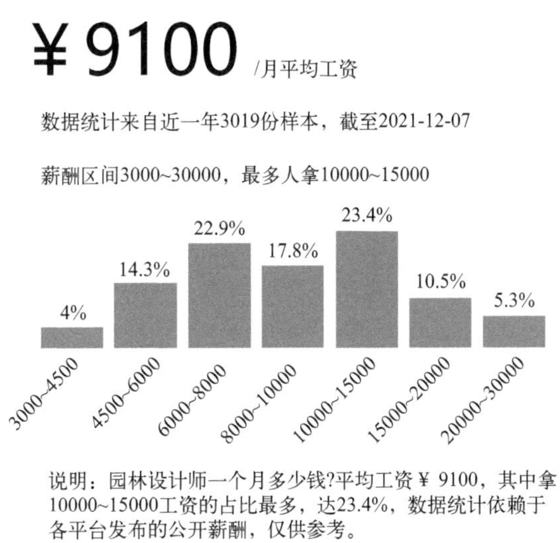

图5.39　园林设计师平均工资参考

⑦ 室内设计师。

平均工资：8600元（图5.40）。

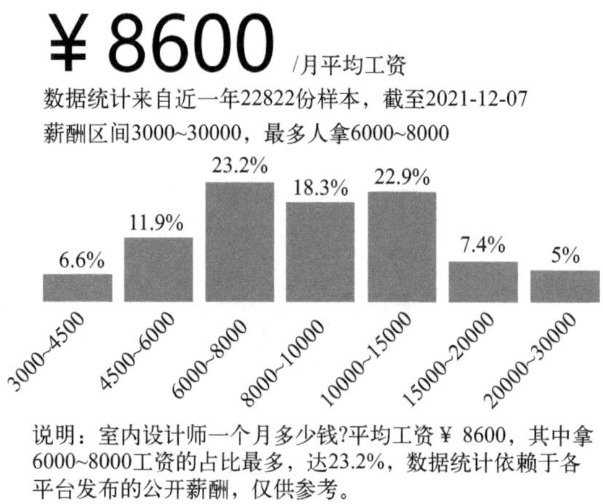

图5.40 室内设计师平均工资参考

从上述数据中，可以看出几个特点：

月收入3000～6000元的设计师比例约为19%，实际上，设计师助理或设计师实习生，实际待遇状况基本可以忽略，即使是被视为高收入地区的北京，至今还有很多公司，助理设计师基本工资在1000元左右。

收入较高人群，相比其他工种，仅有5%，属于比例偏低的行业。

4.市场需求的变化与未来趋势分析

当代设计领域正经历着前所未有的深刻变革与细致发展，它不仅是技术与艺术的交汇点，更是人类生活方式、价值观与社会责任的体现。在技术层面，数字化、智能化与人工智能的迅猛发展，使得设计工具与手段不断创新，设计过程更加高效、精准且富有创意。设计师们能够利用这些先进技术，创造出前所未有的视觉与交互体验，满足用户日益增长的个性化与定制化需求。

与此同时，设计的审美趋势也在发生深刻变化。消费者不再仅仅满足于产品的基本功能，而是更加注重其情感价值、文化内涵与环保属性。因此，设计师在创作过程中，不仅要追求形式与功能的完美结合，更要深入挖掘产品的情感共鸣点，运用色彩、形态、故事等元素，触动用户的内心。此外，可持续发展与社会责任也成为当代设计不可忽视的重要方面。设计师们开始积极探索绿色设计、循环经济等理念，通过创新设计促进资源的节约与循环利用，为地球的可持续发展贡献自己的力量（图5.41）。展望未来，当代设计将更加注重跨界融合与创新。设计将不再局限于某一领域或行业，而是与其他学科、文化、技术等进行深度融合，产生新的设计思维与创意。同时，随着全球化的深入发展，设计也将更加注重文化多样性与包容性，通过设计促进不同文化之间的交流与理解。在这个过程中，设计师们将扮演更加重要的角色，他们不仅是技术的掌握者、审美的创造者，更是社会责任的承担者与文化传承的推动者。

图5.41　生态薯条包装

如图5.42为MUJI的设计理念。

图5.42　MUJI（无印良品）

近年来，全球经济增速放缓，市场需求相应减弱，这直接影响了设计行业的发展。许多企业在缩减开支的过程中，首先削减的往往是与设计相关的预算。这使得设计师们在获取客户和项目上变得更加困难。随着人工智能和自动化技术的不断发展，设计领域中一些传统的工作正在被机器取代。例如，平面设计软件的智能化使得一些简单的设计工作可以通过算法自动生成，这使得设计师的工作变得更加复杂和高级。设计师必须面对技术进步带来的职业威胁，并在此基础上重新定位自己的角色。AI时代的到来，让我们拥有更多的时间与精力放在创作与构思上，而不是花大量时间去埋头画图（图5.43、图5.44）！

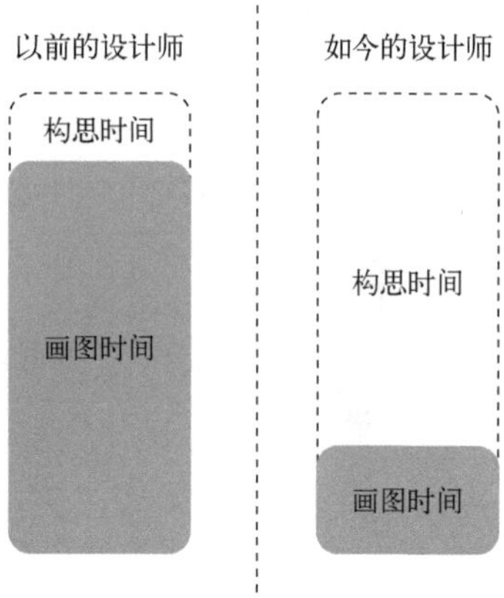

图5.43　AI时代的设计师的转变

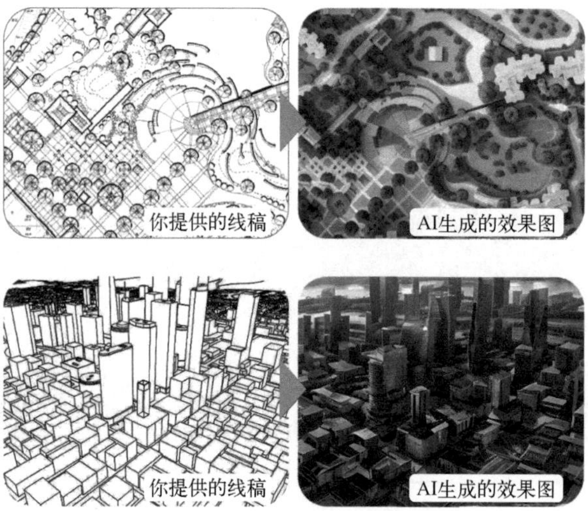

图5.44　AI工具的应用

现代市场需求变得越来越多元化和个性化，客户不再满足于标准化的设计方案，而是希望能够获得更具创意和个性化的设计服务。这就要求设计师不仅要具备基本的设计技能，还要能够理解和把握不同客户的需求，提供定制化的设计解决方案。

为了应对市场需求的变化，设计师需要打破传统设计领域的边界，尝试进入新的设计领域。比如，传统的平面设计师可以尝试学习UI/UX设计，进入互联网和软件开发领域；工业设计师可以学习服务设计，拓展到用户体验和品牌设计方面。通过拓展设计领域的边界，设计师可以扩大自己的职业发展空间，增强市场竞争力。

四大设计趋势如下。

（1）旅行处方

在都市生活中，日常琐事会逐渐消耗人们前行的动力。偶尔出行，回归大自然，是都市人缓解积压的焦虑的为数不多的选择。通过“旅行处方”，积压的负面情绪会得到自然消解，帮助都市人重拾活力。

便携式户外用品等给露营者带来了舒适与便利的体验，让露营更加贴近日常生活。现代的设计轻便且易于携带，在运输和存放时占用空间小，高效简易的安装方式节省了许多时间和精力。“一物多用”的户外生活器材延伸了人们对户外生活的想象空间。

（2）对话生成内容的人工智能带来的创造力思考

内容生成式AI的突破性发展正在重塑人类创造力的疆界。这种以算法为思维脉络的认知体系并非对人类思维的简单模仿，而是通过其独特的计算美学与人类的创意思维形成交响共鸣，释放出突破传统约束的创造力。

而内容生成式的AI技术却引起了一轮意想不到的个性化的基因突变。互联网上涌现出了像THE EON这样小众的原创品牌，带来了一系列具有未来感、科幻金属感的AirPods Max个性化外壳，赋予了原本同质化的AirPods Max新的潮玩属性（图5.45）。

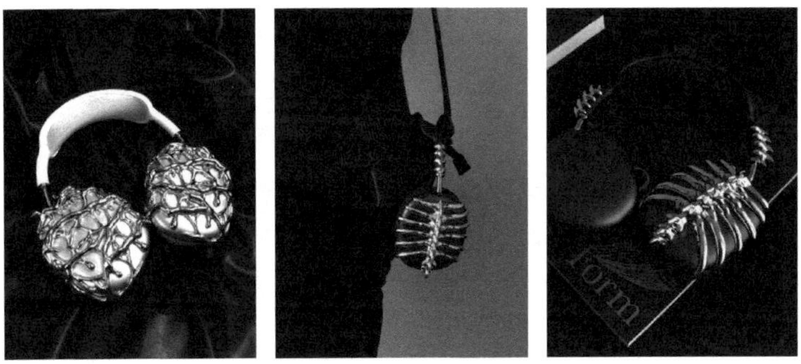

图5.45　THE EON的产品

（3）投入——为了理想人设心甘情愿、奋不顾身地投入到烧钱的爱好中

在现代社会细碎压力之下艰难前行的年轻人，什么能给予他们即时的感官快乐呢？当我们深入探寻一个个“投入”的故事，就会发现其背后隐藏着年轻群体对生活意义的执着探索，这是他们从“萌新”逐步成长为“高手”路上的精心准备，也是他们追求更美好生活时涌现的力量。

随着时代的发展，传统商业以满足人们物质需求为主的时代已经过去。消费者对现代商业的需求，越来越多地向精神世界转变，社交成为人们情感连接的一种互动形式。社交网络强烈地影响着年轻人的现实生活。年轻人通过社交网络分享“真实生活”，找到生活理念和兴趣爱好相似的用户，形成兴趣圈层。时尚成为了一段无声的自我介绍、一个只有部分人懂的“黑话”、一个视觉元素、一个标志，所有这些都成为Z世代进入一个新圈子的入场券，每一种流行起来的时尚趋势都有标志性的元素，只要掌握，可迅速成为圈子里的一员。艾媒咨询发布的《2022年中国兴趣消费趋势洞察白皮书》显示，在消费金额上，新青年兴趣消费的月平均支出占27.6%。如今价格并不是稀缺性的必要条件，甚至有一些便宜小物反而成为了Z世代追逐的对象。快速断货的流行物品、很难获得的圈内标识、有人数限额的流行生活方式，只要是“少数”，就是快乐。

（4）心若存美，瞬息亦是永恒

新中式的灵感来源于优秀传统文化，并吸收融合了当下大众的美学理念。曾经的中式、古风还属于小众，如今已经成为一种时尚，并在消费市场掀起了一片新中式热潮。传统糕点通过植入国潮元素开拓千亿市场，还有古风香膏、新中式发型、国风项链、中式下午茶……新中式融入年轻人的衣食住行，以一种强势的姿态冲击主流市场。中国传统文化根植在国人的心中，而新中式通过创新让传统文化在新一代年轻群体中流行，并带动了消费的各个方面。

在快速变化的市场环境中，设计师必须保持持续学习的态度。通过不断学习新知识、新技术和新方法，设计师可以保持专业技能的先进性，适应市场的变化。例如，参加专业培训、参加行业会议、阅读专业书籍和文章，都是设计师提升自我的有效途径。持续学习不仅可以帮助设计师提高专业水平，还可以增强其职业发展的弹性和适应性。

在当前市场不确定性增加的背景下，设计师面临着诸多挑战，但也存在着许多机遇。通过多元化发展、技能提升、跨界合作和创新思维的培养，设计师可以在市场变革中找到新的职业出路。与此同时，设计师还应注重个人品牌的

打造和社交网络的利用，增强自身的市场竞争力。未来，设计师不仅要适应市场的变化，还要积极拥抱变化，通过不断学习和创新，开创更加广阔的职业发展道路。

5.市场需求对教育与培训的启示

（1）设计教育的类别与定位

设计教育，狭义上理解主要是一种专业性教育，其可以定义为通过系统地、较深入地、全面地学习及实践有关设计理论、基本知识和技能，培养具有创新精神、专业设计素养，并且能够适应设计领域相关专业需求的人才的教育体系。广义上理解，设计教育超越了专业领域的局限，其是指通过对设计文化、设计理念、设计实践等的学习促使人类素养发展的教育。

我国传统教育中根据职业能力的要求，专业之间划分得非常明确与清楚。随着社会的发展，现代教育以人为本的理念，强调各层次以促成人的完善为人才培养目标，关注学生核心素养与21世纪技能的提升。在专业和课程设置上，不同层次、不同学科之间呈现丰富的网状联系，学科之间的跨领域融合越来越多，因此要求一些专业基础课更具有普适性和全面性的特性。从学科视角来看，可将设计教育划分为专业教育和非专业教育。专业教育侧重对学生的专业知识和技能的传授与训练，非专业教育与社会和生活相关联，关注学生设计素养的形成。专业教育突出设计学科的严谨性和学术性，主要是在高等教育阶段的设计专业中开展；非专业的设计教育关注的是在教育教学过程中以素养育人为主线，包括在基础教育阶段、高等教育阶段围绕设计开展的教育实践活动，以及职业领域的设计培训。将设计纳入教育的通识内容，将设计素养视为创新时代人们的必备素养，正逐渐成为面向创新的教育改革的趋势。不同教育阶段的设计教育如图5.46所示。

（2）设计思维的发散聚敛与创新思维训练

创新思维是指能形成有创新性和价值性的思想观念与理论方法的一种高级的、复杂的认知能力。创新思维的本质是大脑产生灵感或顿悟的心理加工过程，由发散思维、逻辑思维、形象思维、直觉思维、辩证思维、横纵思维组成，具有新颖、独特且有意义的活动基础，更在于思维与想象的深度融合、灵感的自然迸发，以及分析思维与直觉思维的辩证统一、发散思维与辐合思维的有机结合。

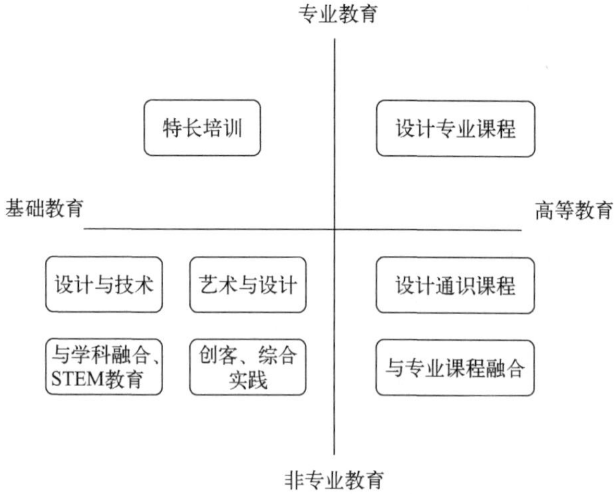

图5.46 不同教育阶段的设计教育

设计是发散思维与聚敛思维的有效结合，早在20世纪80年代，Lawson就提出，发散思维促使人们在设计中探寻尽可能多的解决方案，聚敛思维帮助人们从众多方案中选择最佳方案。在定义问题和确定问题的解决方案这两个设计的关键环节中均会发生思维发散与聚敛的过程（如图5.47所示）。

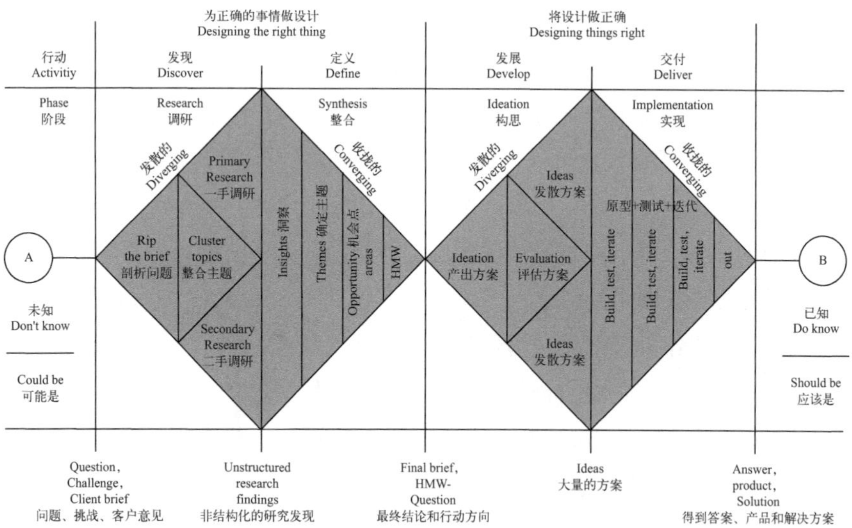

图5.47 如何开展设计教育

（3）以综合设计素养与学科素养为培养目标

无论是高等教育还是基础教育阶段，在现有的课程体系中融入设计教育，在教学目标的制定上按照布鲁姆的教育目标分类法可以分为两大层面三个维度（如图5.48所示）。两大层面是指综合考虑设计素养与学科素养，理解设计与科学、社会、技术、艺术等其他学科之间的关系；三个维度：一是相关设计知识、技能、方法层面的引导；二是运用学科知识解决问题的设计实践能力的培养；三是兴趣、意识与态度的养成。

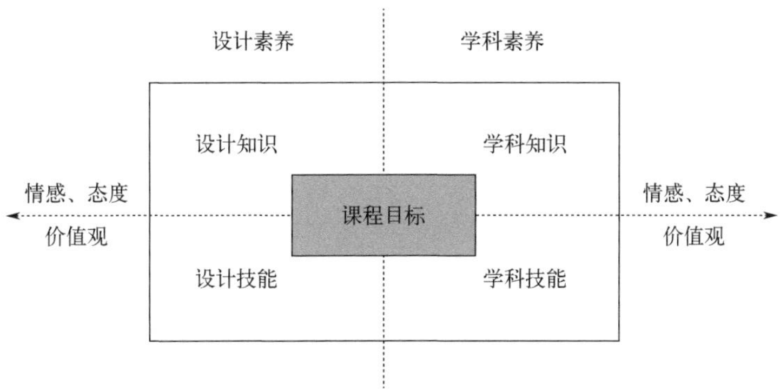

图5.48　综合化的设计教育课程目标

（4）由简单到复杂的设计教学内容

如图5.49所示。

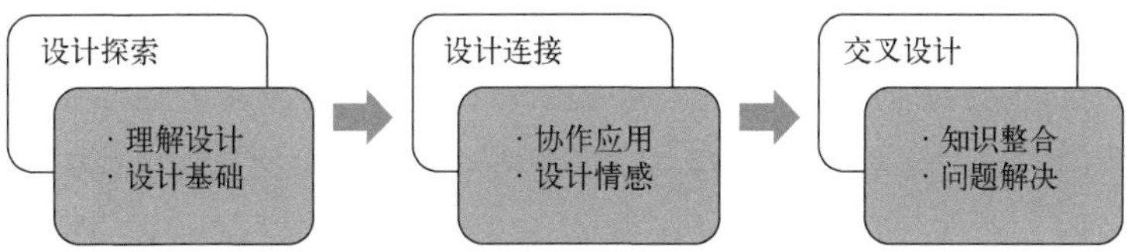

图5.49　由简单到复杂的设计活动

（5）互联网新兴设计人才白皮书——腾讯用户研究与体验设计中心（腾讯CDC）联合UI中国发布

从招聘数据中，我们能看到2019—2021年的同期招聘信息，2021年9月线上发布的设计岗位招聘总量为37万多个，与2020年同期相比增加了43.3%，设计人才需求大幅上升（图5.50）。

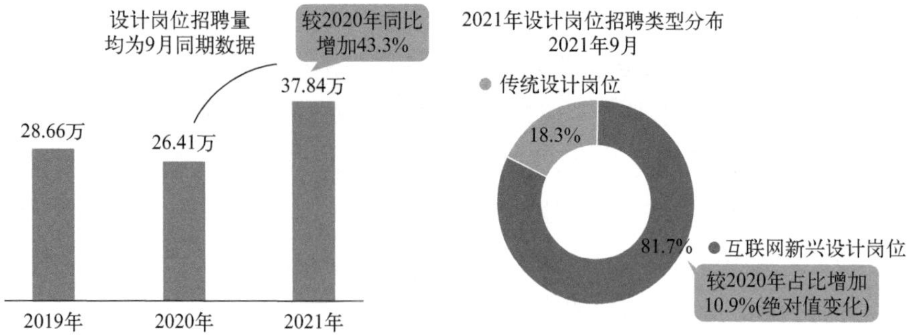

图5.50 设计岗位招聘及分布

从行业领域来看，互联网新兴设计仍占多数。互联网新兴设计泛指数字媒体艺术、视觉传达设计、产品设计三大热门专业及特定行业细分专业，比如游戏设计、交互设计等（图5.51）。

传统设计门类(18.3%)	·服装设计 ·产品工业设计 ·包装设计 ……	互联网新兴设计(81.7%)	·视觉设计 ·运营设计 ·体验设计 ·交互设计 ·UI设计 ·服务设计 ·品牌设计 ·游戏设计 ·用户研究……
设计职能	聚焦 | 产品研发	设计职能	延伸 | 前提规划 产品研发 产品及品牌营销及运营升级迭代
设计介质	有形 具象 | 静态图像 实物三维造型	设计介质	无形 抽象 | 交互过程 体验感受 服务流程及内容 品牌个性
设计工具	以传统专业创作类设计工具为主，沟通协作相对较少，工具技能壁垒强	设计工具	以体验设计工具为主，且创作与协作类工具并重，体验设计工具拉平了各岗位技能壁垒并提升了设计效率

图5.51 传统设计与互联网新兴设计对比

随着互联网增速放缓，越来越多的新兴设计类专业从业者逐渐往传统领域渗透，如生产制造、建筑、医疗、交通领域的从业者占比呈现出逐年上升趋势（图5.52）。

从薪资数据看，与2019、2020年同期招聘相比，2021年设计岗位总体平均薪资上升了22.7%，为11600/月。而互联网新兴设计岗位2021年招聘平均薪资为12500/月，较2020年上升了24.8%，主要为10000/月以上薪资的占比较2020年增长了16.8%。设计岗位招聘平均薪资大幅增长，互联网新兴设计岗位中等收入岗位比例上升，主要增幅来源是应届生平均薪酬提高。如图5.53所示。

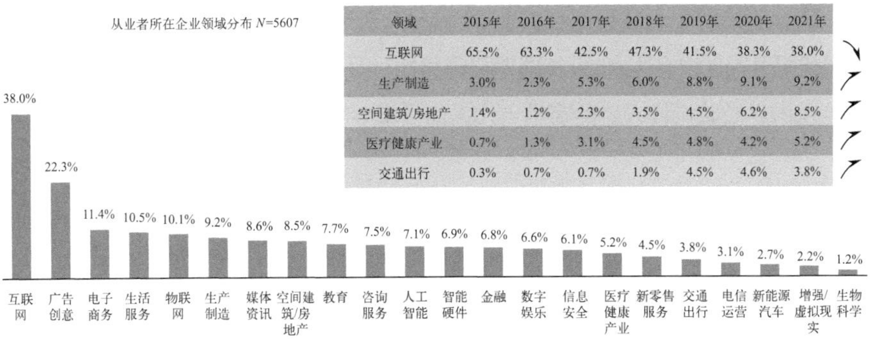

领域	2015年	2016年	2017年	2018年	2019年	2020年	2021年
互联网	65.5%	63.3%	42.5%	47.3%	41.5%	38.3%	38.0%
生产制造	3.0%	2.3%	5.3%	6.0%	8.8%	9.1%	9.2%
空间建筑/房地产	1.4%	1.2%	2.3%	3.5%	4.5%	6.2%	8.5%
医疗健康产业	0.7%	1.3%	3.1%	4.5%	4.8%	4.2%	5.2%
交通出行	0.3%	0.7%	0.7%	1.9%	4.5%	4.6%	3.8%

图5.52　设计从业者所在企业领域分布

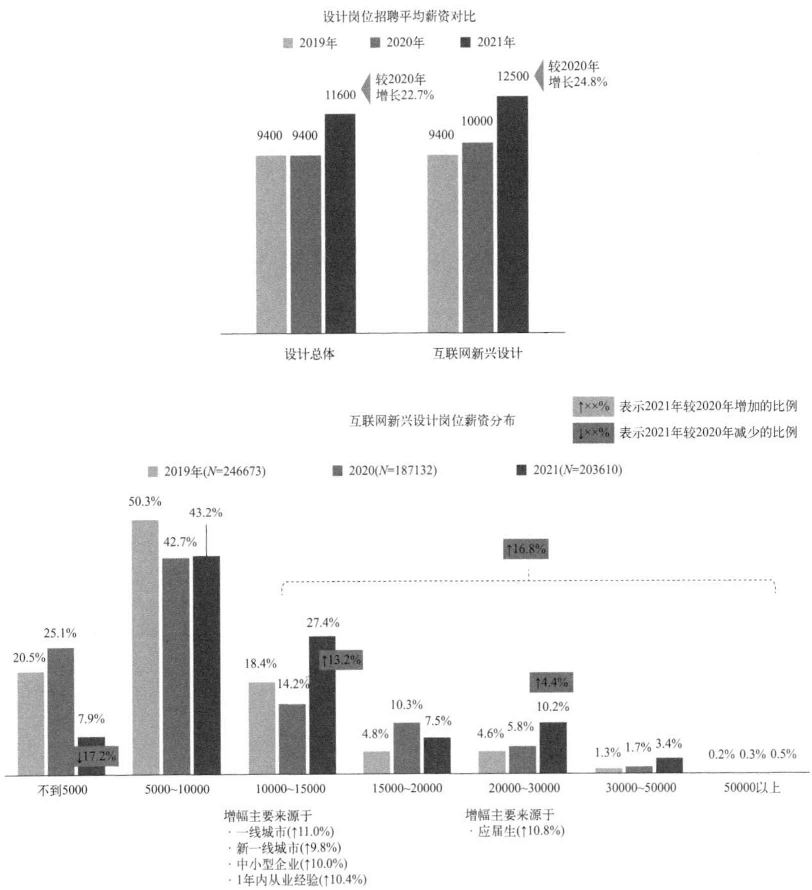

图5.53　设计岗位及新兴设计岗位薪资分布

就企业招聘要求数据而言，互联网新兴设计对1年内经验人才及应届生的招聘需求提升，2021年与2020年同期招聘相比，设计总体及互联网新兴设计招聘对“1年以内”经验设计人才的需求占比提高了5.4%及6.1%。如图5.54所示。

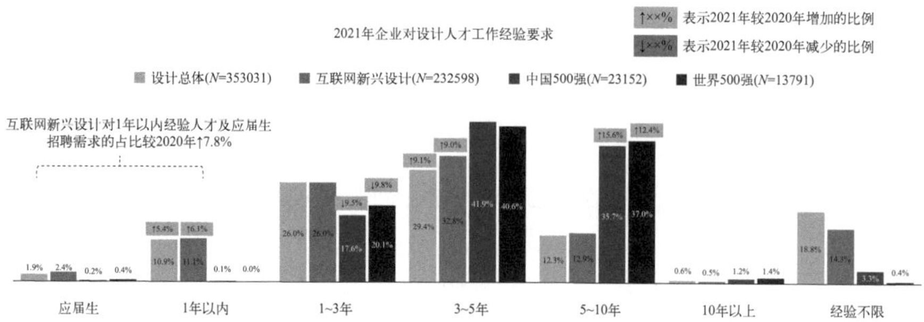

图5.54 企业对设计人才工作经验要求

透过行业报告，我们能清晰看到，随着互联网发展，新兴互联网人才需求旺盛，身价也水涨船高。与互联网热门领域相关的设计专业，主要是数字媒体艺术与视觉传达设计，二者的薪资水平处于较高位。如表5.2所示。

表5.2 麦可思2020年度本科毕业生所从事的高薪职业及其对应专业(前三)

职业名称	从事该职业毕业生毕业半年后的平均月收入/元	排序	从事该职业比例最高的本科专业名称	毕业半年后的平均月收入/元	工作与专业相关度/%
游戏策划人员	7419	1	软件工程	7390	81
		2	计算机科学与技术	7625	75
		3	数字媒体艺术	7674	92
互联网开发人员	7304	1	软件工程	7356	99
		2	计算机科学与技术	7354	99
		3	网络工程	7268	97
网络设计人员	7024	1	视觉传达设计	7721	95
		2	计算机科学与技术	6576	89
		3	通信工程	6781	88

当然对于特定行业，这两个专业会再细分特定方向。比如中传的数媒就有数字影像与网络视频方向以及网络与智能媒体设计方向。动画专业也有细分到游戏、艺术方向。因此在没有确定自己感兴趣的细分行业前，更推荐选择数媒和视传这两个互联网行业基本盘专业。从半年后就业达标率看，设计类专业中，环境设计、视觉传达设计、产品设计、服装与服饰设计和数字媒体艺术五个专业就业率较高，如表5.3所示。

表5.3　麦可思2020年度本科艺术类专业毕业半年后的就业指标

本科主要专业类名称	本科主要专业名称	毕业半年后的就业率/%	工作与专业相关度/%
设计学类	视觉传达设计	89.90	69
	环境设计	91.50	67
	产品设计	91.30	61
	服装与服饰设计	89.80	64
	数字媒体艺术	94.60	73

而环境设计作为非互联网行业的老牌设计类专业，近半年薪资水平也呈现上涨趋势，整体薪资水平可观，如图5.55所示。

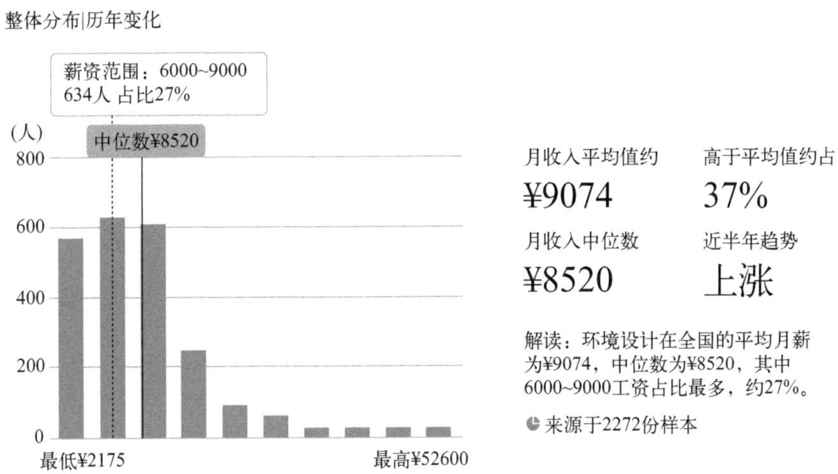

图5.55　环境设计薪资

6.勘察设计行业女性从业者职业现状——以深圳市为例

中国女性的劳动参与率高于世界平均水平。根据国家统计局统计，全社会就业人员中女性比重稳定在40%以上。2021年，高等学校在校生中女生为2780.7万人，占在校生的50.2%。其中，女研究生占研究生总数的51.5%。然而，相对于“半边天”的劳动参与度和受教育程度，中国女性似乎仍然存在职场中的“瓶颈”。根据世界经济论坛发布的《2022年全球性别差距报告》，中国的女性董事比例为13.8%，仅高于日本、韩国等东亚国家，低于绝大多数欧洲国家及全球平均水平。对于勘察设计行业，数据显示我国设计企业女性高管的比例远小于女性从业人员比例。我国2004年至2022年获评全国勘察设计大师的名单中男女比约20∶1。这一数据低于截至2023年底全球普利兹克奖男女比约8∶1的数据。为了解行业女性从业情况，深圳市勘察设计行业协会女设计师分会曾组织调查问卷，以开放方式向行业女性发放。这是深圳，也是全国首个针对勘察设计行业女性从业者的调研。

调研显示，在包括建筑、规划、园林、结构、暖通电力、给排水等专业领域的在职女性中，以建筑和规划设计师居多，分别占43.13%、14.38%。年龄集中分布在20～40岁，其中31～40岁年龄段样本量占比最高，为45.67%，20～30岁年龄段样本量占比为28.54%。在婚育情况分布上，已婚受访者与未婚受访者人数占比为62.16% ∶37.84%，已婚受访者中约87%的女性生育1个及以上子女。在职位分布上，约84%的受访女性处于公司中层或基层，公司基层人员占比最大，为58.14%。符合勘察设计行业女性从业者大部分人群特征。

问卷结果及分析如下。

（1）关于职业女性面临的主要问题

“您认为对于您所从事的专业领域的总体而言，是否存在性别差异？”

约43%的受访者认为不存在性别差异，与认为存在性别差异的占比差距并不显著。约54%的受访人群认为女性相较于男性在本行业面临着更多困难，而仅有2.5%的受访者认为在本行业女性比男性更有优势（图5.56）。

“您认为女性面临较多困难，具体表现在哪些方面？”

在选择面临的具体困难时，70%以上的受访者认为女性更易在求职时遭遇性别歧视，从而减少就业机会、可能遭遇生育后带来的“职业排斥”以及职场晋升空间小于男性（图5.57）。

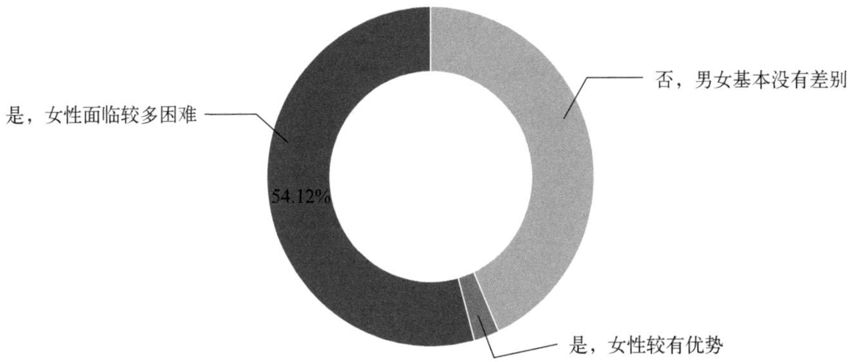

图5.56　受访者对行业是否存在性别差异的各回答比例

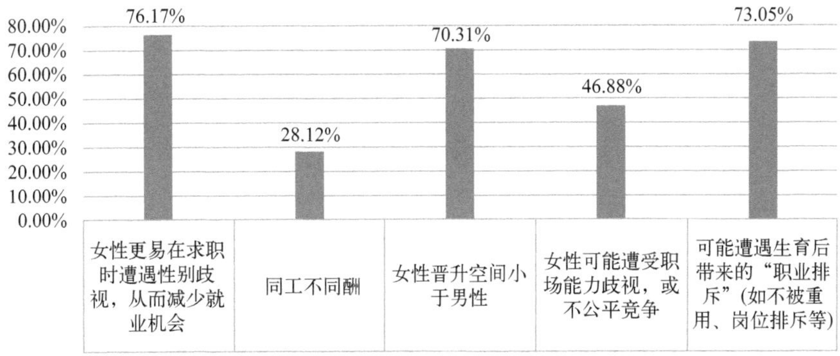

图5.57　受访者对女性面临具体困难的选择占比

同时有261位受访者在问卷中具体描述了她们所遭受的约束与困境，梳理本部分问答可以看出，勘察设计行业从业女性认为性别差异带来的困难主要集中在求职歧视，以及生育后的“职业排斥”。而对同工不同酬等问题的担忧相对较弱（图5.58）。

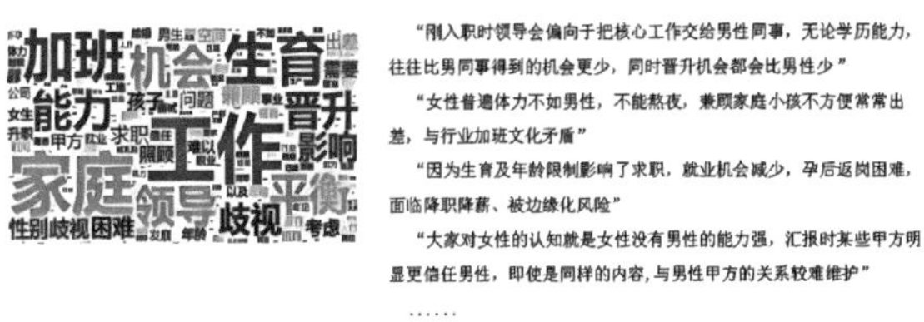

图5.58　受访者在职场面临困难的词频及部分具体描述

“对您而言，哪些是从业中最大的困难？”

在本次调查中，32.14%的受访女性认为，在照顾家庭与工作之间取得平衡是其从业面临的最大困难，相对“行业自身困难”“自身能力”，以及“晋升机会”因素，获得最大认同（图5.59）。

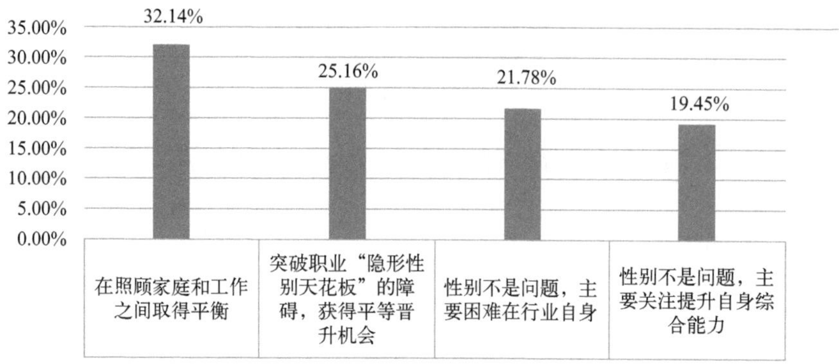

图5.59 受访女性从业最困难因素选择分布情况

一般社会认知中，女性通常需要在照顾家庭方面投入较其他家庭成员更多的精力。根据联合国妇女署统计，全球范围内约76.2%的无偿照料工作由女性承担，在中国，女性每天在无偿照料上花费的时间平均是男性的2.5倍。勘察设计行业中不少企业奉行“加班文化”。当工作报酬与晋升机会和工作时长、强度呈正相关时，平衡工作需求和生育等家庭需求就成了女性从业者面临的主要困境之一。调查结果也体现出这一特点。同时值得注意的是，排名第二位的是对“平等晋升”权益的关注。

对“女性获得高职位比例远小于男性”这一普遍现象的成因分析，与该问题也相互印证。79.78%的女性认同女性承担更多的家庭和育儿的责任，是导致女性职业发展高度不如男性的原因（图5.60）。

（2）影响女性职育平衡的主要因素及解困措施

“实现家庭和工作之间的平衡，需要具备哪些条件？（按重要性排序）”

调查数据显示，51.80%的受访者认为自己取得了家庭和工作之间的基本平衡。对这部分人群基本取得家庭工作平衡的重要因素进行调查，通过重要性排序发现，最重要因素是来自家庭其他成员的分担，即有父母、其他家人协助其承担育儿或家务责任，而不是放弃部分挑战性工作的自我职业牺牲

（图5.61）。

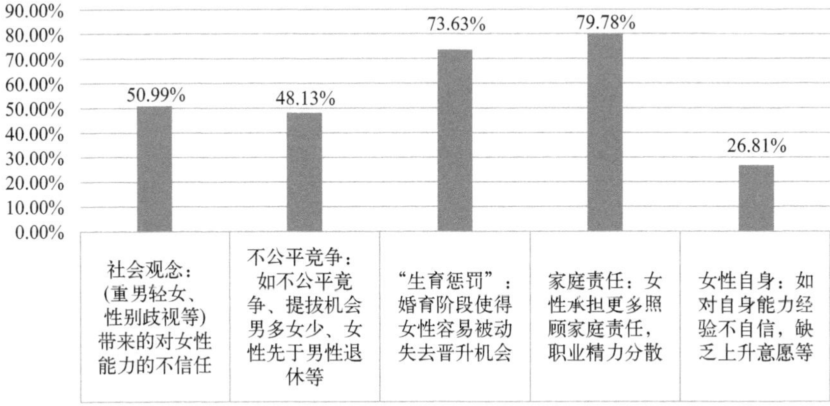

图5.60　促使女性职业发展高度不如男性的因素选择分布情况

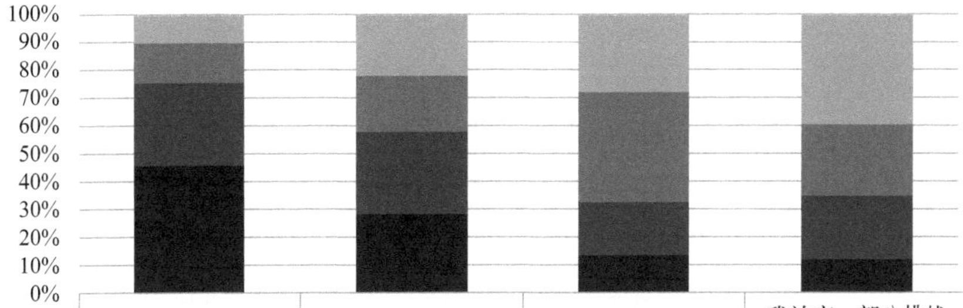

	有父母或其他家人协助承担育儿或家务责任	先生能平等承担育儿或家务责任	工作环境有一定宽松条件，使我能弹性处理家庭和工作的要求，达到平衡	我放弃一部分挑战性的工作(哪怕可能影响职业成绩)，以便能获得照顾家庭的平衡
第4位	10.20%	22.04%	28.16%	39.59%
第3位	14.69%	20.41%	39.18%	25.71%
第2位	29.80%	28.98%	18.78%	22.45%
第1位	45.31%	28.57%	13.88%	12.24%

图5.61　取得家庭工作基本平衡因素重要性排序

这一问题的结果与前面对于“平等晋升”机会的高关注度形成呼应，反映出深圳勘察设计行业的职业女性对自我提升和发展的追求。

“希望在平衡家庭、工作方面获得的支持与帮助（按重要性排序）。”

约35.96%、25.00%的受访者分别将“公司给予女员工更多弹性工作制度”“希望给女员工更多福利待遇和发展机遇”放在首位选项；约26.32%的受访者则将“先生能平等承担育儿或家务责任”选作最需要获得的支持（图5.62）。整体而言，本行业女性从业者期望能够从行业或企业获得更多支持。

这一问题的结果，和前述“家庭和工作平衡”条件的结果，形成有趣的呼应：受访者认为取得平衡主要归功于家庭，尤其是父母在育儿上的帮助，而在向外界寻求帮助的要素上，最期待企业能有所作为。

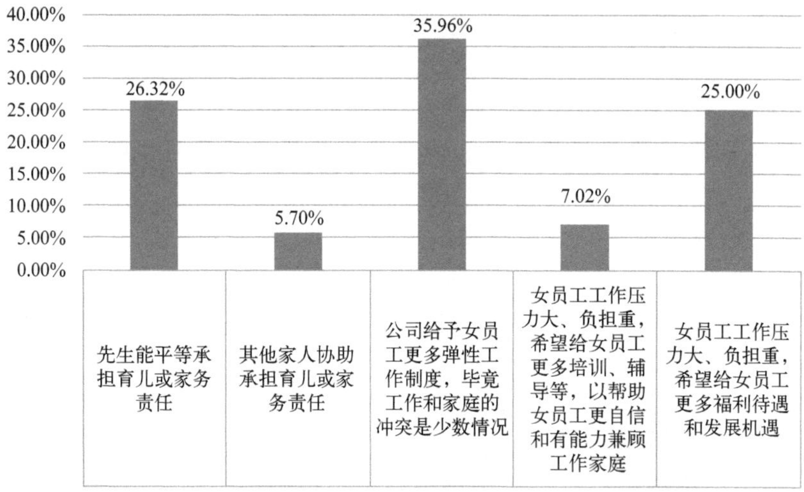

图5.62 受访者希望获得的支持或帮助的首选项占比分布情况

“创造生育友好的就业环境，用人企业应该采取哪些措施？（按重要性排序）”

受访者将企业应采取的措施重要性进行排序，根据调查结果，除减少求职歧视、福利保障外，受访者认为企业提供弹性灵活的人性化办公方式也是关键措施（图5.63）。

“上题建议的企业措施中，您目前所在企业已经做到的是？”

总体上，向用人单位建议的这六个方面（减少求职歧视，福利保障，弹性办公，发展友好，提供育儿、托管服务，环境友好），没有一项的满意人数达到一半。最高实现度的是“减少求职歧视”，达到46.3%。评价最低的是“提供育儿、托管服务”，仅20.72%的受访者所在企业做到了“弹性办公”

（图5.64）。

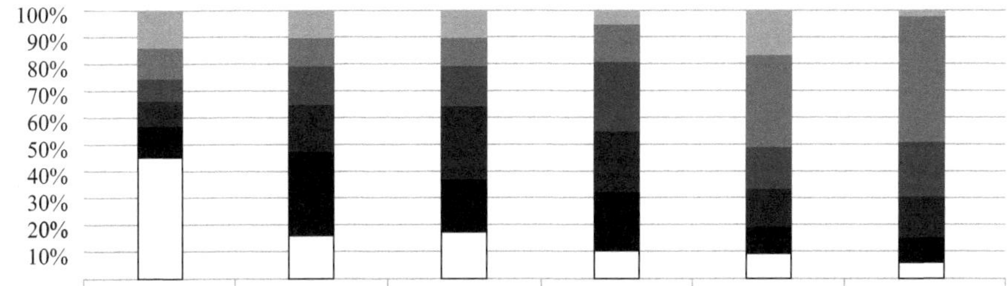

	A.减少求职歧视：除非特殊职业，严禁出现以性别作为招聘要求	B.福利保障：保障女职工产假权利，不降低哺乳期女职工工资福利待遇	C.弹性办公：低龄儿童的父母可以申请灵活办公(如弹性上下班、居家办公、人性化休假等)	D.发展友好：积极鼓励产后女性回归工作岗位，保障公平的晋升机会	E.提供育儿、托管服务(如低龄儿童看护、小学生上下学接送服务及其他育儿公益服务等)	F.环境友好：为哺乳期女职工提供母婴服务设施(如孕妇休息室、哺乳室等)，加强情感关怀等
■ 第6位	14.80%	7.19%	8.67%	5.07%	15.86%	48.41%
■ 第5位	9.94%	12.05%	10.99%	13.11%	34.04%	19.87%
■ 第4位	9.51%	16.07%	15.43%	26.64%	16.28%	16.07%
■ 第3位	9.51%	17.12%	27.70%	23.04%	13.32%	9.30%
■ 第2位	10.57%	31.08%	19.45%	22.62%	11.21%	5.07%
□ 第1位	45.67%	16.49%	17.76%	9.51%	9.30%	1.27%

图5.63　受访者认为企业可提供措施的重要性排序情况

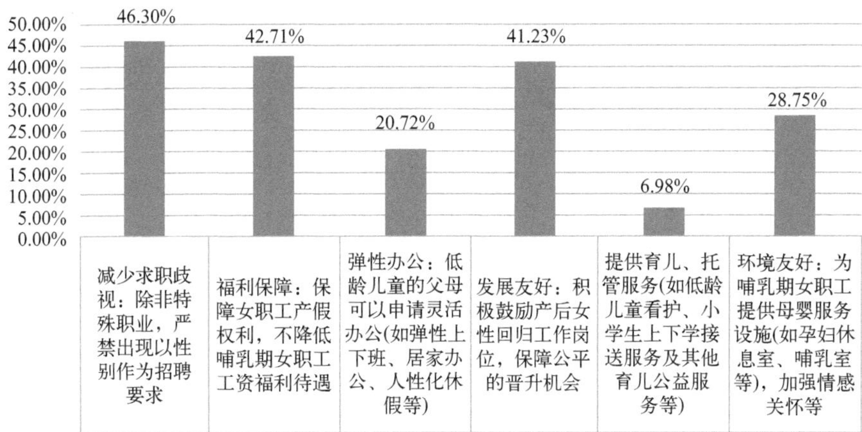

图5.64　受访者所在企业已有女性友好措施占比情况

“您对目前所处的企业职业环境是否满意，企业可以从以下哪几个方面提升？”

58.35%的受访者对目前所处的企业环境不太满意，认为还需要提升。对于希望企业提升的方向，约76.81%的受访者认为应增加企业弹性工作制度，在保证生产的同时，更方便女性兼顾家庭。其次是对女性职业发展的支持，这一结果也和前面女性对自身职业发展意愿度高形成呼应（图5.65）。

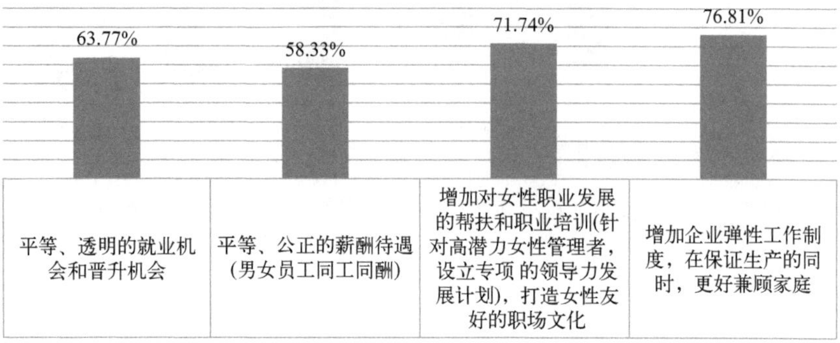

图5.65 企业提升女性就职从业环境可以采取的措施

第六章

面试技巧与职场沟通

一、设计师岗位面试常见问题准备与解答策略

在面试设计师岗位时，常见的问题主要包括以下几个方面。

1. 背景经历

见表6.1。

表6.1　背景经历

<table>
<tr><th>可能的问题</th><th>回答重点</th><th colspan="2">范例</th></tr>
<tr><td rowspan="3">自我介绍</td><td rowspan="3">不要重复简历内容，泛泛而谈。自我介绍作为开头，一定要有层次，有重点，有记忆点。推荐使用“经历概况＋匹配优势＋选择原因”的公式</td><td>经历概况</td><td>我毕业于……大学……专业，×年工作经验，先后在××、××公司担任体验设计师，目前主要负责……产品的核心链路体验设计工作</td></tr>
<tr><td>匹配优势</td><td>我觉得我有以下3点优势与该岗位匹配：首先是……然后是……最后是……</td></tr>
<tr><td>选择原因</td><td>因为我对××领域非常感兴趣，而且，所以希望有机会去贵公司工作</td></tr>
</table>

续表

可能的问题	回答重点	范例	
你离职的原因是什么？你未来的职业规划是怎样的？	不能列举前企业的缺点，比如氛围不好、不重视设计等，也不要说薪资待遇不好等	之前好，要更好	之前其实做得不错，得到了各方面的认可，取得了不错的成绩。但是因为职业发展规划/有更感兴趣的领域/想提升××能力，考虑换工作
		之前好，但客观原因	之前其实做得不错，得到了各方面的认可，取得了不错的成绩。但是因为恋人在异地，想生活在一个城市/因为组织架构调整，负责业务变动/因为户口问题/因为整个业务部门被砍等，考虑换工作
未来几年的职业规划是什么？	自我规划能力，未来规划与公司发展、岗位等的契合度，根据你应聘的职位，来迎合企业的职位需求去说，表达出你对设计行业的热爱，准备长久坚持下去的态度	通用模板	我一直想从事××行业，觉得这个行业的前景很好，贵公司在这个行业中也是头部的位置，之前一直没有机会加入贵公司，现在有这样的机会，行业方向、专业方向都符合公司需求。我很喜欢做设计，所以准备长久在这个行业专深下去，未来几年希望加入像贵公司这样的专业的设计团队中，和优秀的人并肩作战，朝着资深设计专家的目标努力，同时也想要不断拓展现在的知识广度，向全链路设计师的方向努力

2.设计能力

见表6.2。

表6.2　设计能力

<table>
<tr><th>可能的问题</th><th>回答重点</th><th colspan="2">范例</th></tr>
<tr><td>你平时会看哪些网站，平时如何自我提升？</td><td>可以回答一些应用、网站等，也可以是某些公众号或个人设计师，关注设计资讯，了解行业动态，捕捉设计趋势</td><td colspan="2">我平时工作比较饱和，有时候加班也比较多，但是工作之外还是会抽时间提升自己。首先是通过读书、听线上课程等方式继续学习基础设计理论，目前已经搭建了较为完善的知识体系。然后会多看各个大厂的公众号，他们分享的项目，我会注意设计方法和思路，平时可以用在工作中。国内的关注了站酷、花瓣、UI中国等，国外的追波等也有所关注；平时还喜欢看一些设计公众号和UED官网。当然，在我看来，设计是个综合性的学科，只看设计是远远不够的，我对摄影、影视、文学都有广泛了解</td></tr>
<tr><td rowspan="5">介绍一个你认为比较满意的项目/描述一下你曾经的一个难忘项目</td><td rowspan="5">介绍项目需要故事性，除了背景、目标、行动、结果的套路，还要加上难点或亮点，才能打动面试官。推荐使用专门用来讲故事的GREAT模型</td><td>great entrance（好的开头）</td><td>第一句就要抓住对方，如“这是一个非常有难度的项目”之类</td></tr>
<tr><td>richness（丰富细节）</td><td>故事背景细节，就是项目的起源、时间/地点/角色、业务目标、设计目标等等</td></tr>
<tr><td>experience（经历）</td><td>为了达成目标，制定了什么策略，如何调研，如何展开设计，得到的结果</td></tr>
<tr><td>anxiety（悬念冲突）</td><td>这是故事重点，相当于起承转合中的“转”，即项目中遇到的问题。可以用“以上是主要经历，另外值得说一下的是”引起</td></tr>
<tr><td>take away（学到什么）</td><td>进行总结，这个项目让你有什么成长，学到了些什么</td></tr>
</table>

续表

可能的问题	回答重点	范例
你的优势/缺点是什么?	这两个问题放一起，共用一个原则：优势说岗位必备项，不说加分项；缺点说岗位加分项，不说必备项	优势说岗位必备项，不说加分项：先要充分地了解你应聘岗位的必备能力和加分能力，比如交互设计，必备逻辑思维，你就可以说自己从小数学好，逻辑能力突出；而会画画之类的属于加分项，就不用在优势中说了。缺点说岗位加分项，不说必备项：还是以交互举例子，可以说自己的缺点就是对色彩不敏感、商业感待提升之类的，千万不能说逻辑思维能力不行、产品感不行等必备项。另外不要说自己是一个“完美主义”者，反而会引起面试官的反感
		Tips：优势只说必备项主要是为了让对方觉得你就是合适的人

3.沟通与合作

见表6.3。

表6.3 沟通与合作

可能的问题	回答重点	范例	
工作中遇到的挫折/冲突	如果说讲项目要有故事性，那么讲挫折或冲突就纯粹是讲故事。这里推荐著名咨询公司麦肯锡提出的SCQA模型	S情景(situation)	什么时间、什么项目、背景描述。“大概半年前，我们在做……，我是负责……”
		C冲突(complication)	遇到的问题“当时我们发现……产品跟谁产生了什么冲突。经理认为……，我认为……，一直争执不下”
		Q疑问(question)	后为了带出解决方式，进行一个承接，“我就想，该怎么办呢？”解决方案和结果
		A回答(answer)	后来我进行了调研/进行了数据分析/深入沟通/聚焦目标等，说服了对方，上线后效果不错

续表

可能的问题	回答重点	范例
团队多人设计产品模块时如何统一视觉风格?	设计规范、沟通能力，内部沟通+制定规范+（发现问题）及时调整	设计之前组织团队成员开会讨论出设计规范，以免做无用功；设计过程中也要及时沟通设计的方向，如果发现问题，及早调整。团队负责人整体把控设计规范及视觉风格，起到决策、领导作用

4.行业思考

见表6.4。

表6.4　行业思考

可能的问题	回答重点	范例
你认为设计师主要解决什么问题?	职业理解，基于设计层面的作用、思考的深度	设计师能够通过场景化思维的设计方式，梳理用户的使用场景，优化流程路径，使得产品的交互逻辑更加全面，提高产品的易用性；甚至，通过情感化的设计方式，提升用户对产品的好感度
说说自己对交互设计的认识	个人能力，工作经验，不要去阐述概念，一定要精简	简单地说就是以用户体验为中心，平衡商业目标、科技等要素。为满足这些要素，不断进行熵减的设计。落地点就是我们平时对产品整个流程的梳理，让用户更加清晰地了解页面之间的转换，更加人性化和贴近用户角度
对我们的公司文化、团队有什么想问的吗?	价值取向+深度思维，属于面试最后的反问阶段，但圈定了一个范围，如果还有别的方面想问的，建议问题控制在1～2个	公司有没有培养体系，让员工不断成长？多久做一次项目复盘？ 公司未来1～3年的发展方向、组织架构、盈利模式、主要业务等

5.“你还有什么问题”

见表6.5。

表6.5 “你还有什么问题”

可能的问题	回答重点	范例	
你还有什么问题？	要根据不同对象问不同的问题。比如不向专业面试官问薪资，不向HR问设计流程，不然会非常不专业	专业面	一二面除了问团队组成、招聘要求、晋升制度之类的常规问题，最好能根据刚才的面试过程，找一两个点问自己的疑惑，这样能加深印象。“您刚才提到……我还想请教一下……”
		老板面	有些小公司会直接安排老板面试，这时候就别问具体团队或设计的细节，可以问问业务领域、发展前景、公司的核心竞争力等
		HR面	对HR就可以问薪资福利的组成、加班制度、公司价值观和文化等等。也可以问自己的表现，初级岗位的同学可以直接让面试官提出作品集改进建议等，高级设计师就别问这种问题了，会显得你缺乏自信

二、如何有效展示个人作品及设计理念

在当今竞争激烈的设计行业，设计师不仅需要具备优秀的创作能力，还要善于展示自己的作品，以便吸引客户和雇主的关注。有效展示设计作品是一项重要的自我推广策略。

1.明确个人设计风格

设计风格通常反映了设计师的个性和审美偏好，包括色彩运用、排版风格、图形设计以及总体视觉语言等方面。每个设计师都有自己独特的视觉语言，就像作家有自己的写作风格一样，这个视觉语言是我们内心深处的表达方式，通过线条、色彩、排版等设计元素展现出来。刚开始时，模仿是正常的，甚至是必要的，因为通过模仿，我们可以学习到不同风格的精髓。但是，随着时间的推移，我们需要超越这些模仿，开始形成自己独特的表达方式。

首先要了解自己的偏好和优势。每个设计师都有自己的独特视角和灵感来源，一些设计师擅长运用色彩和形状来表达其想法，而另一些设计师则擅长运用文字和排版。因此，要树立自己的设计风格，就需要深入思考自己喜欢运用哪些元素，以及擅长哪些设计方法。只有清晰地认识到自己的设计偏好和优

势，才能更好地定义出自己的设计风格。

设计风格可以是两种或多种元素的结合。因此，就需要选择自己喜欢的元素，将它们组合在一起。想要了解一些可选元素，最好的方法是到网站和社交媒体上搜索灵感和参考。要挑选适合自己的灵感和参考，需要关注自己喜欢的设计类型、颜色、排版和字体等。一些非常受欢迎的设计网站，可以浏览到大量的高质量设计作品，这些作品可以给你提供灵感和思路，不同元素和风格的碰撞可以激发更多的设计灵感，在设计时避免重复风格更有利于早日树立自己的风格。

设计作品要保持一致性，要做到这一点，需要在每一个设计项目中保持同一种风格和元素。这不仅包括颜色、字体和排版，还包括设计风格、布局和形状。不断地保持一致性，会让人们能够立刻认出这是你的作品。要维持自己的设计风格，就需要不断地学习和尝试。通过学习探究新元素，可以不断地扩展自己的设计风格。将新元素与自身的设计风格相融合，在保持风格的同时，也能不断创新，给人们带来设计惊喜。同时，尝试新的技术和设计软件也会为你的设计风格带来新的灵感和想法。

2.设计理念的构建

设计理念是作品集中的核心内容，能够有效表达设计思维和创作背景。从字面上理解，也可以把它看作是对于设计的一种理想和信念，而更深层次的含义是设计师在创作过程中所秉持的核心思想或指导原则，它回答了设计作品“为什么要这样设计”的问题。设计理念不仅是设计的灵魂，还直接影响了结果的功能、形式和用户体验，同时它也是形成设计思维的基础。通过清晰的设计理念，读者可以更好地理解设计师的设计目的和价值观。可以通过以下几种方法传达自己的设计理念，见表6.6。

表6.6 三种方法

方法	解释
故事叙述	通过叙述设计灵感的来源与过程，传达设计背后的故事。例如，介绍在某次旅行中如何受到当地文化的影响，进而影响了设计风格
理念阐释	结合视觉元素与理论，阐释您所追求的设计理念，如“简约设计”的重要性，或者“用户体验”的优先级
案例分析	挑选一些具有代表性的设计案例，详细剖析每个作品的创作过程、使用的技巧及其背后的设计思想

3.作品集的结构与排版

在作品集中，选择最能代表个人风格和能力的作品是至关重要的。每个项目都应附上简要描述，包括设计理念、使用的工具和过程。确保作品的多样性，涵盖不同类型的设计（如UI/UX设计、品牌设计等），以展示自身的广泛能力。无论是在线作品集还是印刷作品集，设计师都应确保用户体验良好。作品集布局应简洁明了，方便浏览。注意作品的加载速度，确保访客不会因等待而离开。同时，确保作品集能在不同设备上正常显示，提供无缝的浏览体验。

一般作品集中会放四五个项目，进行到排版这一步的时候，基础的项目内容应该已经是决定好了的。这时候我们不妨动手把所有项目印出黑白的小缩略图，试着摆放一下它们，算一算你要做多少页。先放哪些，后放哪些，阅读次序是怎样的，几个项目之间的逻辑关系又是怎样的，如何过渡，是否需要压缩或扩展某一页的内容。这些功课都是要做在前面的，做到心中有数再进行下一步。

当你已经大致规划清楚你作品集里要放的内容时，就可以构思适合自身的风格了，虽然版式设计是要一页页排的，但最终的成果是一本作品集。要把它当成一本画册来排，而不是分割开的一页页传单，整体的调性非常重要。这时可以总结一下你所选择的项目的高频颜色、想表达的主题等，为它们定一个合适的风格。

作品集排版流程见图6.1。

4.选择合适的展示平台

（1）个人网站

设计师建立个人网站是一种非常有效的展示方式。网站可以作为一个全面的作品集，展示设计师的作品、简历和联系方式。选择一个用户友好的网站主题，并确保作品以高质量的图片呈现。此外，优化个人网站内容，使用如“平面设计”“网页设计”等，可以增加被潜在客户发现的机会。

（2）社交媒体

社交媒体平台如Instagram、Behance、Dribbble等是设计师展示作品的重要渠道。在这些平台上，设计师可以分享作品的创作过程、设计灵感和最终效果。使用相关话题标签（如xx设计、xx创意等）可以增加作品的可见度。定期更新并与其他设计师互动，有助于拓展人脉。站酷与图钉墙是目前知名度较高的两个平台。

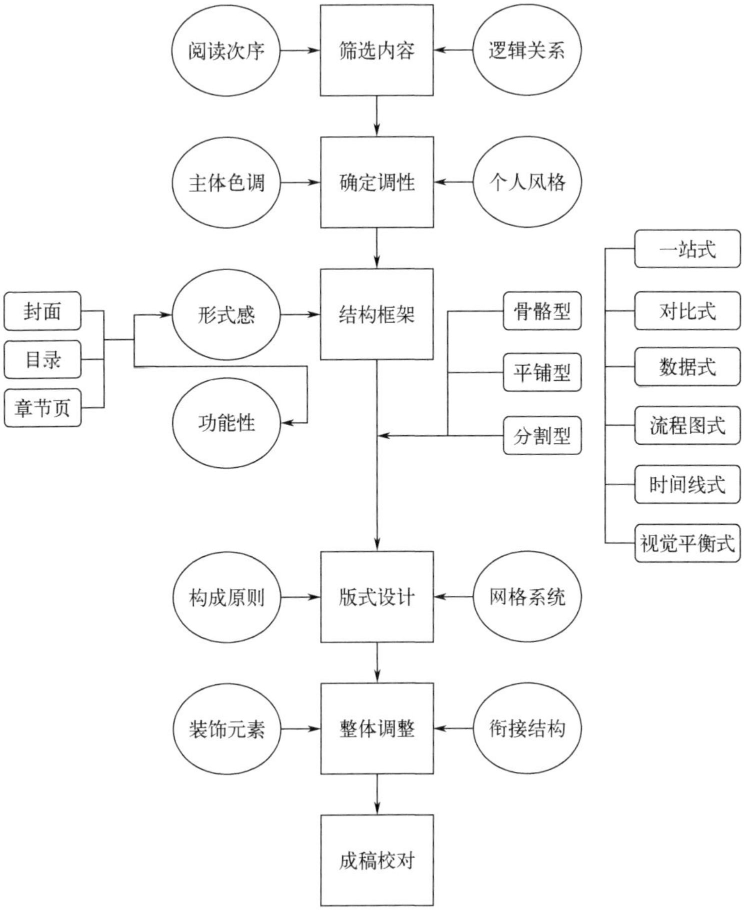

图6.1　作品集排版流程

① 站酷（图6.2）。站酷（ZCOOL）于2006年8月在北京创立，至今已深耕设计领域十九年，积累了庞大的用户群体，包括设计师、摄影师、插画师、艺术家和创意人。站酷以“让设计更有价值”为使命，致力于打造以原创设计为核心的创意生态体系。

站酷现有注册设计师/艺术家等1700万人，是中国设计创意行业备受设计师喜爱的大型社区。站酷平台互动性强，设计素材覆盖面广，吸引了海量的用户。站酷更加注重用户使用体验的优化，推出了许多实用的设计素材和工具，如极简派设计素材、电商设计流程图等，极大地帮助了用户的创作。站酷拥有大量的高质量资源，包括字体、插画、矢量图形等，这些素材可以满足设计师们的各种需求。设计师可以在站酷上浏览、下载、使用各种设计素材和工具，如字体、插画、矢量图形等，适用于设计师日常设计工作。站酷上有很多设计灵感和案例，设计师可以在这里获取设计灵感和案例，适用于设计师的创意设计和创新。站酷上还有许多专业领域的设计专家，设计师可以在这里与他们交流，适用于设计师的专业成长和职业发展。

图6.2　站酷网站

② 图钉墙（图6.3）。图钉墙网站平台始终围绕“学生创造内容”的主题来完善基本功能。除了基本的平台功能外，毕业设计作品通过版面、视频、PDF文档等多种形式，展示了毕业生从调研分析到设计输出的完整设计实践流程，这是一块丰富的宝藏。目前网站主要包含了两部分作品。第一部分是毕业设计作品；第二部分是以课程为集合的作品，老师上完课后会在网站建立自己课程的作业夹，然后同学们上传自己的作业。当然，也包含一些学生们平时自己上传的设计作品。平均每个本科学生完整学年的设计作品量在35～50件。

主要群体有三种。首先是学生用户：他们是浏览最为频繁的群体，通过图钉墙可以查看往届毕业设计作品、相关课程作品，平台上的作品资料非常完整，覆盖了设计全过程。从基础问题调研，到概念形成，以及最后的产出，通过版面、视频、PDF、压缩包等多媒体形式呈现。这些内容对学生完成课题有借鉴参考意义。老师群体：通过平台可以更好地管理学生设计作品，展示自己的教学成果，可以将优秀作品标记评星，也可以进行文字和内容的点评。企业HR：通过平台可以查看到优秀学生的作品。特别有意义的是可以查看到一个学生从入学的第一个作品到最近的一个作品的完整作品集。可以清晰查看个人能力及特长、未来发展方向，为企业招聘提供数据参考。目前招聘的大型企业，如百度、阿里等对图钉墙系统给予好评。

目前企业HR通过图钉墙平台寻找学生有两种途径：企业HR找老师推荐学生，老师会把学生图钉墙作品集链接发给HR，HR评估后再走一个自己内部的面试流程；HR直接上图钉墙，通过搜索或者查看优秀作品寻找学生，可视化升级对这种自助式的搜寻有直接的效率提升作用。

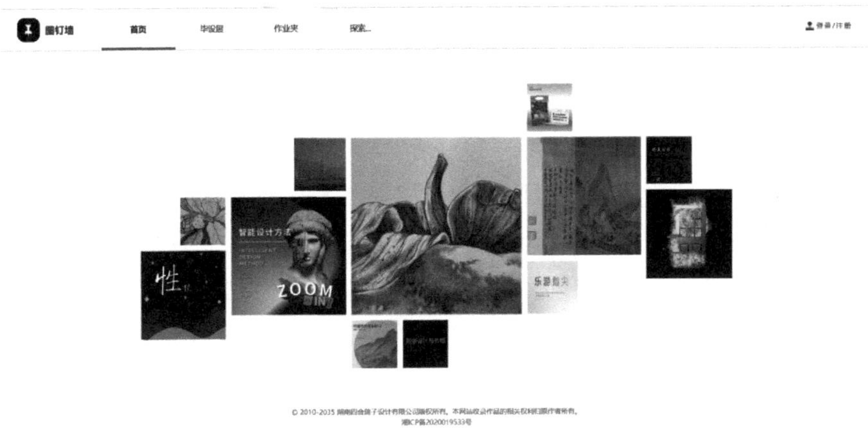

图6.3 图钉墙网站

（3）设计比赛和展会

参加设计比赛和行业展会是展示自己和建立个人品牌的有效方式。许多比赛不仅提供奖金，还能让获奖作品在行业内得到广泛传播。这些活动通常吸引了大量的行业人士、潜在客户和媒体，可以为设计师提供良好的曝光机会。

第七章

职业规划路径与进阶攻略

在职业生涯的初期，找到一个明确的方向对于设计师来说至关重要，这要求设计师不断提升自己的技能水平，包括学习各种设计软件、掌握设计原理和技巧、关注行业动态等。通过不断学习和实践，设计师可以逐步提升自己的核心竞争力，从而在职业生涯中取得更好的成绩。同时，随着科技的发展和市场的变化，设计师需要保持持续学习和创新的精神。进阶攻略为设计师提供了学习新知识和尝试新方法的方向和途径，帮助设计师不断提升自己的竞争力。同时，勇于尝试新的设计理念和技术手段也有助于设计师在职业生涯中保持领先地位。

一、自我分析，选择方向

设计是互通的，设计师并非一定要局限于自己所学的领域。即便是工业设计专业的学生，如果其对于图形设计更感兴趣，能力上也更偏向平面，他仍旧可以去UI设计的岗位。即便是工业设计，仍旧有很多选择，如：家电行业、儿童行业、军工行业等。因此职业规划的核心问题是从认识自我开始。成为自己，成为如其所是的自己，是每个人无论在工作还是生活中的首要目标。了解个人的职业兴趣、能力结构和职业价值观等，才能找到与自己匹配度最高的职业，从而跨出职业生涯的第一步，如图7.1所示。

（1）职业兴趣

林语堂说，“必有痴，而后有成”。自己喜欢做的事情，自己天生对某些事情的热爱，往往是我们做事情的原动力。设计师的职业兴趣，往往可以从目标用户、风格倾向、向往行业、个人性格等方面（表7.1）进行分析。通过对个人职业兴趣的分析（喜欢什么，不喜欢什么），从而选择一条适合自己的道路。

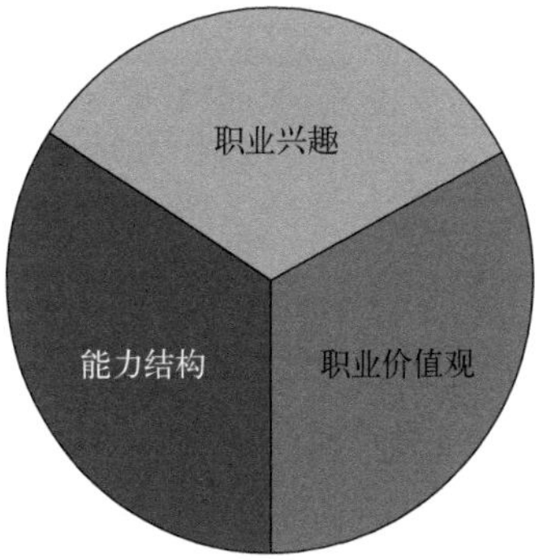

图7.1　个人职业方向分析

表7.1　职业兴趣分析

目标用户	•儿童　•女性　•男性　•互联网用户　•电商用户　……
风格倾向	•简约　•温柔　•硬朗　•炫酷　•户外　•二维　•服装　……
向往行业	•军工　•家电　•母婴　•互联网　•平面　•环艺　……
个人性格	•传统　•外向　•内向　……

（2）能力结构

个人能力是影响职业道路的一个重要因素，尤其在设计行业中，设计师不仅需要具备扎实的专业素养，还要具备一定的通用素养，以便在变化多端的市场环境中灵活应对和发展。只有对自身的能力有清晰的认识，设计师才能在职业生涯中减少适应的成本，提高自我提升和发展的效率。在设计行业中，不同的设计师所需的专业能力各不相同。例如，平面设计师、室内设计师和用户体验设计师等，其专业技能和知识背景的要求就存在显著差异。这意味着设计师需要根据自己的职业方向，明确自己所需掌握的专业技术和知识体系。设计师的技能评估见表7.2。

表7.2　技能评估

设计师的技能评估	
设计语言和美学基础	•如何运用线条、形状、色彩、比例等设计元素来表达创意 •了解不同设计风格和文化背景对设计的影响 •美学的基础知识

续表

设计师的技能评估	
技术知识和工程理解	•计算机技能的运用 •各种材料和工艺的特点和应用 •如何运用现代技术手段进行设计 •对结构和制造过程的理解也是至关重要的
分析能力及创造能力	•设计师对项目需求的理解与定义 •迅速识别出客户或市场所面临的问题，并准确地将这些问题转化为设计需求 •包括用户调研、市场分析以及竞争对手分析
行业理解及用户与产品关系理解	•用户体验和人机交互设计 •考虑产品与用户之间的互动关系，以确保产品在使用时能够舒适和便捷

（3）职业价值观

简单地说，我们需要明确自己在工作中最看重的是什么，到底是觉得赚更多的钱最重要，还是获得更多的工作成就感更重要，抑或是有融洽舒适的同事关系更重要，这都是我们的职业价值观。职业价值观更加隐性，但其实对于职业规划而言是最为重要的。表7.3为舒伯职业价值观自测量表，其将职业价值观划分成15种类型，分别是美的追求、安全稳定、工作环境、智力激发、独立自主、多样变化、经济报酬、管理权力、利他主义、生活方式、创造发明、上司关系、同事关系、成就满足、声望地位。

表7.3 舒伯职业价值观自测量表

下面的心理测试量表有60道题，请在题目前面分值处打分。最低分1分，最高分5分，分数越高代表该项内容对你来说越重要。通过测验，你可以大致了解自己的职业价值倾向，为将来择业提供参考依据					
分值	题号	题目	分值	题号	题目
	1	能参与救灾济贫的工作		31	能够减少别人的苦难
	2	能经常欣赏到完美的工艺作品		32	能运用自己的鉴赏力
	3	能经常尝试新的构想		33	常需构思新的解决方法

续表

分值	题号	题目	分值	题号	题目
	4	必须花精力去深入思考		34	必须不断地解决新的难题
	5	在职责范围内有充分自由		35	能自行决定工作方式
	6	可以经常看到自己的工作成果		36	能知道自己的工作绩效
	7	能在社会上扮演更重要的角色		37	能让你觉得出人头地
	8	能知道别人如何处理事务		38	可以发挥自己的领导能力
	9	收入能比相同条件的人高		39	可使你存下很多钱
	10	能有稳定的收入		40	有好的保险和福利制度
	11	能有清静的工作场所		41	工作场所有现代化的设备
	12	主管善解人意		42	主管能采取民主领导方式
	13	能经常和同事一起休闲		43	不必和同事有利益冲突
	14	能经常变换职务		44	可以经常变换工作场所
	15	能成为你想成为的人		45	常让你觉得如鱼得水
	16	能帮助贫困和不幸的人		46	能常帮助他人解决困难
	17	能增添社会的文化气息		47	能创作优美的作品
	18	可以自由地提出新颖的想法		48	常需提出不同的处理方案
	19	必须不断学习才能胜任		49	需对事情深入分析研究
	20	工作不受他人干涉		50	可以自行调整工作进度
	21	常觉得自己的辛劳没有白费		51	工作结果受到他人肯定

续表

分值	题号	题目	分值	题号	题目
	22	能使你更有社会地位		52	能自豪地介绍自己的工作
	23	能够分配和调整他人的工作		53	能为团体拟定工作计划
	24	能常常加薪		54	收入高于其他行业
	25	生病时能有妥善照顾		55	不会轻易地被解雇或裁员
	26	工作地点光线通风好		56	工作场所整洁卫生
	27	有一个公正的主管		57	主管学识和品德让你钦佩
	28	能与同事建立深厚的友谊		58	能够认识很多风趣的伙伴
	29	工作性质常会变化		59	工作内容随时间变化
	30	能实现自己的理想		60	能充分发挥自己的专长
统计各个因素得分，得分越高，代表这个方面价值观越强烈					
得分	对应题目	职业价值观	得分	对应题目	职业价值观
	1、16、31、46	利他主义		9、24、39、54	经济报酬
	2、17、32、47	美的追求		10、25、40、55	安全稳定
	3、18、33、48	创造发明		11、26、41、56	工作环境
	4、19、34、49	智力激发		12、27、42、57	上司关系
	5、20、35、50	独立自主		13、28、43、58	同事关系
	6、21、36、51	成就满足		14、29、44、59	多样变化
	7、22、37、52	声望地位		15、30、45、60	生活方式
	8、23、38、53	管理权力			

通过对自我的剖析后，可以选择最适合自己的道路，减少最初进入职场的迷茫期。当然，职业选择是阶段性的，对职业的理解也会因为历练而不同，在工作过程中可以返回来再次对自己的职业倾向进行分析。

1. 初入职场的快速适应与提升（2～3年）

（1）转变思维、适应节奏、融入团队

成为职场人的第一步就是转变学生思维，首先是放弃学校学习中的惯性思维，从被动到主动、从个人到团队、从标准到开放。其次是适应设计师的工作压力，设计师的工作量往往比较大，学生时期的节奏已经无法满足设计工作的要求，因此要学会适应高强度的设计流程。

同时在团队合作中，需要转变为团队思维，认识到集体的智慧和力量。设计师应当开放心态，接受来自其他团队成员的意见和建议，分享彼此的思维过程，以便在协作中获得更好的结果。但即便是在团队里，也要注意个人能力的提升。在设计中需要学会“主动”，找到工作中的“机会点”，将设计的主动权放在自己手里，主动推进项目的进行和实施。如图7.2所示。

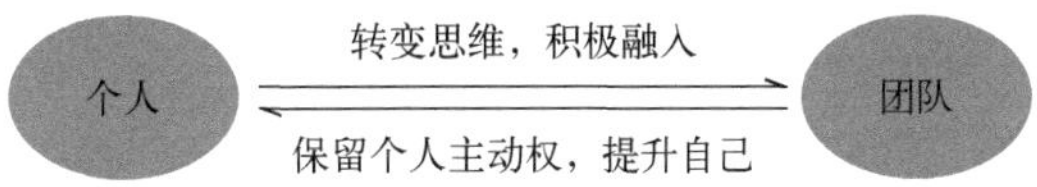

图7.2 个人与团队关系

（2）工具沉淀，组件化思维提升设计效率

专业技能是我们在职场中的立身之本，它决定了我们能否胜任工作，能否在职场中脱颖而出。通过积累经验，在工作中成长和进步，我们能够更好地应对各种复杂情况，提高解决问题的能力。真正重要的是将经验转化为智慧，通过反思和总结，提炼出工作中的规律和道理。

刚走入设计公司，在工作经验上没有校园里老师的指导和带领，如果想要自己快速提升技能，首先细心观察所在团队每位同事的工作能力，学习同事的工作技能；其次从各个平台中汲取资源；最后通过广泛交友进一步提升。如图7.3所示。

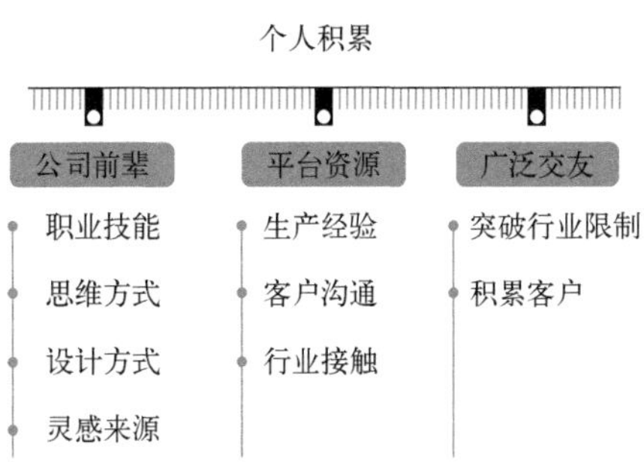

图7.3 个人积累方法

2. 中期目标设定与成长路径规划（3～10年）

中期阶段是设计师职业发展的关键阶段，通常是在设计师技能和经验积累的基础上，开始承接更复杂的任务、拓展工作视野、提升综合能力的阶段。此时，设计师不仅要深化已有的专业技能，还需要承担更多的责任，包括主导设计项目、提升团队协作能力、学习如何管理设计工作流等。中期目标的实现，将为职业生涯的进一步发展奠定坚实的基础。

（1）技能提升与深化

工业设计师技能的提升与深化是一个涉及多方面的过程，包括理论知识的深化、技术工具的掌握、行业洞察与创新思维的培养、项目管理与协作能力的提升，以及持续学习和实践。高级工业设计师应具备扎实的设计理论基础，包括设计史、设计心理学、人机工程学、材料科学、色彩理论、可持续设计等，具备敏锐的市场嗅觉，能深入研究行业趋势、竞品、用户行为与需求。同时设计师需要掌握设计创新策略与方法，如设计思维、TRIZ理论、生态设计等，并能够利用其在设计过程中解决问题。

（2）深入理解用户体验和品牌设计

深入了解并实践产品设计的各个环节，包括信息架构、用户流、线框图（wireframe）、用户测试等。通过这些环节的设计，强化对产品易用性和可访问性的理解和应用。

高效设计原型：不仅要能完成静态设计，还要能够制作互动原型，模拟用户体验，理解并实践用户交互逻辑，从而提升设计产品的用户黏性。

设计系统的构建与应用：学习并实践设计系统的构建，了解如何制定设计规范、设计组件库，并能够在设计项目中高效使用这些设计资产，保证设计的一致性和高效性。通过组件化、模块化的设计方式，将视觉和交互元素进行标准化，以便于快速迭代和跨平台适配。

（3）独立主导设计项目

中期阶段，设计师将有机会从参与项目转变为主导项目，负责整个设计过程的策划、执行和管理。这是设计师从执行角色向管理角色过渡的重要一步。

项目全流程管理：从需求分析到设计方案的制定，再到后期的测试与优化，设计师要能够独立负责项目的全流程，能够设计并验证UI界面、交互逻辑和用户体验。需求梳理与用户研究：作为项目负责人，设计师要更深入地参与到产品需求分析阶段，结合市场研究和用户调研，提炼核心需求，并根据需求做出合理的设计规划。

能够协调设计团队与其他部门（如开发、产品、营销等）的工作，保障设计项目按时完成。

（4）跨学科知识的融会贯通

前端开发基础：学习前端开发技术，了解HTML/CSS/JavaScript的基本原理和应用，能够与开发人员进行更有效的沟通和协作，理解设计转化为代码的过程。

产品管理和项目管理基础：了解产品生命周期、敏捷开发、Scrum等项目管理方法，提升对项目整体的理解，不仅关注设计细节，还要理解设计如何影响项目进度和团队协作。

3.长期目标设定与成长路径规划（10年以上）

（1）跨专业、跨部门的职业转变

产品经理和市场营销：学习产品管理、营销策略等相关领域的知识，理解设计如何与商业需求结合，并为产品的商业成功提供创意支持。

商业思维的培养：通过学习商业分析、市场定位等知识，提升自己对设计背后商业价值的理解，能够将设计方案与公司战略目标对接。

（2）职业角色转变，承担管理职责

设计评审与用户测试：主导设计评审过程，收集团队成员、产品经理和开发人员的反馈，同时参与用户测试，了解用户的使用情况，根据用户反馈和项目需求，灵活调整设计方案，优化设计细节，缩短迭代周期。

（3）建立品牌思维，打响自己的品牌

在长期阶段，设计师可能会承担一些领导或管理角色，因此需要提升自己的管理能力，包括团队合作、资源调配、团队建设等方面。

领导设计团队：作为项目负责人或团队核心成员，需要具备一定的团队管理能力，帮助其他设计师提升技能、完善作品集，培养后辈的设计思维。在团队内部协调工作，合理分配任务和时间，帮助团队达成共同目标。制定和优化设计团队的工作流程，确保项目进度与质量，减少设计的重复性工作，根据团队需求选择并配置合适的设计工具和资源，建立共享资源库，提升团队协作效率。

提升跨部门沟通能力：了解产品经理、开发人员和市场团队的工作内容和需求，优化设计方案，保障设计成果能够高效落地并产生实际价值。

提升决策能力：能够在团队中承担一定的决策责任，对设计方案的方向和重点做出有效的决策。

（4）拓展视野与跨界学习

在长期阶段，设计师的个人发展不仅仅局限于设计技能的提升，还应开始拓宽自己的知识面和工作视野，以适应未来更高层次的职业需求。

创新设计方法论：学习并实践最新的设计方法论，如设计思维（design thinking）、服务设计、可持续设计等，不断推动设计的创新和价值创造。

跨文化设计：随着全球化的发展，设计师需要具备跨文化的设计视野，了解不同文化背景下用户的需求和行为习惯，以便在国际化项目中更好地进行设计创作。

设计师思维对照见图7.4。

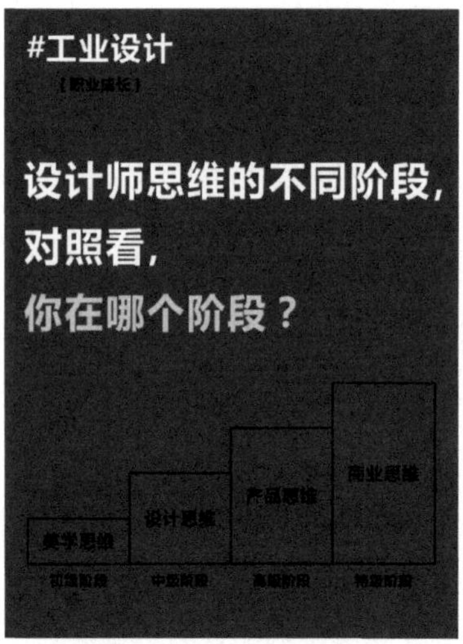

图7.4　设计师思维对照

二、初入职场的角色定位与快速适应

在职业生涯的璀璨画卷中，初入职场的设计师们正站在创意与实践交汇的起点，面临着从校园到职场这一重要转折点的挑战与机遇。这一节，我们将聚焦于“初入职场的角色定位与快速适应”，专为那些怀揣设计梦想、手握创意画笔，即将或刚刚踏入设计领域的新人们量身打造。设计，作为一门融合了艺术美感与技术实现的学科，不仅要求设计师具备独到的审美眼光和敏锐的用户洞察，更需要在全新的工作环境中迅速找到自己的位置，学会与团队协同作战，将个人才华转化为推动项目前行的动力。因此，如何在新环境中精准定位自己的角色，快速适应职场节奏，掌握有效沟通与协作的技巧，对于每一位设计新人而言，都是开启成功职业生涯不可或缺的一课。

1.建立良好基础

刚刚入行的设计师，需要经历一段较为枯燥且似乎缺乏即时反馈的时期，但这段时间，恰恰是设计师建立良好设计基础的关键节点。

（1）学习设计原则

见表7.4。

表7.4　迪特·拉姆斯（Dieter　Rams）设计十原则

Dieter Rams设计十原则	
好的设计是具有创新性的（good design is innovative）	应该竭尽全力去使用新技术，因为新技术给创新设计提供了新的机会
好的设计是实用的设计（good design makes a product useful）	产品不仅仅要满足使用功能，同时也要满足心理功能、审美功能。好的设计集中在好的使用性（实用性），而摒弃一切阻碍实用性的问题
好的设计是美的（good design is aesthetic）	拉姆斯认为，好的设计，是既好用又好看的，也就是形式和功能是统一的，只有满足人们各方面功能需求的设计，才有可能达到好看的水平
好的设计是易懂的（good design makes a product understandable）	产品设计需要结构交代清晰，最好的设计是产品能够自己解释自身使用方法的设计，无须说明书帮忙
好的设计是不显眼的设计（good design is unobtrusive）	好多产品都是工具，无须艺术装饰，因此，这类产品应该中性、低调（be both neutral and restrained），给使用者自己发挥的空间
好的设计是诚挚的设计（good design is honest）	产品的使用目的达到了就行了，无需画蛇添足的创新、表现、价值感，更不要给消费者带来产品本身没有或者达不到的空头许诺感

续表

Dieter Rams设计十原则	
好的设计是经久耐用的（good design is long-lasting）	设计要避免追逐时尚，所以也就不会过时。不像时尚产品，普通产品总是可以使用好多年，即便在当今这个用毕即弃的社会中，好的耐用产品依然可以毫不过时地使用下去
好的设计是精心关注细节的设计（good design is thorough down to the last detail）	在设计中不要留下任何不足、遗憾，设计程序准确细心，是对消费者的负责
好的设计是保护自然环境的设计（good design is environmentally friendly）	当今的产品设计是环境保护的重要手段，一方面通过产品的生命周期保护自然资源，另一方面减少物理、视觉上的污染
好的设计是尽量做到少设计（good design is as little design as possible）	设计少，而产品更好，是因为少设计迫使设计师集所有的产品关键于一身，产品不必为非需要的功能承受沉重的负担，设计因此恢复到纯粹、简单

真实的设计原则不只有这十条，如想全面了解设计原则可去阅读以下书籍：《简单法则》《通用设计法则》《秩序之美》《认知心理学》《赢在用户》《信息可视化》《图解力》《微交互》《Landing Page优化权威指南》《设计败道：来自著名用户体验案例的教训》《用户体验与可用性测试》《破茧成蝶——用户体验设计师的成长之路》。

（2）掌握设计工具和软件

为了更好地践行上述设计原则，掌握设计工具和软件是必不可少的，正如《论语》所言："工欲善其事，必先利其器。"但在学习工具和软件时，我们不应盲目，首先要了解当前的设计趋势以及公司具体要求掌握哪些工具。如果你的学习脱离了实际应用，即使技能娴熟，也可能难以找到合适的工作。实际上，许多基础设计岗位确实非常看重软件操作能力，有时只要你精通相关软件，就有可能获得聘用，尤其是在寻找实习机会时。

关于设计岗位的软件掌握部分在第三章已经详细罗列介绍，此处就不再赘述。

2.保持学习和成长

（1）紧跟行业脉搏

身为设计师，主动关注并整理行业动态是不可或缺的习惯。通过细致分类，不仅便于自我学习提升，还可以借助共享平台展示个人见解，逐步构建起个人品牌影响力。

另外，近年来AI技术的迅猛发展，尤其是自去年以来，AI热潮席卷全国，深刻影响着设计行业的作业流程。密切关注这些变化，洞悉大厂如何将AI技术整合进日常工作中，对设计师而言至关重要。要通过实时追踪行业动态，不断更新自己的认知体系与作品集，确保自己与时俱进，避免被行业浪潮淘汰。

（2）参加培训课程

面对培训课程，或许不乏质疑之声，但不容忽视的是，它们往往是加速技能提升、迅速丰富作品集的有效途径。实际上，多数设计师在其成长道路上，都曾受益于此类培训。若你正考虑投身培训，却苦于选择，不妨先从市面上的免费资源入手。在浏览免费课程的同时，留心观察那些付费课程的动态。不必急于一时，耐心观察半年乃至一年，注意是否有新学员因课程而产出作品集，或是有人因此实现了职业上的飞跃。这样的长期观察有助于做出理智判断，避免因一时冲动而报名，最终可能导致的遗憾。

（3）自主学习

除了参与专业培训之外，自主学习同样被视为个人成长的一条宝贵途径，尽管这一过程可能耗时较长，且极大地依赖于个体的自律与毅力。在没有外部监督的情况下坚持自学，无疑是对设计师执行力与意志力的一次严峻考验。

有设计师分享了一种有效的自主学习方法——“模仿”。这种方法建议学习者前往诸如站酷等设计平台，观察并分析优秀设计师的成长轨迹和作品迭代过程。随后，学习者可以仿照这些优秀设计师的路径，在站酷等平台发布自己的作品，并逐步优化个人的成长路径。在优化的过程中，学习者很可能会遇到许多志趣相投的伙伴，通过与他们的交流互动，可以获得宝贵的建议，从而取得显著的进步。

然而，自主学习的一个难点在于其成果难以量化，且来自各方的建议未必都具有建设性，有时反而可能增加学习者的焦虑感。此时，更推荐加入一个积极向上的社群。这样的社群汇聚了众多致力于共同成长的同行者，通过信息源的交换，成员们能够不断拓宽设计视野，突破原有的设计局限。

3. 注重实践经验

对于广大设计学子而言，积极参与设计项目被普遍视为一个极为有益的学习和成长途径，无论是个人独立承担的项目还是团队合作的项目，都能为学习者提供宝贵的实践机会和成长空间。在工作之余，许多人热衷于通过设计圈内好友的介绍和引荐，参与到各类设计项目中。这样的机会使他们得以将那些在公司内部因种种原因难以实现的设计需求，转化为个人实践的一部分，从而在实践中不断磨炼技能，提升专业素养。

4.建立网络

（1）参加行业活动

行业活动涵盖了线上与线下两大范畴，为初入职场的设计从业者提供了丰富的参与机会。这些机会被视为拓宽人脉网络、拓宽视野以及近距离观察行业前沿动态的绝佳途径。

通过参与站酷、阿里巴巴、腾讯等知名企业定期举办的活动，设计从业者不仅能够亲眼见证顶尖设计师如何将创意转化为现实作品，还能深入了解每一个设计成果背后所蕴含的思考与实践过程。

尤为值得一提的是，这些活动往往以亲民的价格提供高质量的参与体验，具有较高的性价比，不会给参与者带来经济上的负担。因此，合理安排时间参与其中，无疑是设计从业者投资自我、加速个人成长的一项明智选择。

（2）加入设计社区

目前，站酷被视为国内规模最大的设计社区。设计从业者可以定期将个人项目进行总结并发布到站酷平台上，借助平台用户提供的反馈来进一步优化自己的作品。正如在“自主学习”相关讨论中所提及的，设计从业者还能够通过浏览设计社区内同行高手的成长轨迹来进行模仿，通过这一过程逐步优化个人的成长路径。

（3）利用社交媒体

专业人士不仅应当擅长在专业设计师平台上展示其作品，还应当关注大众社交媒体，如抖音、小红书等。这些平台不仅能够为设计者开辟新的收益途径，还可能带来未曾预料的职业发展机会。它们如同连接社会的桥梁，使设计者的创造力能够直接与广泛的市场对话，有可能在不经意间开启职业生涯的第二增长点。勇于突破传统框架，运用复利思维，最大化每件作品的影响力，显得尤为重要。

三、中短期目标设定与成长路径规划

1. 倾听和沟通

（1）调研公司以及客户需求

见表7.5、表7.6。

表7.5　调研公司及客户需求的必要性

调研公司以及客户需求的必要性	
深入了解公司，展示你对公司的兴趣和热情	通过展示你对公司业务、使命、愿景和战略目标的了解，可以表现出你对该公司的兴趣和热情，这样做有助于给面试官留下深刻印象
充分准备，表现出职业素养	了解公司和客户需求，表明你在面试前做了充分的准备，显示了你的职业素养和对待工作的严谨态度
通过调研了解需求，你就知道如何突出自己的适应性和贡献潜力	通过了解公司的需求，你可以更好地展示自己如何适应公司文化，并通过你的技能和经验为公司作出贡献
提供有针对性的回答	通过了解公司的需求，会帮助你在回答面试问题时，快速结合公司和客户的需求提供具体和相关的回答，可以让你的回答更具针对性和说服力
提高面试表现和互动质量	了解公司和客户需求可以帮助你提出有意义的问题，与面试官进行更深入和高质量的互动，展示你的主动性和洞察力
确认公司与个人目标是否匹配	面试不仅是公司对你的考察，也是你对公司的一次评估。了解公司的需求有助于你判断这家公司是否与你的职业目标和价值观匹配，从而做出更明智的职业选择

表7.6　调研步骤

需求调研步骤	
研究公司网站	浏览公司的官方网站，了解使命、愿景、产品和服务、新闻和公告等
查阅行业报告和新闻	了解公司所在行业的最新动态、市场趋势和竞争对手的信息
关注社交媒体和客户评价	由于信息透明化，我们可以通过社交媒体平台和客户评价网站来了解公司的声誉和客户的反馈
浏览招聘JD（职位描述）和利用人脉关系	可以通过招聘网站以及人脉关系了解更多关于公司的招聘JD和其他信息，以此来初步判断自己的能力是否与公司匹配，而且这样也方便自己后续对面试话术的编排

（2）提出明确问题

在与团队成员和客户进行沟通时，要主动提出明确的问题和建议，积极推动工作流，衔接工作上下游，避免模棱两可，更要冷静准确地描述清楚问题和建议，只有这样才能促进不同部门之间的合作。

设计师在提出问题时要注意以下六点（表7.7）。

表7.7 提问题六要点

提出问题时的六大要点	
把握分寸、积极主动	在人际交往中，应当展现出积极主动且分寸得当的态度，即使与对方不甚熟悉，也应勇于开启对话，但需谨慎言行，避免失言造成尴尬。遇到问题时，应当及时进行沟通，预防“信息不对等”的情况发生
避免空话、及时沟通	一旦发现问题就要主动去跟他人沟通，这样在后续就可以避免出现“你知道，而你对面的人不知道的情况”，这种情况的出现会导致问题不能积极推动，而且会很容易出现说空话的情况
乐于分享、坦诚开放	在团队内部如果自己有好的经验和方法，要坦诚开放积极地和团队内部的人分享，在团队内部建立一个良好的学习氛围
善于观察、有同理心	具备观察力并富有同理心，在沟通时，应留意对方的状态。在交流过程中，应积极鼓励对方表达观点，深入理解其真实意图，并给予充分的尊重
幽默风趣	在解决问题时，如果发现同事出现消极情况，可以用轻松、智慧、积极的方式来化解这种局面
有感召力	在工作环境中，领导也应通过多种方式展现其感召力，这往往意味着在具备强大能力的同时，还需有“自掏腰包”的魄力，以此激发团队对共同目标的热情与投入

（3）接受反馈

接受来自团队成员和客户的反馈，并以一种开放、包容的心态去对待。这些反馈不应被视为批评或指责，而应被看作是改进和优化设计方案的重要契机。面对反馈，要保持谦逊的态度，认真分析其中所蕴含的合理建议与建设性意见。无论是关于设计细节的调整，还是整体风格的改进，都应当视作进一步提升设计品质、满足客户需求、提高团队合作效率的机会。通过积极采纳并整合这些反馈，设计方案能够不断趋于完善，从而更好地满足市场期待，提升项目的成功率。

2. 灵活适应

（1）接受挑战

设计师应当勇于直面挑战，视之为个人成长与职业晋升的宝贵契机。当面临新的变革与任务时，维持积极乐观的心态显得尤为关键，这不仅能够激发他们的创新潜能，还能驱动他们主动探寻解决问题的有效方案。勇于接纳挑战，意味着设计师需勇于突破自我限制，不断探索未知领域，并勇于承受可能伴随的风险与不确定性。通过积极应对挑战，设计师能够持续扩展自身的技能范畴，习得更多实用技能与方法，进而增强个人的市场竞争力。与此同时，勇于接受挑战也是展现个人责任感与担当精神的重要途径，这有助于赢得同事与上级的信任与尊重，为职业生涯铺设更加宽广的发展空间。因此，设计师应时刻保持准备状态，以开放的心态和积极的举措，迎接每一项挑战，使挑战成为驱动自我成长与职业进步的强大力量。

（2）不断学习

敢于接受挑战的同时也要不断学习和更新知识，保持对新技术和趋势的敏感度，以便及时调整和适应。

3. 保持创造力

（1）不断探索

要不断尝试新的设计方法、工具和技术，不断探索和挑战自己的设计边界，尽量不要在舒适区待太久，不管是设计行业还是其他行业，如果不养成学习的习惯，都是会生疏的。下面是一些最新的设计方法和设计技术（表7.8、表7.9）。

表7.8　设计方法

设计方法		
设计系统	设计系统是一组标准化的设计指南和组件库，帮助设计团队保持一致性、提高效率	特点：提供可复用的UI组件、样式指南和设计规则。 工具：Figma、Sketch。 优势：提高设计一致性和开发效率，减少重复工作

续表

设计方法		
设计思维	设计思维是以用户为中心的创新方法，通过理解用户需求、定义问题、创意生成、原型设计和测试来解决问题	特点：包括同理心、定义问题、创意生成、原型设计和测试等步骤。 工具：语雀、Figma。 优势：以用户为中心，能够更好地解决实际问题和创造创新的解决方案
敏捷设计	敏捷设计是一种迭代式的设计方法，强调快速原型设计和用户反馈	特点：快速迭代、频繁测试、持续改进。 工具：飞书、语雀、Notion。 优势：快速响应变化，能够及时调整设计以满足用户需求
微交互设计	微交互设计注重小而独立的交互元素，这些元素在用户界面中起着增强用户体验的作用	特点：细微、独立、针对性强。 工具：Lottie、After Effects、Framer。 优势：提升用户体验，使应用更具吸引力和可用性
无代码设计	无代码设计是一种使用可视化界面而非编写代码进行设计和开发的方法	特点：通过拖拽组件来构建网站和应用。 工具：Webflow、Bubble、Figma、凡科的交互原型功能。 优势：降低技术门槛，让设计师能够独立完成设计和开发

表7.9 设计技术

设计技术		
人工智能与机器学习(AI/ML)	人工智能和机器学习可以帮助设计师进行智能设计，提升效率和创造力	应用：自动生成UI设计方案、运营素材、个性化推荐、图像识别和优化。 工具：Stable Diffusion、Midjourney。 优势：提高设计效率，提供新的创意和解决方案
虚拟现实与增强现实(VR/AR)	VR和AR技术可以为设计师提供沉浸式的设计体验，应用于游戏设计、建筑设计、产品展示等领域	应用：沉浸式原型设计、虚拟展示、用户体验测试。 工具：Unity、Blender、SketchUp。 优势：提供沉浸式体验，支持复杂的三维设计和交互

续表

设计技术		
响应式设计	响应式设计确保在不同设备和屏幕尺寸上提供一致的用户体验	应用：网页设计、移动应用设计、跨平台界面设计。 工具：Bootstrap、即时设计、Figma。 优势：提高跨设备的用户体验，减少重复设计工作
数据驱动设计	数据驱动设计利用数据分析来指导设计决策和优化用户体验	应用：用户体验设计、产品优化、营销设计。 工具:Google Analytics、Hotjar、Tableau。 优势：基于数据进行设计决策，提高设计的有效性和针对性
云设计	云设计利用云端工具和平台进行协作和设计	应用：团队协作、跨平台设计、实时编辑。 工具:Figma、Google Drive、Adobe Creative Cloud。 优势：实时协作，跨平台访问，数据安全可靠

（2）培养灵感

作为一个设计师，一定不要故步自封，保持对周围世界的观察和思考，积极寻找灵感的来源，如艺术、自然和日常生活等。

4.管理时间和任务

（1）制定计划

制定详细的工作计划和时间表，合理安排工作任务和时间，确保项目按时完成。不管是在工作中还是在面试中都要尽可能多地展现设计以外的能力，那制定计划的能力就是其中一项。

（2）设置优先级——四象限

根据任务的重要性和紧急程度设置优先级，优先处理重要和紧急的任务，有效分配时间和精力，这有一个专业的名词叫四象限法，是美国的管理学家科维提出的一个时间管理理论，把工作按照重要和紧急两个不同的程度进行了划分，基本上可以分为四个“象限”，见图7.5。

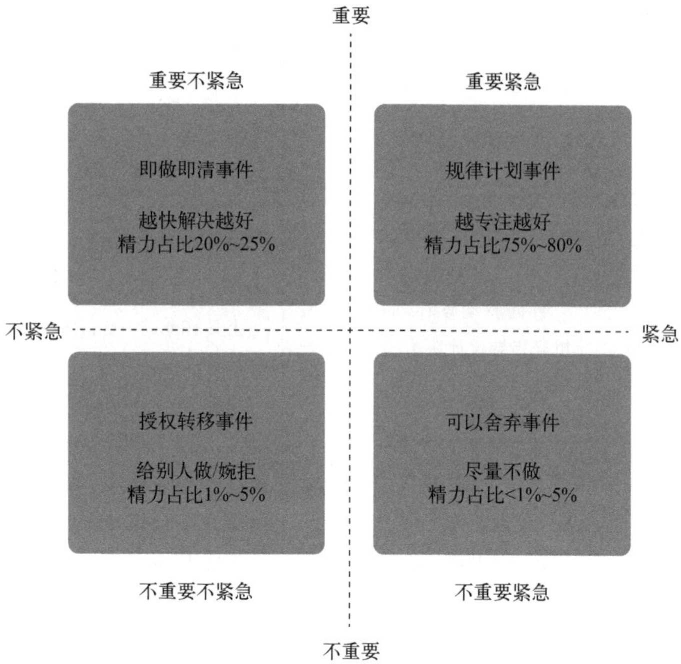

图7.5 时间管理四象限法

个人和团队都应重视第一象限和第二象限的事件，因为只有这两处的事件（最重要目标）才有利于个人成长和职业发展。每个人都应该问自己：“这周我能做什么来提高效率？”

四、长期职业发展阶梯：设计师到团队负责人、创意总监的发展路径

要想职业道路不迷茫，就要始终知道自己处于什么位置，知道自己将要去向什么地方，知道这条路最终通向哪里；所谓求其上得其中，求其中得其下，求其下得其无，把对标树立好，才能激发最大潜力、最大动力。同样，要在设计师这条路上走下去，就要清楚这条路大概是个什么样的进阶状态。根据调查，从刚进入职场的设计新手进阶到叱咤风云的设计大佬一般会经历这几个阶段：设计助理—平面设计师—资深平面设计师—美术指导—创意总监—执行创意总监（图7.6）。

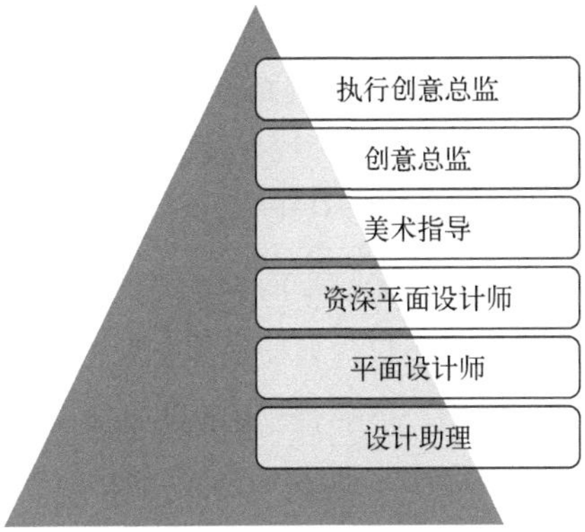

图7.6　设计师职业发展阶梯

1. 设计助理：成长时间1～2年

设计助理主要做一些辅助设计师的工作、初级的设计工作，更多侧重单项目的设计和对设计软件的全面掌握，这时候逐步开始接手商业设计，而不是学校里的天马行空，开始具有初步的商业思维。设计助理需要负责根据公司要求制定项目工作计划，完成相应的设计任务，协助设计师准备所有的相关设计资料，需要能够熟练操作PS、CDR等设计软件及办公软件，以及具备较强的手绘能力和绘图技巧。

2. 平面设计师：成长时间3年

创意的构思和设计是平面设计师工作中最为重要的一部分，他们需要通过自己的想象力和创造力，将客户的需求转化为具体的设计方案。这个过程中，设计师需要考虑到设计的美学、功能性和实用性，确保设计作品不仅仅是符合客户的需求，还要具有艺术性和创新性。这不仅需要与客户进行沟通，了解客户的需求，还要借此更好地把握设计的方向和要求，确保设计作品符合客户的期望，同时需要了解市场上的最新趋势和竞争对手的设计风格，以便在设计过程中能够做出更好的决策。这也有助于设计师更好地把握市场的脉搏，为客户提供更具竞争力的设计作品。

作为平面设计师，不仅需要提升自己的专业技能，熟练掌握设计软件，如Photoshop、Illustrator、InDesign等，具备良好的色彩感知和运用能力，能够准确选择符合品牌或广告主题的配色方案；同时也要着手提高团队协作与沟通能力，能够清晰、准确地传达设计思路和方案，听取并吸收团队成员的建议和意见，与团队成员紧密合作，共同完成项目任务，确保设计项目的顺利进行。

3.资深平面设计师：成长时间5年

对于具有丰富经验和出色技能的平面设计师，他们可能会晋升为资深设计师或设计主管。在这个阶段，不仅需要能够独立承担大型项目的设计工作，还需要具备团队管理和领导能力，能够带领团队完成更复杂的设计任务，可能还需要参与公司的战略规划和决策，为公司的发展提供设计方面的建议和支持。除了要具备平面设计师的基础技能之外，还要能够独立创作高质量的广告作品，包括海报、宣传册、广告片等，同时在项目执行过程中，能够积极协调各方资源，确保项目的高效完成。也要关注行业动态和设计趋势，不断提升自己的设计水平和审美能力。

4.美术指导：成长时间5～8年

作为美术指导，要把控项目进度，确保项目的创作质量，协助创意总监对团队进行日常管理，培养及提高设计师能力，准确把握客户意图，及时提供符合客户要求的创意设计思路，组织下属进行具体创意表现的执行。除了做主视觉的执行以外，工作范围还扩大到跨部门的沟通，如和摄影师、修图师、插画师、客户部讨论提案节点等。

作为团队的领导者，不仅要以身作则，带领团队做设计项目，也要把握团队成员内心波动，心态决定工作成败，要让团队信服，用能力、用品格去征服团队成员。

5.创意总监

创意总监主要侧重于管理，工作内容主要是帮助团队指明创意方向，为创意品质负责，负责项目提案，分析目标客户需求，协调部门关系，创意总监还需要懂策略。一般文案出身的创意总监要多于美术出身的，因为文案本身就需要理解和掌握策略，而美术出身更多侧重于视觉呈现。

在项目当中，创意总监要控制大方向，把控产品的定位，关注重点项目的进度、质量，在重点问题上介入协调、决策，参与制定公司相关标准。部门的发展方向和公司的命脉息息相关，因此这是考验总监能力的关键点。对外要接待沟通，公司来个客户领导或甲方的大区经理，都要亲自出面接待，对高层面的事务也要进行协调处理。作为部门领头人，总监在此代表着公司的专业形象。在有重大项目，比如一个对公司至关重要的超大型投标时，总监就得亲自抓，甚至亲自动手，作出高层面的决策，直接向总经理汇报，此时总监很有可能决定一个项目的成败，因此没有扎实的业务能力是很难把控住项目的。

6.执行创意总监

执行创意总监是管理层核心高管，担当着获取新客户的责任，在行业内有一定知名度或者拿过国际性的创意奖项，是创意人的最高位。执行创意总监，是以创意影响客户，以行业威望吸引客户，同时也享有公司的股份和分红。在工作当中，根据公司设计目标及发展规划，协助直属领导制定阶段性目标、策略和计划，并提出发展性建议，负责设计项目的组织实施，执行项目设计的规划、工作分配及规则制定，制定整体设计风格，带领设计团队完成项目从方案设计到落地的全流程。

作为执行创意总监，要具备与甲方及外部合作团队沟通及汇报的能力，具备成本管控意识，对项目成本、预算等具备基本管控能力，具备超强的学习能力，研究、了解和跟踪国内外同行业在规划、设计方面的发展趋势。

身为设计师，主动关注并整理行业动态是我们不可或缺的习惯。在整个职业生涯中，我们要持续学习最新的设计趋势、技术和工具，保持创新思维，以适应不断变化的市场需求。从设计师到团队负责人、创意总监的发展路径是一个不断挑战自我、提升能力和拓展视野的过程。通过持续学习、拓展人脉、提升领导力和团队协作能力，个人可以逐步实现这一跨越，并在职业生涯中取得更大的成功。

五、持续学习与技能提升：进阶技能、行业认证、国际交流

在当今快速发展的设计行业，设计师的职业素养与技能至关重要。随着技术的不断进步、市场需求的多样化以及消费者品位的迅速变化，设计师必须不断更新自己的知识和技能，以保持竞争力。设计师的职业素养不仅仅是指专业技能的掌握，还包括思维方式、沟通能力、团队协作能力等多方面的素养。一个高素质的设计师能够更好地理解客户需求，提出创新的设计方案，并有效地与团队成员合作。职业素养的提升有助于设计师在项目中更具主动性和创造性，进而提高工作效率和项目质量。

1.进阶技能

作为设计师，掌握相关的专业技能是基础。无论是平面设计、工业设计还是用户体验设计，设计软件的熟练使用都是必不可少的。设计师可以通过专业培训课程、在线学习平台以及相关书籍来不断更新和提升自己的技术水平。

在线学习平台如Coursera、Udemy、Skillshare（图7.7～图7.9）等提供了丰富的课程选择，设计师可以根据自己的需求选择专业课程学习。通过这些平台，设计师可以灵活安排学习时间，全面提升自己的专业技能与知识。此外，参加设计行业的培训与讲座是一个良好的学习机会。在这些活动中，设计师可以与行业内的专家交流，获取最新的行业信息和实用的技能。同时，这也是一个建立人脉、拓宽视野的好机会。一份清晰的学习计划可以帮助设计师更有效地安排学习时间与内容。设计师应根据自身的职业目标设定短期与长期的学习目标，并定期评估自己的学习成果。

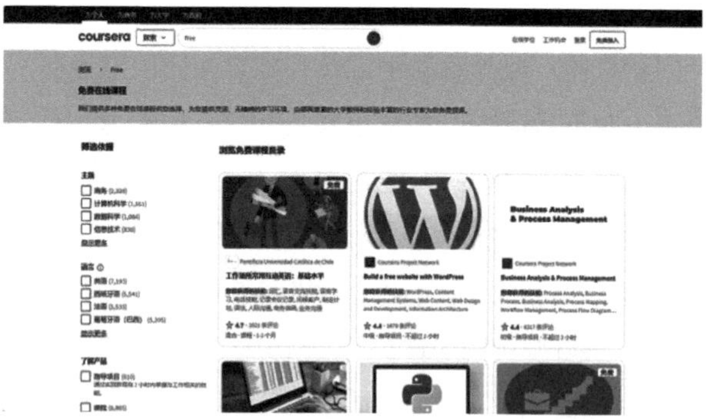

图7.7　Coursera

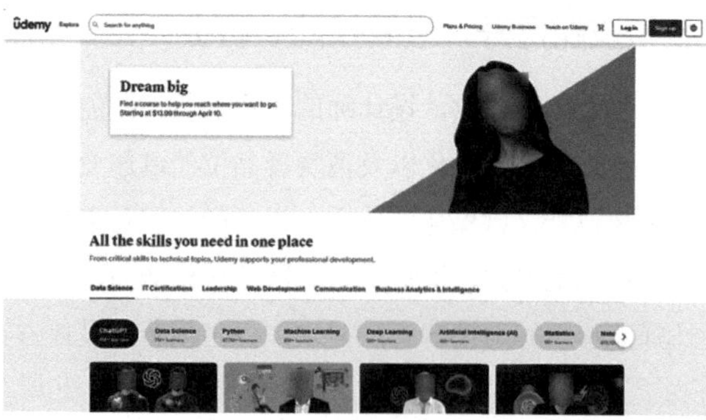

图7.8　Udemy

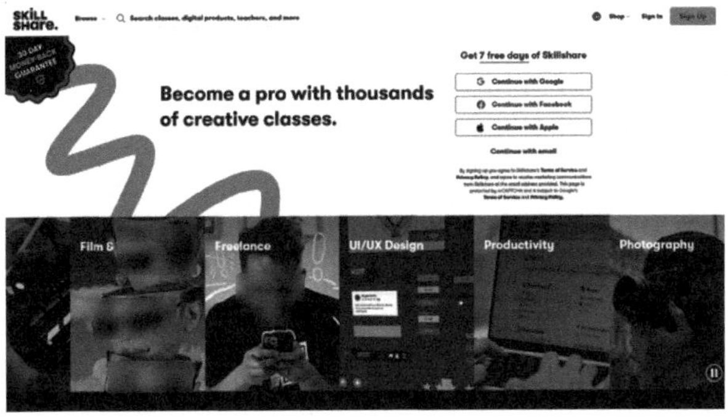

图7.9　Skillshare

设计师是需要有广阔视野的，作为一个优秀的设计师不仅要有深厚的文化知识，也要具备现代社会的时尚元素。关注设计网站和博客，可以更好地获取设计灵感和行业动态。设计网站如Dribbble（图7.10）、Designspiration、Iconmonstr，它们既是宝库又是灵感源泉，可提升设计师的审美，同时积累素材。

图7.10　Dribbble

2.行业认证

平面设计师是长期活跃在一线城市、二线城市的一个具有发展前景的行业。证书能证明你在某一领域具有一定资历以及水平，是技术优异的象征。证书能用于单位招聘，是入职、加薪的敲门砖，是用人单位考核求职者能力水平的凭证。下面是一些推荐的设计类证书：

① Adobe认证（Adobe Certified Professional，见图7-11）：是Adobe

公司推出的国际认证体系，旨在作为企业人才选拔和录用的参考标准，并代表Adobe对使用者某一核心应用能力的认可。

Adobe国际认证体系主要分为两大类别。a. 技能认证：专注于评估个人对Adobe单一软件工具的掌握程度和专业技能。具体科目包括Photoshop、Illustrator、Premiere Pro、InDesign、Dreamweaver、Animate、After Effects等认证，涵盖了平面设计、视频编辑、动画制作等多个方面。b. 职业岗位认证：在技能认证的基础上，进一步评估个人在特定职业领域的综合设计能力。Adobe职业岗位认证作为国际认可的设计界“通行证”，不仅要求掌握多个Adobe软件的操作技巧，更强调在实际工作中的综合应用能力。

图7.11 Adobe国际认证中文官网

② 平面设计师认证（Adobe Photoshop国际认证）：是Adobe公司CEO签发的权威国际认证体系。

平面设计师认证的内容主要围绕Adobe公司旗下的多款设计软件展开，包括但不限于：Photoshop，图像处理、编辑、合成等；Illustrator，矢量图形设计、编辑等；InDesign，排版、印刷设计等。获得职业岗位认证，如视觉设计专家认证，通常需要同时满足Photoshop认证和其他相关软件（如Illustrator或InDesign）的认证要求。

③ 网页设计师认证：网页设计师证是一种专业技能证书，通常由权威的教育机构、行业协会或国际认证机构颁发，旨在评估并认可个人在网页设计领域的专业能力和水平。

网页设计师证的考试内容涵盖了网页设计的基础理论和实践技能，具体包括以下几个方面：网页设计基础理论知识，包括HTML、CSS、JavaScript等前端开发技术，以及网页设计的基本原则和概念；网页设计实践技能，包括网页布局、图形排版、色彩搭配、用户心理等方面的知识和技能；常用网页设计软件的使用，如Photoshop、Illustrator等设计软件的基础使用知识。

④ UI设计师证：UI设计师证是由专业的UI设计师认证机构颁发的，用于证明持有人具备UI设计师所需的专业技能和知识水平的证书。

UI设计师证通常分为初级、中级和高级三个等级，每个等级的要求和考试内容都有所不同，反映了UI设计师在不同阶段的设计能力和经验。初级证书：主要考查基本的UI设计知识和技能，包括界面设计原则、基本的设计软件操作等。适合初学者和刚入行的新人。中级证书：在初级证书的基础上，增加了更深入的设计理论和实践能力，要求考生具备一定的设计项目经验。高级证书：要求考生具备较高的UI设计水平和丰富的实践经验，能够独立承担复杂的UI设计项目，并具备一定的创新能力和解决问题的能力。

3.国际交流

随着全球经济一体化进程的持续深入推进，国内建设市场历经多年的蓬勃发展后，已逐渐呈现出日益饱和的态势，市场竞争愈发激烈，拓展空间愈发受限。在这样的双重背景之下，越来越多的企业将目光投向海外市场，以期在更广阔的国际舞台上谋求新的突破与成长。在这一过程中，企业既迎来了新的发展机遇，也面临着文化差异、国际竞争等诸多挑战。

设计师可以通过以下几种途径参与到国际交流中来：

（1）国际展会

参加国际展会是一个直接与来自世界各地的设计师、装饰公司和建筑师建立联系的好方法。像科隆国际家具展、巴黎家居时尚博览会、斯德哥尔摩设计周等全球知名设计展会，通过参加这些引领行业潮流的展会，设计师可以更好地了解国际市场的需求和趋势，同时与潜在的合作伙伴建立联系。

（2）合作项目

与国外的设计机构、建筑公司或设计师合作，共同参与国际性的装修设计项目。这种合作不仅可以学到先进的技术和经验，还可以在合作中建立起长期的合作关系。

（3）专业交流会议

参加国际性的设计交流会议，与来自世界各地的专家进行面对面的交流。

如亚洲低碳设计学会国际会议、智能设计国际会议（ICID）等，这类会议为从事相关领域的专家、学者、研究人员及相关从业者提供了一个交流分享机会，搭建了一个了解学术发展动态趋势、科研成果、前沿技术、研究思路，加强学术研究和探讨，促进学术成果产业化合作的平台，有助于设计师了解国际最新的行业动态和技术趋势。

（4）教育和培训课程

参加海外的艺术夏令营或设计学院的交换项目，如英国艺术夏令营（简称夏校），获得深入学习和跨文化交流的机会。参与者可以在世界知名艺术院校学习，体验不同的教育体系，并与国际同行分享创意成果。

（5）参与国际设计节和活动

例如上海国际设计节（SIDF），这是一个年度性的文创品牌节事，提供全球设计师交流的平台。通过这样的活动，设计师不仅可以展示自己的作品，还可以与来自世界各地的设计师进行交流和学习。

设计师提高职业素养与技能是一个持续的过程，需要不断学习与自我提升。通过专业技能的进阶、设计思维的培养、对行业趋势的关注，以及制定合理的学习计划，设计师能够不断适应变化的市场需求，提升自身的竞争力。在这个过程中，实践和反馈尤为重要，设计师要积极参与项目，积累经验，最终形成自己的设计风格与专业素养。